普通高等教育数据科学与大数据技术系列教材

数据安全与隐私保护

胡淼 陈旭 陈川 桑应朋 吴迪 编著

科学出版社

北京

内 容 简 介

本书是一本涵盖数据安全与隐私保护的综合性教材。书中第一部分（第1、2章）主要介绍数据安全与隐私保护的基础概念与背景，以及数据治理的基本原则与策略；第二部分（第3~6章）介绍隐私保护的关键技术，包括安全多方计算技术、非密码学的隐私保护技术、联邦学习技术、可信执行环境等；第三部分（第7~10章）主要介绍数据安全与隐私保护实践，包括常见的隐私攻击与防御方法、隐私侵权、评估与审计，典型数据安全与隐私计算开源平台，典型数据安全与隐私保护实践等。本书以基础理论与思维能力培养为主线，旨在帮助读者全面了解数据安全与隐私保护的基础概念与背景，掌握隐私保护关键技术，熟悉数据安全与隐私保护实践。

本书可作为普通高等学校计算机相关专业高年级本科生、研究生的教材，也可供相关领域专业人员（如研究科学家、研发工程师等）参考使用。

图书在版编目（CIP）数据

数据安全与隐私保护 / 胡淼等编著. -- 北京 : 科学出版社, 2025.2. -- （普通高等教育数据科学与大数据技术系列教材）. -- ISBN 978-7-03-080690-1

Ⅰ.TP274

中国国家版本馆CIP数据核字第2024YB2227号

责任编辑：于海云 滕 云 / 责任校对：王 瑞
责任印制：师艳茹 / 封面设计：无极书装

科学出版社 出版
北京东黄城根北街16号
邮政编码：100717
http://www.sciencep.com

保定市中画美凯印刷有限公司印刷
科学出版社发行 各地新华书店经销

*

2025年2月第 一 版　开本：787×1092　1/16
2025年2月第一次印刷　印张：15 1/2
字数：370 000

定价：69.00元
（如有印装质量问题，我社负责调换）

前　言

　　党的二十大报告指出："完善重点领域安全保障体系和重要专项协调指挥体系，强化经济、重大基础设施、金融、网络、数据、生物、资源、核、太空、海洋等安全保障体系建设。"作为各大领域安全保障体系的基础，数据安全与隐私保护的重要性愈发凸显。随着信息技术的飞速发展，数据已成为国家治理、经济发展、社会进步的重要资源。然而，数据的广泛收集、存储、处理和传输也带来了前所未有的安全挑战。本书通过深入浅出的方式，系统地介绍数据安全与隐私保护的基础知识、原理与关键技术、开源平台与实践等方面的内容，帮助读者全面了解数据安全与隐私保护的知识框架，同时掌握隐私保护关键技术的原理和应用。

　　本书旨在通过系统全面的介绍，帮助读者全面了解数据安全与隐私保护的知识框架，同时注重理论和实践相结合，满足读者对隐私保护理论与实践的需求。本书的主要特点包括以下几方面。

　　(1) 学习目标聚焦于隐私保护理论与实践能力培养。本书旨在加深读者对数据安全与隐私保护理论的理解并帮助读者熟练掌握隐私保护实践与应用。因此，本书在内容设计上注重理论与实践相结合，既涵盖数据安全与隐私保护基础知识、背景方面的内容，又介绍数据治理等方面的原理与组成。此外，本书还涉及数据安全实践内容，使读者能够在实践中将所学的理论知识转化为实际应用，提高理论水平与实践能力。

　　(2) 根据递进式地培养数据安全与隐私保护人才创新思路，满足不同层次读者的需求。针对不同的读者群体，本书提供了不同的学习内容和实践案例。对于初学者，本书提供了基础知识和实践案例，帮助读者了解数据安全与隐私保护的基本概念和操作方法；对于进阶学习者，本书提供了更深入的理论和实践内容，使他们能够深入了解数据安全与隐私保护的原理与关键技术、开源平台与实践应用等方面的原理和组成；对于专业人士，本书提供了实际案例和经验分享，使他们能够在实践中提高自己的技能水平。通过这种递进式的学习方式，读者可以根据自己的需求和实际情况选择适合自己的学习内容，提高学习效率和学习质量。

　　本书由胡淼、陈旭、陈川、桑应朋、吴迪共同编写。其中，第 1 章由胡淼、陈旭、吴迪编写，第 2、5 章由陈川编写，第 3、4 章由桑应朋编写，第 6、10 章由胡淼、陈旭编写，第 7～9 章由胡淼、吴迪编写。此外，作者要感谢很多人给予的帮助。其中，肖侬教授对本书提出了很多宝贵建议；卢晴、肖子立、吴江、杨云朝、杨梦雨、徐嘉鸿、廖鹏山、李洋、李竞宜、赵思然、赖金荣、邓心茹、李昭爵、李静雯、薛伟豪、苏亨狄等研究生为本书绘制了图片及收集了资料。

通过本书的学习，读者不仅可以全面了解数据安全与隐私保护的原理，还可以在实践中提高自己的技能水平，为今后从事数据安全与隐私保护领域的工作打下坚实的基础。书中疏漏之处，诚挚欢迎广大读者和各界人士批评指正并提出宝贵的建议。

作　者

2024年6月于中山大学

目 录

第一部分 基础概念与背景

第1章 绪论 ·· 1
  1.1 基本概念 ··· 1
  1.2 数据安全与隐私保护背景 ·· 2
    1.2.1 隐私泄露事件 ·· 3
    1.2.2 国内外政策环境 ·· 3
  1.3 数据相关产业面临的安全挑战 ·· 7
    1.3.1 大数据产业面临的安全挑战 ·· 7
    1.3.2 云计算产业面临的安全挑战 ·· 8
    1.3.3 物联网产业面临的安全挑战 ·· 8
    1.3.4 人工智能产业面临的安全挑战 ··· 9
    1.3.5 区块链产业面临的安全挑战 ·· 9
  1.4 数据安全与隐私保护的需求与价值 ··· 9
    1.4.1 机密性 ··· 10
    1.4.2 完整性 ··· 10
    1.4.3 可用性 ··· 11
    1.4.4 合法性 ··· 11
    1.4.5 透明度与知情权 ·· 11
    1.4.6 数据最小化与目的限制 ·· 12
    1.4.7 安全性保障 ·· 12
    1.4.8 数据主体权利保护 ·· 12
  本章小结 ··· 13
  习题 ·· 13

第2章 数据治理的基本原则与策略 ·· 14
  2.1 基本概念 ··· 14
  2.2 数据治理原则 ·· 15
    2.2.1 透明可追溯原则 ·· 15
    2.2.2 可信且可用原则 ·· 17
    2.2.3 安全与隐私原则 ·· 19
    2.2.4 开放与共享原则 ·· 20
  2.3 数据治理策略 ·· 21
    2.3.1 数据质量治理策略 ·· 21

  2.3.2 数据隐私治理策略 ………………………………………………………… 22
  2.3.3 数据共享治理策略 ………………………………………………………… 23
本章小结 …………………………………………………………………………………… 25
习题 ………………………………………………………………………………………… 25

第二部分　隐私保护关键技术

第 3 章　安全多方计算 …………………………………………………………………… 26
3.1　安全多方计算模型 ……………………………………………………………… 26
  3.1.1 攻击者模型 ………………………………………………………………… 26
  3.1.2 信道模型 …………………………………………………………………… 31
3.2　安全多方计算算法 ……………………………………………………………… 32
  3.2.1 零知识证明 ………………………………………………………………… 32
  3.2.2 承诺方案 …………………………………………………………………… 37
  3.2.3 同态加密 …………………………………………………………………… 38
3.3　经典百万富翁问题 ……………………………………………………………… 43
3.4　不经意传输 ……………………………………………………………………… 44
  3.4.1 不经意传输协议设计 ……………………………………………………… 45
  3.4.2 基于不经意传输的安全比特计算 ………………………………………… 45
3.5　电路赋值协议 …………………………………………………………………… 47
  3.5.1 电路编码 …………………………………………………………………… 48
  3.5.2 输入编码 …………………………………………………………………… 49
  3.5.3 电路求值 …………………………………………………………………… 49
3.6　半诚实模型中的安全多方计算 ………………………………………………… 49
  3.6.1 半诚实模型下的电路赋值协议 …………………………………………… 50
  3.6.2 基于同态加密的多项式操作 ……………………………………………… 52
  3.6.3 半诚实模型下的重复元组匹配 …………………………………………… 54
3.7　恶意模型中的安全多方计算 …………………………………………………… 55
  3.7.1 加密多项式操作正确性证明 ……………………………………………… 56
  3.7.2 恶意模型下的重复元组匹配 ……………………………………………… 57
本章小结 …………………………………………………………………………………… 58
习题 ………………………………………………………………………………………… 58

第 4 章　非密码学的隐私保护技术 ……………………………………………………… 59
4.1　数据随机化技术 ………………………………………………………………… 59
  4.1.1 加法型随机扰动 …………………………………………………………… 59
  4.1.2 乘法型随机扰动 …………………………………………………………… 60
  4.1.3 随机化应答 ………………………………………………………………… 64
  4.1.4 阻塞与凝聚 ………………………………………………………………… 66
4.2　数据匿名化技术 ………………………………………………………………… 66

4.2.1　数据匿名化基本原则 66
　　　4.2.2　数据匿名化中的典型隐私保护模型 68
　　　4.2.3　数据匿名化算法 70
　　　4.2.4　匿名化技术中的攻击分类 75
　4.3　数据脱敏技术 76
　　　4.3.1　基于傅里叶变换的数据脱敏 76
　　　4.3.2　基于小波变换的数据脱敏 78
　　　4.3.3　数据交换技术 79
　4.4　差分隐私技术 81
　　　4.4.1　中心化差分隐私与本地差分隐私 82
　　　4.4.2　差分隐私的实现机制 84
　　　4.4.3　差分隐私的领域应用 87
　本章小结 93
　习题 93

第5章　联邦学习 94

　5.1　基本概念 94
　　　5.1.1　起源与定义 94
　　　5.1.2　基本原理和训练流程 95
　　　5.1.3　与传统机器学习的比较 96
　5.2　联邦学习的关键技术 97
　　　5.2.1　数据分布和模型聚合技术 97
　　　5.2.2　联邦学习相关的优化策略 99
　5.3　联邦学习的架构和设计 102
　　　5.3.1　集中式与去中心化架构 102
　　　5.3.2　客户端参与和资源管理 104
　　　5.3.3　联邦学习系统的安全性 105
　　　5.3.4　横向联邦学习与纵向联邦学习 107
　　　5.3.5　cross-silo 联邦学习与 cross-device 联邦学习 107
　5.4　面临的挑战和未来方向 108
　　　5.4.1　技术挑战：规模、效率和准确性 108
　　　5.4.2　法律和伦理问题 109
　　　5.4.3　未来发展趋势 110
　本章小结 111
　习题 112

第6章　可信执行环境 113

　6.1　基本概念 113
　6.2　可信执行环境架构与原理概述 115
　　　6.2.1　安全启动 116

6.2.2 安全调度 116
6.2.3 安全存储 117
6.2.4 跨环境通信 117
6.2.5 可信 I/O 路径 117
6.2.6 根密钥 118
6.2.7 信息流控制 118
6.3 可信执行环境关键技术 119
6.3.1 安全隔离区 119
6.3.2 内存隔离 119
6.3.3 远程认证 119
6.3.4 安全通道 120
6.3.5 密钥管理 121
6.4 可信执行环境实现方案 121
6.4.1 Intel SGX 方案 121
6.4.2 ARM TrustZone 方案 124
6.4.3 AMD SEV 方案 126
6.4.4 Aegis 方案 128
6.4.5 TPM 方案 130
6.4.6 其他方案 132
6.4.7 方案对比与优缺点分析 136
本章小结 141
习题 141

第三部分 数据安全与隐私保护实践

第 7 章 隐私攻击与防御方法 142
7.1 定义与分类 142
7.2 常见的隐私攻击与防御方法 143
7.2.1 模型反演攻击与防御 143
7.2.2 成员推理攻击与防御 145
7.2.3 属性推理攻击与防御 148
7.3 投毒攻击与防御 149
7.3.1 非靶向投毒攻击与防御 149
7.3.2 靶向投毒攻击与防御 152
7.3.3 后门攻击与防御 153
7.4 逃逸攻击与防御 159
7.4.1 白盒逃逸攻击与防御 159
7.4.2 黑盒逃逸攻击与防御 162
7.4.3 灰盒逃逸攻击与防御 165

7.5 其他攻击与防御 ………………………………………………………………… 166
7.5.1 深度伪造攻击 …………………………………………………………… 166
7.5.2 针对大模型的越狱攻击 …………………………………………………… 166
本章小结 …………………………………………………………………………… 167
习题 ………………………………………………………………………………… 167

第8章 隐私侵权、评估与审计 ………………………………………………………… 168
8.1 隐私侵权 ……………………………………………………………………… 168
8.1.1 隐私侵权的概念 …………………………………………………………… 168
8.1.2 隐私侵权的危害 …………………………………………………………… 169
8.1.3 隐私侵权的取证技术 ……………………………………………………… 169
8.2 隐私保护效果评估 ……………………………………………………………… 171
8.2.1 基本概念与流程 …………………………………………………………… 171
8.2.2 评估方法与原则 …………………………………………………………… 172
8.3 隐私审计 ……………………………………………………………………… 175
8.3.1 定义与建模 ………………………………………………………………… 175
8.3.2 隐私审计机制设计 ………………………………………………………… 177
8.4 隐私感知与度量 ………………………………………………………………… 179
8.4.1 隐私感知的概念 …………………………………………………………… 179
8.4.2 隐私度量的指标 …………………………………………………………… 181
8.5 数据价值与激励机制 …………………………………………………………… 184
8.5.1 数据价值评估 ……………………………………………………………… 184
8.5.2 隐私预算的概念 …………………………………………………………… 185
8.5.3 激励机制设计 ……………………………………………………………… 185
本章小结 …………………………………………………………………………… 188
习题 ………………………………………………………………………………… 188

第9章 典型数据安全与隐私计算开源平台 …………………………………………… 190
9.1 PySyft 开源平台 ………………………………………………………………… 190
9.1.1 用于抽象张量操作的标准化框架 ………………………………………… 190
9.1.2 面向安全的 MPC 框架 …………………………………………………… 192
9.2 SecretFlow 开源平台 …………………………………………………………… 194
9.2.1 总体架构 …………………………………………………………………… 194
9.2.2 应用案例 …………………………………………………………………… 198
9.3 FATE 开源平台 ………………………………………………………………… 202
9.3.1 基于 Eggroll 引擎的架构 ………………………………………………… 202
9.3.2 基于 Spark+HDFS+RabbitMQ 的架构 ………………………………… 203
9.3.3 基于 Spark+HDFS+Pulsar 的架构 ……………………………………… 204
9.3.4 基于 Spark_local(Slim FATE)的架构 …………………………………… 204
9.4 其他开源平台 …………………………………………………………………… 205

9.4.1　TensorFlow Federated 开源平台 ·············· 206
9.4.2　FederatedScope 开源平台 ··················· 207
9.4.3　Flower 开源平台 ························ 211
9.4.4　PaddleFL 开源平台 ······················· 212
9.4.5　PrimiHub 开源平台 ······················· 213
本章小结 ······································ 217
习题 ·· 217

第 10 章　典型数据安全与隐私保护实践 ················· 218
10.1　面向边缘计算的数据安全与隐私保护实践 ············ 218
10.1.1　安全保护方案 ························· 219
10.1.2　隐私保护方案 ························· 220
10.1.3　未来趋势和发展 ························ 221
10.2　面向元宇宙的数据安全与隐私保护实践 ············· 221
10.2.1　安全保护方案 ························· 222
10.2.2　隐私保护方案 ························· 223
10.2.3　未来趋势和发展 ························ 225
10.3　面向大模型的数据安全与隐私保护实践 ············· 226
10.3.1　安全保护方案 ························· 226
10.3.2　隐私保护方案 ························· 228
10.3.3　未来趋势和发展 ························ 229
10.4　面向医疗健康的数据安全与隐私保护实践 ············ 229
10.4.1　安全保护方案 ························· 230
10.4.2　隐私保护方案 ························· 232
10.4.3　未来趋势和发展 ························ 234
10.5　面向其他领域的数据安全与隐私保护实践 ············ 235
本章小结 ······································ 237
习题 ·· 237

参考文献 ······································ 238

第一部分　基础概念与背景

为了深入理解数据安全与隐私保护的复杂性和重要性，本部分将探讨相关的基础概念和背景知识。这将为后续章节的深入分析奠定坚实的理论基础。

第1章　绪　　论

在信息技术和数字化浪潮的推动下，数据已成为现代社会的核心资源，影响着各行各业的发展。然而，随着数据的爆炸式增长，数据安全与隐私保护的问题也日益凸显。本章将围绕数据和隐私的基本概念，探讨数据安全与隐私保护的背景，分析数据相关产业面临的安全挑战，并阐述数据安全与隐私保护的需求与价值，为后续研究奠定基础。

1.1　基　本　概　念

数据在计算机科学和信息领域中具有多重含义，涵盖了各种形式和类型。维基百科对数据的定义为在计算机科学和信息理论中，数据是表示现象的符号。它可以是数字、字符、图像或声音等形式。这一定义强调了数据的广泛性和多样性。

数据的特征有以下几点：数据是客观的，不受主观因素的影响；数据是有结构的，可以按照一定的规则进行组织和表示；数据是可操作的，可以通过计算或者分析进行处理和转换；数据是有价值的，可以用于支持决策或者创造知识。

数据的分类有多种方式，常见的有以下几种：①按照数据的来源，可以分为主动数据和被动数据。主动数据是指用户自己提供的数据，如注册信息、调查问卷等。被动数据是指用户在使用服务或者产品时产生的数据，如浏览记录、点击行为等。②按照数据的形式，可以分为结构化数据和非结构化数据。结构化数据是指有固定格式或者模式的数据，如数据库、表格等。非结构化数据是指没有固定格式或者模式的数据，如文本、图像、视频等。③按照数据的质量，可以分为有效数据和无效数据。有效数据是指符合一定标准或者要求的数据，如准确、完整、及时、相关等。无效数据是指不符合一定标准或者要求的数据，如错误、缺失、过时、无关等。

在计算机程序的运行中，数据用作算法的输入和输出。算法通过对数据进行操作和转换，产生新的数据或信息。例如，排序算法将无序的数据集转化为有序的序列，搜索算法通过在数据集中查找特定值来提供相关信息。因此，数据是计算机科学中的基本构建块，对其的正确处理和管理至关重要。

此外，在大数据时代，数据不仅是数字和文字，还包括传感器生成的实时数据、社交媒体上的用户生成内容、物联网设备产生的数据等。这使得数据变得更加庞大、多样和动态，对数据科学和数据工程提出了新的挑战。

隐私是关乎个体对于其个人信息控制权的概念。维基百科对隐私的定义指出：隐私是个体对于其身体、行为、思想、感情、家庭、住址等个人信息的控制权。隐私是个体权益和社会伦理的交汇点，它强调了对于个体信息安全和自主权的尊重。

隐私的特征有以下几点：①隐私是相对的，不同的人、不同的文化、不同的场合对隐私的界定和尊重可能不同。②隐私是可选择的，个人可以根据自己的意愿和利益，决定是否、何时、如何、与谁分享自己的隐私。③隐私是动态的，随着时间、环境、技术等因素的变化，个人对隐私的需求和保护也会变化。④隐私是敏感的，一旦隐私被侵犯或泄露，可能会给个人带来不利的后果，如损害名誉、影响安全、造成损失等。

隐私的分类有多种方式，常见的有以下几种。

(1) 按照隐私的内容，可以分为身体隐私、空间隐私、通信隐私和信息隐私。身体隐私是指个人的身体、生物识别信息、健康状况等。空间隐私是指个人的住所、办公室、车辆等。通信隐私是指个人的电话、邮件、短信等。信息隐私是指个人的姓名、地址、银行账户、购物记录等。

(2) 按照隐私的形式，可以分为主动隐私和被动隐私。主动隐私是指个人自己提供或者公开的隐私，如注册信息、社交媒体等。被动隐私是指个人在使用服务或者产品时产生的隐私，如浏览记录、位置数据等。

(3) 按照隐私的敏感度，可以分为普通隐私和敏感隐私。普通隐私是指一般不会给个人带来重大影响的隐私，如姓名、性别、年龄等。敏感隐私是指一旦泄露或者滥用可能会给个人带来严重影响的隐私，如身份证号码、信用卡信息、医疗记录等。

在计算机科学领域，隐私保护涉及对个体身份、通信内容、行为轨迹等敏感信息的合理保护。随着数字技术的广泛应用，隐私问题变得更加复杂。例如，在互联网上的个人数据被广泛收集和利用，智能设备通过传感器获取用户的生活信息，这些都涉及隐私权的问题。

数据与隐私之间存在着微妙的平衡。一方面，数据的提供和共享通常需要一定程度的隐私权让步。社交媒体的用户分享大量个人生活数据，以获取社交互动和关系网络的便利。这种信息的共享为社交媒体平台提供了用户行为和兴趣的宝贵信息，支持了个性化服务和广告推荐。然而，另一方面，隐私的保护需要限制数据的获取和使用，以确保个体的权益不受侵犯。在商业和医疗领域，个人信息的泄露可能导致严重的经济和健康问题。因此，在设计信息系统时，需要在数据获取和利用的需求与隐私保护的要求之间找到平衡。

1.2 数据安全与隐私保护背景

在当今数字化时代，数据已经成为推动社会发展和技术创新的重要资源。然而，随着数据规模的爆炸式增长，数据安全与隐私保护问题也日益凸显。大量用户数据的收集和处理，既带来了商业和社会价值，也引发了对个人隐私和信息安全的担忧。为深入探讨这一问题，以下将从隐私泄露事件和国内外政策环境两个方面进行分析。

1.2.1 隐私泄露事件

用户隐私泄露事件的背景和原因复杂而多样，涉及信息系统、第三方服务提供商、恶意攻击等多个方面。隐私权是个体对于个人信息不受侵犯的权利，是信息社会中个人权利的重要组成部分。用户隐私泄露事件往往涉及个人信息的非法获取和使用，直接侵犯了个体的隐私权。用户的身份信息、健康信息、金融数据等敏感信息一旦被泄露，可能导致身份盗窃、信用卡欺诈等问题，对个体权利产生严重威胁。用户隐私泄露事件会削弱用户对数字服务的信任，影响公众对于个人信息安全的信心。

2017年11月，美国的跨国大众传播媒体公司彭博(Bloomberg)新闻社首次披露，2016年，黑客成功入侵了优步(Uber)的数据库，窃取了超过5700万用户和600 000名司机的个人信息，包括姓名、邮箱地址、电话号码等敏感信息。Uber在发现攻击后未及时向用户和监管机构报告，反而选择支付1.0比特币(时值约100 000美元)的赎金，要求黑客删除泄露的数据。Uber未能及时披露数据泄露事件，违反了很多国家和地区的数据保护法规，导致了一系列的法律责任和罚款。这起数据泄露事件导致Uber的社会信任产生了严重的危机，加剧了数字社会对数字服务提供商的谨慎态度。

2022年10月，微软安全响应中心发布了一则公告，确认了一起涉及客户敏感信息泄露的事件。此次事件是由SOCRadar安全公司在2022年9月发现，并通过其博客文章披露的。SOCRadar指出，他们的云安全模块在一次例行检查中，检测到微软的Azure Blob Storage云存储服务存在配置错误，导致约2.4TB的敏感数据被公开。泄露的数据可能与全球111个国家或地区的超过65 000家企业客户有关，时间跨度从2017年到2022年8月。这些数据包括个人可识别信息、业务交易文件、项目细节以及微软和其客户或合作伙伴之间的沟通内容。微软迅速修复了这一配置错误，并通知了受影响的客户，但也表示，SOCRadar夸大了泄露的规模，特别是在涉及重复数据方面。此次事件提醒人们，即使在强大的安全系统中，配置错误或人为疏忽仍可能导致敏感数据的泄露，这为企业在云计算环境下加强配置管理和安全防护提出了警示。

用户隐私泄露事件的教训是沉痛而深刻的。唯有通过全员参与的数据安全文化建设、健全的监测与报告机制、全球合规性体系的建立以及积极履行社会责任，企业才能有效应对日益复杂的数字时代隐私保护挑战。保护用户隐私，不仅是法律义务，更是企业与用户建立长期信任关系的基础。只有坚持以用户为中心，不断提升数据安全水平，才能共建一个可信赖的数字社会。

1.2.2 国内外政策环境

中国在数据安全与隐私保护方面相关的法律法规主要有《中华人民共和国数据安全法》《中华人民共和国个人信息保护法》《中华人民共和国电信条例》《中华人民共和国电子商务法》《中华人民共和国外商投资法》等。在国际层面，欧盟的《通用数据保护条例》、加拿大的《个人信息保护与电子文件法》以及美国的《加州消费者隐私法案》等，都是全球范围内具有重要影响力的数据保护法律法规。这些法律法规不仅对各自管辖区域内的数据保护提供了指导,也为全球数据治理提供了参考和借鉴。

1. 《中华人民共和国数据安全法》

《中华人民共和国数据安全法》(以下简称《数据安全法》)是我国针对数据处理活动中的安全与隐私保护问题制定的基础性和综合性法律,于2021年6月10日经第十三届全国人民代表大会常务委员会第二十九次会议通过,并于同年9月1日起正式施行。这部法律旨在规范境内外数据处理活动,确保数据安全,同时鼓励和促进数据的合法合规利用,以有效保护个人隐私、组织权益以及国家的安全和发展利益。

法律适用范围:《数据安全法》适用于在中国境内进行的所有数据处理活动,包括但不限于数据的收集、存储、使用、加工、传输、提供和公开等环节。此外,如果境外数据处理活动影响到中国国家安全、公共利益或公民、组织的合法权益,也将依法追责。

隐私保护原则:《数据安全法》强调在数据处理过程中必须遵循合法、正当、必要的原则,尊重和保护个人隐私,不得侵犯公民个人信息权益。规定任何组织和个人在处理个人信息时,应当遵守法律法规,采取必要措施确保信息安全,不得非法收集、使用、加工、传输、提供或公开个人信息。

数据安全保护义务:法律规定各类数据处理者应当建立健全数据安全保障体系,明确数据分类分级管理、风险评估、应急处置等制度,落实数据安全责任。尤其在处理涉及个人信息的数据时,应履行告知义务,获取明示同意,并采取技术措施和其他必要措施确保数据安全。

政务数据安全与开放:在政务数据方面,《数据安全法》特别关注政府机关在采集、使用、共享和开放政务数据过程中的隐私保护问题,要求合理设定数据开放边界,确保数据安全与政务透明相结合。

《数据安全法》的出台,标志着中国在数据安全领域立法进程的重要里程碑,对于推动我国数据安全和隐私保护工作的开展具有重要意义。这部法律为企业和个人提供了明确的法律规范和指导,有助于增强数据安全意识,促进数据安全和隐私保护工作的全面推进。

2. 《中华人民共和国个人信息保护法》

《中华人民共和国个人信息保护法》(以下简称《个人信息保护法》)是专门针对个人信息保护领域的重要法律,它于2021年8月20日由第十三届全国人民代表大会常务委员会第三十次会议审议通过,并于同年11月1日起正式实施。这部法律框架严谨,内容翔实,旨在加强对个人信息权益的全方位保护,规范个人信息处理活动,尤其是在数字化进程中保障个人隐私不受侵犯,同时也促进了个人信息的合理利用,从而在信息化社会背景下构建健康有序的个人信息保护机制。

法律适用范围与基本原则:《个人信息保护法》适用于中国境内的一切个人信息处理活动,确立了合法性、正当性、必要性原则,强调个人信息处理应当尊重和保护个人的人格尊严和合法权益,遵循知情同意、目的明确、最少够用、质量保证、安全保障等基本原则。

个人信息定义与处理规则：法律明确了个人信息的定义，即与已识别或者可识别的自然人有关的各种信息，包括但不限于姓名、身份证明文件号码、生物识别信息、住址、电话号码、电子邮箱等。个人信息处理者在收集、存储、使用、加工、传输、提供、公开、删除个人信息时，必须严格遵守法定程序和条件，不得超出事先告知的目的和范围。

个人信息主体权利：《个人信息保护法》赋予了个人信息主体广泛的知情权、决定权、查询权、更正权、删除权以及请求损害赔偿的权利。个人信息主体有权知晓个人信息的收集、使用等情况，并在必要时请求个人信息处理者停止处理或删除其个人信息。

特殊类型个人信息保护：对于敏感个人信息(如生物识别信息、医疗健康信息、金融账户信息等)的处理，《个人信息保护法》设置了更为严格的限制和保护措施，要求获得明示同意并采用额外的安全保障措施。

监督管理和法律责任：法律建立了完善的个人信息保护监管体系，明确了国家网信部门和有关部门的职责，对违反《个人信息保护法》的行为规定了行政责任、民事责任和刑事责任，加大了对侵犯个人信息行为的处罚力度。

通过学习《个人信息保护法》，读者将更加深入地了解个人信息保护的法律制度和基本原则，提高对个人信息安全和隐私保护工作的认识和理解，《个人信息保护法》为在实际工作中更好地保护个人信息安全和维护公民个人信息权益提供了有力支持。

3.《中华人民共和国电信条例》

《中华人民共和国电信条例》是为了规范电信活动，保障通信的安全和秘密而制定的法规，于2000年生效。

通信秘密的保护：法规规定，通信秘密是指通信内容和通信事务中的个人隐私，通信运营者和其工作人员对通信有保密的义务。未经法定程序，任何单位和个人不得以任何方式侵犯通信秘密。这一规定保障了通信内容的安全和秘密。

通信设备的安全保密：法规规定，通信设备的生产、销售、使用等活动应当符合国家的安全保密要求。这一规定保障了通信设备的安全性，防范通信设备用于非法窃听等活动。

通信运营者的保密责任：通信运营者应当保障通信的安全和秘密，不得非法窃听、删改、泄露通信内容。对于用户的个人信息，通信运营者也有保密的义务。这一规定确保了通信运营者在业务运作中的合法性和安全性。

通信运营者的协助犯罪调查责任：法规规定，在国家安全和社会公共利益需要进行刑事调查的情况下，通信运营者应当协助有关国家机关进行调查，提供必要的技术支持和信息。这一规定在维护国家安全和社会公共利益的同时，也明确了通信运营者的责任和义务。

通信保密的技术措施：通信运营者应当采取必要的技术措施，保障通信的安全和秘密。这一规定促使通信运营者不断提升技术水平，确保通信系统的安全性。

《中华人民共和国电信条例》作为通信保密法规，为保障通信的安全和秘密提供了具体而全面的法律支持。各级通信运营者需要遵守法规的规定，建立起科学的通信保密制度，保障用户通信信息的安全。

4.《通用数据保护条例》

《通用数据保护条例》(General Data Protection Regulation, GDPR)是欧盟于2018年5月25日生效的一项法规，旨在保护个人数据的隐私和安全，适用于欧洲经济区内的所有企业和组织。

个人数据处理的合法性：GDPR 要求数据处理的合法性，个人数据只能在确定了合法处理的基础上进行收集和处理。合法的处理基础包括数据主体同意、履行合同、法定义务、保护人的重要利益、公共义务、合法利益等。

数据主体权利：GDPR 强调数据主体的权利，包括访问权、更正权、删除权、限制处理权、数据可携带性等。这些权利使数据主体能够更好地掌控其个人数据的使用。

数据保护官(data protection officer, DPO)：对于一些特定类型的数据处理活动，特别是公共机构和进行大规模监视或大规模敏感数据处理的企业，需要指定数据保护官以监督合规性。

违规处罚：GDPR 规定了严格的违规处罚制度，对于数据保护规定的严重违反可能面临高额罚款，确保数据控制者和处理者遵守法规。

数据移动：GDPR 为数据主体提供了数据可携带性的权利，允许他们将个人数据从一个数据控制者转移到另一个数据控制者，以促进竞争和个人数据的流动性。

该法规在强调数据主体权利的同时，对于数据处理者提出了更为详细的合规要求。这为保护个人数据隐私提供了全面的法律保障。

5. 加拿大《个人信息保护与电子文件法》

《个人信息保护与电子文件法》(Personal Information Protection and Electronic Document Act, PIPEDA)是加拿大颁布的一项关于个人信息保护的法规，适用于加拿大境内从事商业活动的组织。该法规于2001年生效，通过对个人信息的合法收集、使用和披露，旨在平衡隐私权和商业需求。

合法数据收集是 PIPEDA 的基石。任何组织在收集个人信息前必须明确合法的基础，这可以是数据主体的同意或者其他法律允许的情形。组织应确保数据收集的合法性，并对收集的信息进行明晰的记录。

PIPEDA 要求组织在使用和披露个人信息时必须遵循合理的目的，并限制在必要的范围内进行。组织需要明确定义个人信息的使用目的，不得超出原始收集目的，确保合理、透明、仅限于必要的信息使用和披露。

个人信息的安全是 PIPEDA 的重要要求。组织应当采取适当的物理、技术和管理措施，确保个人信息的保密性和完整性。这包括对数据进行加密、实施访问控制、定期的安全审计等手段，以保障信息的安全。PIPEDA 赋予数据主体广泛的权利，包括访问其个人信息、更正错误、提出异议、限制处理以及数据可携带性等。组织应当建立便捷的机制，支持数据主体行使其权利。

PIPEDA 规定，未经同意，个人信息不得随意移出加拿大。组织在进行国际数据传输时要审慎，并确保符合 PIPEDA 的规定。PIPEDA 要求涉及敏感信息或规模较大的组织可能需要指定数据保护官。这名官员负责监督组织的隐私保护政策和实践，确保其合规性。

PIPEDA 规定了对违反法规行为的处罚机制，包括行政处罚和民事赔偿。行政处罚的数额可根据违规行为的严重程度而定，民事赔偿则是对违规行为的一种补偿。

PIPEDA 以其严格的隐私保护要求，为个人信息在商业活动中的合法处理提供了坚实的法律基础。在加拿大的组织经营中，必须切实遵守 PIPEDA 的规定，以确保个人信息的安全和合规处理。

6. 《加州消费者隐私法案》

《加州消费者隐私法案》(California Consumer Privacy Act, CCPA)是美国加利福尼亚州于 2020 年 1 月 1 日生效的一项法规，旨在保护消费者的隐私权。CCPA 是美国首个赋予消费者对其个人信息控制权的综合性隐私法案。

CCPA 明确定义了个人信息的范围，包括但不限于与个人有关的标识信息、个人特征、生物识别信息、教育和职业信息等。该法规的适用对象主要是商业组织、获取或处理加利福尼亚州居民个人信息的组织。

CCPA 赋予消费者一系列权利。知情权：消费者有权知道组织收集、使用、披露其个人信息的具体目的。访问权：消费者有权访问其被收集的个人信息，并要求组织提供相关信息的副本。删除权：消费者有权要求组织删除其个人信息。拒绝销售权：消费者可以拒绝组织出售其个人信息。平等服务和价格权：消费者有权享有平等的服务和价格，无论其是否行使了隐私权利。

CCPA 适用于满足以下任一条件的组织：年度营收超过 2500 万美元、处理个人信息超过 50 000 名消费者或收入的 50%以上来自个人信息的销售。受 CCPA 约束的组织有责任制定合规性措施，保障消费者的隐私权。

CCPA 通过赋予消费者更多对其个人信息的控制权，推动了隐私保护法规的发展。组织需要审视并调整其数据处理实践，以符合 CCPA 的规定，确保个人信息的合法、透明和安全处理。

1.3 数据相关产业面临的安全挑战

经过对隐私泄露事件的反思，不难发现其中数据安全蕴含的深层意义与潜在价值。在此基础上，进一步探讨数据相关产业面临的安全挑战。

1.3.1 大数据产业面临的安全挑战

在大数据时代，数据的规模和多样性呈爆炸性增长，带来了巨大的机遇与挑战。其中，隐私问题成为数据安全领域的一项重要挑战。

数据采集与存储：大数据时代，数据不仅来自传统的结构化数据库，还包括社交媒体、移动设备、物联网等各种非结构化数据库。这使得个人的隐私信息更容易收集和存储。随着数据的积累，机器学习和深度学习等技术的应用使得数据能够被更深入地分析和关联，从而可能揭示出个体的隐私信息，甚至进行隐私推测。

数据处理与共享：在进行数据分析时，为了保护隐私，往往需要对数据进行匿名化或脱敏处理，但这也可能导致数据失真，影响分析结果的准确性。大数据时代涌现了许多数据交易平台，企业可能通过共享数据获取更多收益，但这也带来了潜在的隐私泄露的风险，特别是当数据用于跨组织的分析时。

数据传输与存储安全：在大数据分布式环境下，数据的传输涉及多个节点，加密通信变得至关重要，以防止中间人攻击和数据泄露。大量的大数据分析工作负载转移到云计算平台，云端数据的存储和处理可能涉及多租户的隐私隔离和云服务提供商的合规性问题。

1.3.2 云计算产业面临的安全挑战

多租户环境的隐患：在云计算中，多个租户共享同一物理基础设施，这种多租户模型带来了安全挑战。潜在的风险包括未经同意的数据泄露、资源竞争以及跨租户的攻击。合理的隔离措施和强化的身份验证机制是关键，以确保不同租户之间的安全隔离。

虚拟化安全性：云计算通常依赖虚拟化技术来提高资源的利用率，但虚拟环境也带来了新的安全挑战，如虚拟机逃逸攻击、虚拟网络的隔离问题等。保护虚拟化层的安全对于整个云环境的稳定性至关重要。

网络安全和数据传输：云计算中数据的传输经常发生在公共网络上，这增加了数据被拦截或篡改的风险。采用加密通信和虚拟专用网络等手段，加强数据在传输中的保护，是确保数据完整性和机密性的重要措施。

云服务提供商的安全责任：租户与云服务提供商之间的安全责任共担，但云服务提供商的安全性直接影响租户的数据和应用程序。了解云服务提供商的安全措施、备份政策、紧急响应等方面，是租户在选择云服务时需要认真考虑的因素。

1.3.3 物联网产业面临的安全挑战

物联网(internet of things, IoT)作为连接世界的重要技术趋势，为人们的生活带来了便利，但同时也引发了一系列严重的数据安全挑战。

设备认证与安全性：物联网涉及大量的设备，包括传感器、嵌入式系统等，这些设备可能存在制造商漏洞、默认密码等安全性问题。设备认证的不足可能导致未经授权的访问，从而威胁整个物联网系统的安全。

数据存储与隐私：大规模的物联网系统产生大量数据，包括个人身份信息、地理位置等敏感信息。有效的数据存储和管理变得至关重要，以防止数据泄露和保护用户隐私。

巨大数据流的处理：物联网产生的数据流量巨大，处理这些数据需要强大的计算和存储能力。同时，有效地分析和利用这些数据也面临着挑战，因为其中可能包含对业务和用户有意义的信息，也可能存在威胁。

缺乏统一的安全标准：由于物联网涉及多种设备、协议和平台，目前尚缺乏统一的安全标准。这使得设备制造商、服务提供商和用户难以确保整个物联网生态系统的一致性和高水平的安全性。

1.3.4 人工智能产业面临的安全挑战

人工智能技术的迅猛发展为各行各业带来了巨大的变革，但与之相伴随的是一系列安全挑战。在计算机科学领域，深度学习和人工智能的安全问题涵盖了多个方面。

模型攻击与对抗性样本：深度学习模型容易受到对抗性样本的攻击，即通过微小的修改，模型产生错误的输出。这可能导致在实际应用中的安全问题，如图像分类错误、语音识别错误等。防御对抗性样本攻击成为保证深度学习安全的一项重要任务。

隐私泄露与数据滥用：在人工智能应用中，特别是涉及个人敏感信息的场景，隐私泄露是一种严峻的挑战。深度学习模型可能学到训练数据中的隐私信息，导致模型产生不良的隐私后果。隐私保护技术的研发和合规性规范的制定成为必不可少的环节。

模型保护与知识产权：深度学习模型的训练过程和参数具有重要的商业价值，而模型泄露和盗用问题变得尤为突出。确保在模型交付和部署过程中的安全性，防止模型的知识产权被侵犯，是深度学习应用中的重要任务。

1.3.5 区块链产业面临的安全挑战

区块链产业领域需要不断演进其安全性措施，采用新的技术手段来防范不断涌现的威胁。安全团队的积极介入、社区的协同合作以及全球安全标准的制定将有助于保护区块链与加密货币生态系统的安全。

区块链基础安全原则：区块链基于分布式账本技术，确保每个节点都有相同的数据副本，从而提高数据的可靠性。然而，安全威胁可能来自节点的拜占庭(Byzantine)错误或恶意节点的攻击。采用共识算法(如拜占庭容错算法)可提高系统的安全性。区块链使用加密算法保护数据的完整性和机密性。哈希函数用于生成区块的唯一标识，数字签名确保交易的真实性。采用强大的加密算法有助于抵御各种攻击，如篡改和伪造。

智能合约的安全性：智能合约是在区块链上执行的自动化合同，但可能受到漏洞的威胁。常见的漏洞包括逻辑错误、重入攻击和溢出攻击。了解智能合约的攻击面，并进行充分的安全审计是确保智能合约安全性的关键步骤。为了降低智能合约的风险，必须进行全面的安全审计。采用最佳实践，如代码审查、模块化设计和有针对性的测试，有助于减少潜在的安全漏洞。安全团队的介入和安全标准的制定也是确保智能合约安全性的重要手段。

加密货币安全考虑：加密货币的安全性取决于私钥的保护。钱包可能面临的威胁包括恶意软件、劫持和社会工程学攻击。采用硬件钱包、多重签名等安全措施可提高加密货币存储的安全性。虽然区块链是公开透明的，但一些加密货币致力于提高交易的隐私性。采用零知识证明、环签名等隐私技术有助于保护用户的交易隐私。

1.4 数据安全与隐私保护的需求与价值

随着数字化时代的到来，个人和组织在日常活动中产生并处理的数据呈爆炸性增长，而数据的泄露、滥用和恶意攻击给个体和社会都带来了巨大的威胁。因此，为了确保信息系统的安全性和用户的隐私权，必须深入理解并满足其核心需求。本节将详细探讨数据安全与隐私保护各个方面的需求，强调数据在数字环境中的脆弱性以及通过综合手段加以保护。

1.4.1 机密性

数据的机密性是指只有经过授权的用户或系统能够访问和使用数据。常见的保障数据机密性的手段有以下几种。

加密技术的应用：通过对敏感数据进行加密，即使数据在传输或存储过程中被获取，也无法轻易被解读。对于不同类型的数据，可以采用不同的加密算法和密钥管理策略。对于高度敏感的信息，如个人身份信息或财务数据，可以采用先进的对称加密算法；对于密钥的管理则需要谨慎设计，确保密钥的安全存储和合理轮换。

访问控制与权限管理：访问控制通过身份验证来确定用户是否有权访问特定资源，权限管理则确保用户在访问时仅获得其所需的最低权限。细粒度的访问控制可以根据用户的角色、责任和工作需要进行定制，从而在最小化信息暴露的同时保障工作效率。这需要有一套完整的身份管理系统，能够对用户身份进行验证、管理和监控。

安全的存储与传输：在信息存储和传输方面的安全性也直接影响数据的机密性。在存储方面，采用加密存储技术，对数据库、文件系统等进行加密，即使存储介质被非法获取，也难以直接获取敏感信息。在传输方面，采用加密通信协议，如安全套接层(secure socket layer, SSL)协议和传输层安全性(transport layer security, TLS)协议，以确保数据在传输过程中的机密性。虚拟专用网络(virtual private network, VPN)的使用能够在公共网络上建立加密通道，为远程访问提供额外的保护层。

1.4.2 完整性

数据完整性关注的是数据在其生命周期中不被非法篡改、损坏或破坏，从而保证数据的真实性和可信度。为确保数据完整性，组织需要采取一系列技术和管理措施，保障数据在存储、传输和处理过程中不会受到不当修改。

校验和与哈希算法的应用：使用校验和与哈希算法是验证数据完整性的有效方式。校验和通常用于验证文件的完整性，通过对文件的所有字节进行校验和计算，可以在文件传输或存储过程中检测到任何篡改。哈希算法则是更为强大的手段，通过对文件进行哈希计算，并将哈希值存储在安全位置，可以在后续验证过程中发现任何不当修改。MD5、SHA-256等广泛使用的哈希算法具有高度的安全性。

数字签名的使用：数字签名是在确保数据完整性方面的一种强有力的手段。通过使用非对称加密算法，数据的发送者可以生成一个数字签名并附加到数据上，接收者可以使用发送者的公钥验证数字签名的有效性，从而确定数据是否经过篡改。数字签名在文件传输、电子合同和软件分发等场景中广泛应用。

版本控制与审计机制：为维护数据完整性，建立版本控制系统是至关重要的。版本控制系统不仅能够追踪数据的修改历史，还可以还原到先前的版本，以应对不当修改。此外，审计机制能够记录数据的访问和修改记录，包括谁、何时以及如何访问或修改数据。这有助于发现和应对潜在的安全威胁。

1.4.3 可用性

数据的可用性是指在需要的时间和地点，授权用户可以正常访问和使用数据。避免因硬件故障、网络问题或恶意攻击而导致数据不可用是数据安全的基本要求之一。

数据备份与灾难恢复计划：数据备份是确保可用性的基础。制定合理的备份策略，包括对关键数据的定期备份、备份数据的存储和管理。备份数据的定期测试和恢复演练是确保备份数据可用性的关键步骤。此外，建立灾难恢复计划，包括人员的配备、硬件设备的备份和灾难恢复演练，可以在灾难性事件发生时迅速恢复业务。

负载均衡与冗余存储：负载均衡技术是确保系统整体性能和可用性的重要手段。通过将流量分散到多个服务器上，负载均衡技术能够防止某一服务器故障而导致整个系统不可用。此外，采用冗余存储技术，如独立磁盘冗余阵列(redundant arrays of indepensive disks, RAID)，可以防止因单点故障而导致数据不可用。冗余存储还能够提高系统的容错性，确保在硬件故障时数据仍然可用。

弹性计算与云服务：利用云服务的弹性计算特性，将系统部署在多个地理位置的云服务器上，是提高系统可用性的有效手段。云服务提供商通常具有高度的可用性保障，可以在整个系统或某个地区发生故障时自动切换到其他可用的地区，保障服务的持续性。弹性计算还能够根据实际负载调整系统的计算资源，提高系统的适应性和稳定性。

1.4.4 合法性

合法性是隐私保护的首要原则，强调在收集、处理和使用个人信息时必须遵循相关法规和法律规定，且必须获得个体的明确、充分同意。合法性的确保旨在防止个人信息被滥用、非法获取或未经授权使用。

在全球范围内，各国和地区都制定了不同的个人信息保护法规，如欧盟的《通用数据保护条例》、美国的《加州消费者隐私法案》、中国的《中华人民共和国个人信息保护法》等。这些法规规定了个体信息的合法获取条件、信息使用范围和安全保障要求。组织在进行个人信息处理时必须严格遵守这些法规，以确保其隐私保护实践的合法性。

透明的隐私政策和用户协议是确保合法性的重要工具。组织应当清晰地告知个体哪些信息将被收集以及如何使用。用户在使用服务或产品之前，应当能够全面了解数据处理的目的、方式和范围，从而能够做出知情且明智的选择。

1.4.5 透明度与知情权

透明度是指个体清晰地了解其个人信息被收集和使用的方式，并有权选择是否同意这些信息的收集和使用。透明的隐私实践建立了用户对组织的信任，使其更愿意与组织共享信息。透明度和知情权强调的是信息处理过程的公开和可理解性。

隐私政策与告知：组织需要制定明确的隐私政策，详细说明个人信息的收集、使用、存储和共享方式，以及数据主体的权利和可行的选择。这需要以简明扼要的方式呈现，以确保用户能够理解。在网站、应用程序等信息收集点，应提供充分的告知，包括但不限于数据的用途、处理期限、第三方共享等信息。组织还需要及时更新隐私政策，以适应业务的变化和法规要求的变更。

用户同意和选择权：在个人信息的处理过程中，用户的同意是至关重要的。组织需要设计明确的同意流程，确保用户能够了解并同意数据的处理方式。同意不应该是强制性的，用户应该具有选择不同意或部分同意的权利。此外，用户应该能够随时撤销已经给予的同意，并能够方便地管理其隐私设置。

1.4.6 数据最小化与目的限制

为了降低隐私泄露的风险，数据处理者在收集和使用个人信息时应当遵循数据最小化和目的限制原则。组织在收集个人信息时应当明确其合法合规的目的，并确保所收集的信息与这些目的具有直接关联。任何与目的无关的数据收集都应当避免。例如，在进行市场调研时，仅收集与研究相关的信息，而不收集与研究无关的个人信息。

1.4.7 安全性保障

隐私保护的核心需求之一是确保个人信息在存储、传输和处理过程中得到充分的安全保障。

(1) 数据加密与安全传输：对于敏感的个人信息，组织应当采用适当的加密技术，保障数据在传输过程中的安全性。使用 SSL/TLS 等加密协议可以防止数据在传输过程中被窃听或篡改。此外，对于数据的存储，应当采用加密算法，确保即使在数据存储介质被非法获取的情况下，敏感信息也无法被轻易解读。

(2) 访问控制与身份验证：建立完善的访问控制和身份验证机制是确保个人信息安全的重要手段。只有经过授权的人员才能访问特定的个人信息，而且需要通过强有力的身份验证手段进行确认。采用多因素身份验证，如密码与生物识别相结合，能够提高系统的安全性。

(3) 安全开发与编码实践：在应用程序和系统开发中，采用安全的编码实践是防范隐私泄露的有效手段。避免使用已知的不安全代码、对输入进行充分的验证和过滤、对敏感数据进行适当的脱敏处理，都是安全开发的关键环节。定期进行安全审计和漏洞扫描，及时修复发现的安全问题。

1.4.8 数据主体权利保护

隐私保护需要关注数据主体的权利，确保他们能够有效行使对个人信息的控制权。

访问和更正权利：根据法律法规的要求，组织需要确保数据主体拥有访问其个人信息的权利，并能够行使更正不准确信息的权利。建立适当的流程，使数据主体能够便捷地提出访问和更正请求，同时要确保在合理的时间内响应这些请求。

数据删除和遗忘权利：数据主体有权要求删除其个人信息，即"被遗忘权"。组织需要建立明确的流程，确保在数据主体提出删除请求时，能够在合法的情况下及时删除相关信息。同时，组织还需要考虑备份数据的处理方式，以确保删除的信息不再恢复。

本 章 小 结

本章深入探讨了数据、信息与隐私的定义，围绕数据安全与隐私保护的基本概念及其背景进行了深入探讨，明确了它们在计算机领域中的重要性。明确了隐私泄露事件频发及其对个人和社会的影响，强调了在数字化时代保护个人隐私的重要性。同时，分析了国内外政策环境的变化，指出各国在数据保护方面的立法进展与挑战，为后续的研究提供了政策背景。接着，针对大数据、云计算、物联网、人工智能和区块链等产业，详细阐述了它们在数据安全方面面临的具体挑战。这些挑战不仅涉及技术层面，还包括管理和法律层面的复杂性，反映了数据安全问题的多维性和紧迫性。在需求与价值部分，系统性地总结了数据安全与隐私保护的核心需求，包括机密性、完整性、可用性、合法性、透明度与知情权、数据最小化与目的限制、安全性保障以及数据主体权利保护等。这些需求不仅是数据安全的基本要素，也是实现数据价值最大化的前提。综上所述，本章为理解数据安全与隐私保护的复杂性奠定了基础，强调了在快速发展的数字经济中，建立健全的数据安全体系和隐私保护机制的重要性。

习　　题

1. 解释数据、信息和隐私的概念，并举例说明它们之间的关系。
2. 详细描述数据安全与隐私保护的核心需求包括哪些，并说明机密性、完整性和可用性在计算机系统中的重要性。
3. 分析一起数据泄露事件，包括事件的原因、受影响的数据类型和泄露的后果。提出你认为可以防范类似事件的建议。
4. 比较中国和美国的数据安全与隐私保护法律法规，重点讨论它们的异同以及对企业和个人的影响。
5. 讨论边缘计算在数据安全领域的应用和挑战，并提出在边缘计算环境中保护数据安全和隐私的方法。
6. 就个人信息保护法律法规的内容和实施情况，讨论中国政府在个人信息保护领域的举措和挑战，并提出进一步加强个人信息保护的建议。
7. 分析目前流行的社交媒体平台对用户隐私的影响，以及可能面临的隐私风险，并提出保护个人隐私的建议。

第 2 章 数据治理的基本原则与策略

在数字经济飞速发展的时代，数据已成为驱动组织创新和决策的重要资源。如何有效地治理和管理这些庞大且复杂的数据，已成为各个行业共同面临的挑战。本章将探讨数据治理的基本原则与策略，帮助组织建立健全的数据管理体系，充分发挥数据的价值。

2.1 基 本 概 念

在当今数字化时代，数据广泛应用于各个行业和组织中，成为企业决策和业务运营的重要基石。数据治理涉及数据生命周期的管理，包括数据的收集、存储、处理、分析和共享等环节。它涵盖了一系列规则、流程和实践，旨在确保数据的质量、可靠性和合规性，同时促进数据的有效使用和价值创造。数据治理着重于建立和维护数据的规范定义，这包括定义数据元数据、数据标准和数据词汇表，以确保数据在整个组织中的一致性和可理解性。数据元数据提供关于数据的描述和属性信息，使数据能够被正确理解和使用。数据标准确保数据的格式、命名约定和数据值的一致性，使数据能够被准确地解释和比较。数据词汇表则定义了组织内共享的术语和定义，以促进交流和理解。具体来说，数据治理的内涵主要包括以下几个方面。

数据访问权限管理：数据治理包括管理数据的访问权限，以确保数据只能被授权人员访问和使用。这涉及建立适当的访问控制策略和权限管理机制，包括身份验证、授权和审计。通过限制数据的访问权限，组织可以保护敏感数据免受未经授权的访问和滥用，并确保数据的机密性和完整性。

数据质量监测和改进：数据质量是数据治理的核心关注点之一。数据治理涉及监测和改进数据的质量，以确保数据的准确性、一致性和完整性。数据质量监测包括数据验证、错误检测和异常处理等活动，以识别和纠正数据质量问题。数据质量改进则涉及制定和执行数据质量改进计划，包括数据清洗、数据标准化和数据集成等措施，以提高数据质量水平。

数据安全和隐私保护：数据治理需要确保数据的安全性和隐私保护。这包括建立和实施适当的数据安全策略和隐私保护措施，以保护数据免受未经授权的访问、泄露和滥用。数据安全措施可能包括加密、访问控制、数据备份等技术和流程。隐私保护涉及识别和管理敏感数据，并遵守适用的隐私法规和合规要求，以保护个人隐私权益。

通过数据治理，数据可以成为组织的重要资产，为业务运营、战略规划和创新提供可靠的基础。下面将探讨数据治理的重要性，以及它对组织的价值和竞争优势的影响。

(1) 数据是组织的重要资产。数据是当代组织的重要资产之一，它包含了组织的业务信息、客户洞察、市场趋势等宝贵资源。通过有效的数据治理，组织能够更好地理解和利用这些数据资产，从而获得洞察力并做出明智决策。

(2) 提高数据质量和可靠性。数据治理通过建立数据规范和质量监测机制，可以提高数据的质量和可靠性，以及决策的准确性和效果。数据治理还可以识别和纠正数据质量问题，如数据错误、不一致性和遗漏等，从根本上改善数据的可靠性和可信度。

(3) 降低数据风险和合规风险。通过建立数据访问权限管理和数据安全措施，数据治理可以保护数据免受未经授权的访问、泄露和滥用。同时，数据治理也有助于确保组织遵守适用的法规和合规要求，减少合规风险的发生。

(4) 促进数据的有效使用和价值创造。数据治理可以促进数据的有效使用和价值创造。通过建立数据规范和访问权限管理，数据治理能够提供一致、准确和可靠的数据，不同部门和业务领域能够共享和整合数据，从而实现跨部门和跨业务的数据集成和分析。这有助于发现数据中的潜在洞察力，为业务决策、产品创新和市场竞争提供有力支持。

(5) 增强组织的竞争优势。有效的数据治理可以为组织带来竞争优势。通过提高数据质量和可靠性，组织能够更好地理解客户需求、判断市场趋势和把握业务机会，从而能够更快地适应变化和创新。数据治理还可以通过降低数据风险和合规风险，增加组织的稳定性和可靠性，提高组织在市场中的声誉和竞争力。

总而言之，数据治理对于现代组织来说至关重要。它确保数据作为组织的重要资产得到有效管理和保护，提高数据质量和可靠性，降低数据风险和合规风险，并促进数据的有效使用和价值创造。通过数据治理，组织能够提升竞争优势，实现战略目标，并在不断变化的商业环境中保持敏捷和创新。因此，组织应该充分认识和重视数据治理的重要性，并投资于建立健全的数据治理框架和流程，以实现持续的业务增长和成功。

2.2 数据治理原则

在信息时代，数据已成为企业和组织的核心资产，有效地治理和管理数据，关系到业务的成败与发展。为了确保数据的价值最大化，同时保障数据的安全和隐私，需要遵循一系列的数据治理原则。本节将详细阐述数据治理的关键原则，包括透明可追溯原则、可信且可用原则、安全与隐私原则以及开放与共享原则。

2.2.1 透明可追溯原则

在数据治理中，透明性与可追溯性是确保数据质量、完整性和安全性的关键原则。它们确保了数据的来源、流程、变更和访问都能够准确地追溯和监控，从而建立了一种可信的数据环境。有了透明性和可追溯性，组织能够更好地管理和保护数据资产，从而提高数据的价值和可信度。

1. 数据来源和流程的透明性

在数据隐私治理中，透明性是确保数据的来源和流程对组织和利益相关者可见和可理解的重要原则之一。数据流程的透明性对于建立信任、减少误解和误用、提供决策依据、支持合规性以及保护数据隐私、识别和解决问题、提供监控和追溯能力、促进创新和发现数据价值等方面都具有重要意义。通过确保数据流程的透明性，组织可以有效管理和利用数据，提高数据的质量和可信度，从而实现更好的业务成果和长期发展。

1) 数据来源的透明性

数据来源的透明性涉及对数据收集的方式、时间和地点等信息进行准确记录和披露。以下是一些常用的确保数据来源的透明性的措施。

文档记录：组织应该建立文档记录，详细说明数据收集的目的、方法和程序。这些文档应该包括数据收集的具体步骤、数据来源的描述以及数据收集所涉及的各方参与者。文档记录可以作为内部参考和外部披露的依据，提供数据收集的透明性。

元数据标记：在数据收集过程中，可以为数据添加元数据标记，以记录数据的来源和相关信息。元数据可以包括数据收集的时间、地点、设备和传感器等信息，以及数据的质量和可信度评估。元数据标记有助于追踪数据的来源和提供数据收集过程的可追溯性。

数据合作伙伴管理：如果数据来自外部数据合作伙伴或第三方供应商，组织应该与其建立合作伙伴关系，并明确约定数据来源的标准和要求。数据合作伙伴管理应包括合同条款、数据使用协议和监督机制，以确保数据合作伙伴的透明性和合规性。

2) 数据流程的透明性

数据流程的透明性是指对数据在整个流程中的传输、存储和处理过程进行全面可见和可理解的能力。它涉及组织对数据流动路径、数据处理步骤、参与者和系统之间的关系等方面的清晰了解。

数据流程的透明性意味着组织对数据的流动过程有清晰的认识和了解。它包括对数据在不同系统和环境中的传输、存储和处理步骤的全面可见性。透明性要求组织能够准确描述数据流动的路径、数据处理的步骤以及涉及的各个参与者和系统之间的关系。

2. 数据变更和访问的可追溯性

数据变更和访问的可追溯性是数据治理的关键方面之一。通过了解和追踪数据的变更历史以及数据的访问情况，组织可以更好地管理数据的完整性、可信度和安全性。这不仅有助于满足合规要求，还可以提供对数据管理过程的可视化和监控，为数据决策和风险管理提供支持。

1) 数据变更的可追溯性

数据在其生命周期中会经历多次变更，包括创建、修改、删除等操作。追踪和记录这些变更对于数据治理至关重要。以下是一些关键的方面和实践，用于确保数据变更的可追溯性。

(1) 数据变更日志：建立完善的数据变更日志系统，记录每个数据对象的变更操作、执行时间、执行人员等关键信息。这些日志可以帮助识别数据的修改历史和追踪数据变更的责任链。

(2) 版本控制：采用版本控制工具和技术，对数据进行版本管理和追踪。每次数据变更都应该生成一个新的版本，并记录变更的原因和相关信息。

(3) 元数据管理：元数据是描述数据的数据，包括数据结构、属性、关系等信息。通过建立和维护元数据管理系统，可以跟踪数据的结构变化和元数据的修改历史。

(4) 数据审计：定期进行数据审计，检查数据变更的合规性和准确性。审计过程应包括对数据变更日志、版本控制记录和元数据的审查。

2) 数据访问的可追溯性

以下是一些关键的方面和实践，用于确保数据访问的可追溯性。

(1) 访问日志：建立访问日志系统，记录每个数据对象的访问请求、执行时间、执行人员等关键信息。这些日志可以帮助追踪数据的访问历史和监测未经授权的访问行为。

(2) 访问权限管理：实施严格的访问权限管理机制，确保只有经过授权的用户可以访问敏感数据。记录用户的访问权限变更和角色变更。

(3) 数据加密和安全技术：采用数据加密和其他安全技术，保护数据在传输和存储过程中的安全性。记录加密和解密操作以及密钥管理的相关信息。

(4) 审计和监控：定期审计和监控数据的访问行为，检查访问请求的合规性和异常行为。监测数据访问的模式和趋势，及时发现潜在的安全威胁。

2.2.2 可信且可用原则

数据治理中，数据可信且可用原则非常重要。数据可信且可用是指数据在准确性、完整性、一致性与可信度方面都有良好的保证。这一原则对于数据治理和数据管理至关重要，因为可信且可用的数据是做出正确决策、实施有效业务流程和支持可靠分析的基础。下面讨论可信且可用原则的具体内容。

1. 准确性

准确性是数据质量的核心要素之一，准确性指标用于衡量数据与实际情况之间的相符性和正确性。准确性指标的监控结果可以作为数据质量改进和数据异常处理的依据，帮助组织和企业提高数据的准确性和可信度，从而支持正确的决策和有效的业务流程。

以下是常见的准确性指标。

错误率：衡量数据中错误存在的程度。它可以通过比较错误数据的数量与总数据量的比例来计算。较低的错误率表示数据的准确性较高。

误差率：衡量数据与实际情况之间的差异程度。它可以通过比较数据值与实际值之间的差异来计算。较低的误差率表示数据与实际情况更为接近，具有较高的准确性。

数据验证规则通过率：数据在经过验证规则后通过的比例。验证规则可以包括格式验证、范围验证等。较高的数据验证规则通过率表示数据符合验证规则，具有较高的准确性。

数据验证错误数量：在数据验证过程中发现的错误数量。较少的数据验证错误数量表示数据的准确性较高。

数据一致性：准确性还可以与数据的一致性关联。数据一致性指数据在不同系统或数据源之间的一致性程度。通过比较数据在不同系统之间的一致性，可以评估数据的准确性。

2. 完整性

完整性是关注数据是否包含所有必要的信息。通过制定适当的完整性指标并监控其结果，组织和企业可以确保数据的完整性，减少数据缺失和重复，提高数据的可靠性和可信度。以下是常见的数据完整性评估指标。

缺失比例：衡量数据中缺失值的比例。通过计算缺失值数量与总数据量之间的比例，可以评估数据的完整性。较低的缺失比例表示数据的完整性较高。

缺失记录数量：数据中缺失记录的数量。较少的缺失记录数量表示数据的完整性较高。

字段完整性：该指标用于检查数据表或数据集中特定字段的完整性。它可以衡量字段缺失的比例或数量。例如，一个客户信息表中的完整性指标可以是电话号码字段的缺失比例。

时间序列完整性：该指标检查数据中是否存在时间上的间隔或缺失。例如，对于每日销售数据，时间序列完整性指标可以用于检查是否有任何缺失的日期或时间段。

3. 一致性

一致性涉及数据在不同系统、数据源或时间点之间的一致性和协调性。通过评估一致性指标，可以了解数据在不同系统或时间点之间的一致性水平，发现数据不一致的问题，并采取相应的措施进行修复和改进。以下是常见的一致性指标。

数据一致性：数据一致性检查是通过比较同一数据或相关数据在不同系统或数据源中的值来评估一致性的。例如，对于客户地址信息，在不同的数据库或系统中，地址字段的值应该是一致的。数据一致性指标可以用于计算数据的一致性程度，如一致性错误的数量或比例。

逻辑一致性：该指标用于评估数据中的逻辑关系是否一致。逻辑一致性通常涉及不同数据字段之间的约束或关联关系。例如，在订单数据中，产品数量字段应与产品单价和总价字段之间保持一致。逻辑一致性指标可以衡量逻辑关系的一致性程度。

时间一致性：该指标用于评估数据在不同时间点或时间段内的一致性。它可以检查数据的有效期、更新频率和时间戳等属性，以确保数据在时间上的一致性。例如，对于销售数据，时间一致性指标可以用于检查销售记录是否按照正确的时间顺序进行记录和更新。

规范一致性：该指标用于评估数据是否符合特定的规范、标准或约定。这些规范可以是行业标准、数据模型规范或内部数据治理规范等。例如，在数据命名约定中，字段命名应符合一定的规范。规范一致性指标可以用于检查字段命名的一致性程度。

异常一致性：该指标用于评估数据中的异常情况是否在不同系统或数据源之间保持一致。例如，在客户退款数据中，退款金额字段应在各个系统中保持一致。异常一致性指标可以用于检查异常情况的一致性程度。

4. 可信度

可信度指标是衡量数据可信且可用的重要方面之一，主要关注数据的可信性和可靠性。通过评估可信度指标，可以了解数据的可信度水平，识别潜在的数据质量问题，并采取适当的措施以提高数据的可信度和可靠性。以下是可信度指标关注的方面。

数据源可靠性：该指标评估数据的来源是否可靠。它考虑数据源的信誉、可信度和数据提供者的可靠性。数据源可靠性指标可以包括数据提供者的声誉、历史记录和数据采集方法的透明度等。

数据可追溯性：该指标评估数据的来源和数据处理过程是否可追溯。数据可追溯性指标包括数据采集、转换和传输的记录和文档化程度，以及数据修改和处理的审计跟踪能力。

数据更新及时性：该指标评估数据的更新频率和延迟程度。它考察数据的最新性和与实时或近实时数据的一致性。

数据验证和验证结果：数据验证指标评估数据的验证方法和过程。它关注数据验证的可靠性和有效性，包括数据验证规则、算法和验证结果的可信度。

数据质量度量：该指标衡量数据质量的综合度量。它可以基于多个数据质量维度(如准确性、完整性、一致性等)和相关度量指标进行计算和汇聚。

2.2.3 安全与隐私原则

安全与隐私原则是数据治理中要考虑的重要方面，它涉及保护个人数据隐私和遵守相关的法规和合规要求。以下是关于安全与隐私原则实践过程中要考虑的重要方面。

1. 隐私政策制定

隐私政策是组织向用户和利益相关者说明其个人数据处理实践的文件。隐私政策应明确说明数据收集的目的、数据使用方式、数据共享情况、个人权利和选择、数据安全措施等内容。制定隐私政策时，需要确保其内容准确、清晰易懂，并符合适用的隐私法规和标准。

2. 个人数据收集与处理原则

在数据治理中，个人数据的收集和处理必须遵守一系列原则，如目的明确原则、最小化原则、数据保持期限原则、数据安全原则等。这些原则旨在确保个人数据的合法、公正、透明和安全处理。

3. 合规性要求

数据治理需要遵守适用的法规和合规要求，如《通用数据保护条例》(GDPR)、《加州消费者隐私法案》(CCPA)、《支付卡行业数据安全标准》(Payment Card Industry Security Standard, PCI DSS)等。组织需要了解并适应相关的隐私和数据保护法规，并确保其数据处理和安全措施符合这些法规的要求。

4. 用户权利和选择

数据治理需要尊重用户的权利和选择。用户应有权知晓其个人数据的收集和处理情况，并能够行使访问、更正、删除和限制处理等权利。此外，用户应该有权选择是否接受个性化广告、选择数据共享对象等。

5. 数据安全保护

数据治理需要采取适当的数据安全措施来保护个人数据的机密性、完整性和可用性。这包括采用加密技术保护数据传输和存储、建立访问控制和权限管理机制、进行安全审计和监控等。

6. 数据转移与共享

数据治理需要明确规定数据转移和共享的条件和机制。在数据转移和共享过程中，应确保数据的安全性和合规性，并与数据接收方签订合适的数据处理协议或合同。

2.2.4 开放与共享原则

开放与共享原则强调数据的开放性和共享性，旨在促进信息的流通和共享，实现更广泛的数据利用和创新。开放与共享原则的核心目标是打破数据孤岛，使数据在组织内外自由流动。通过数据的开放和共享，组织能够激发协作与创新，提升工作效率和决策水平，同时培养数据驱动的组织文化，并增强合规性和透明度。

针对数据治理中的开放与共享，可以从以下几个方面考虑。

1. 制定明确的数据共享政策和准则

组织应该制定明确的数据共享政策和准则，明确数据的可共享范围、条件和限制。这些政策和准则应该考虑数据的敏感性和隐私要求，并确保数据共享符合适用的法律和法规。

2. 建立数据共享平台和机制

组织可以建立适当的数据共享平台和机制，为数据的共享提供便捷的渠道和工具。包括建立数据门户或共享平台、制定数据交换标准和协议以及建立数据共享的工作流程和规范。

3. 设立数据访问和权限控制

为了保证数据的安全性和隐私保护，组织需要建立适当的数据访问和权限控制机制。包括身份验证和授权机制，确保只有授权人员可以访问和使用共享的数据，并限制对敏感数据的访问。

4. 提供数据文档和元数据管理

建立数据文档和元数据管理系统，记录数据的来源、定义、结构和用途等信息。这些文档和元数据可以帮助数据使用者理解数据的含义和背景，并为数据的共享和使用提供清晰的指导。

5. 促进数据教育和培训

加强数据教育和培训，提高员工对数据共享的意识和技能。组织可以开展培训活动，解释数据共享的重要性和价值，并提供使用数据共享工具和平台的培训。

6. 监督和评估

建立监督和评估机制，确保数据共享的执行和效果。组织应该定期审查数据共享的政策和实践，评估数据共享的效益，并根据评估结果进行改进和调整。

通过采取这些措施，组织可以建立一种开放和共享的数据治理框架，促进数据的流通和共享，实现更广泛的数据利用和创新。同时，这也需要综合考虑数据的安全性、隐私保护和合规性，确保数据共享的可持续性和可信度。

2.3 数据治理策略

在明确数据治理的基本原则后，制定有效的策略来落实这些原则就显得尤为重要。数据治理策略是指导组织管理和利用数据的具体方案，包括数据质量治理策略、数据隐私治理策略和数据共享治理策略等。

2.3.1 数据质量治理策略

为了确保数据的可信且可用，组织需要制定和实施数据质量治理策略。下面介绍数据质量评估方法以及数据质量维护和改进策略。

1. 数据质量评估方法

数据质量评估方法是了解数据可信且可用程度的手段。数据质量评估方法主要涉及以下几个方面。

数据抽样与抽查：在数据抽样和抽查过程中，需要根据数据的特点和评估的目标选择合适的抽样方法。常见的抽样方法包括随机抽样、系统抽样和分层抽样等。抽样过程中要确保样本的代表性，以便对整个数据集进行准确的评估。抽查过程中，可以深入检查数据记录、字段和属性，发现数据质量问题的根本原因。

数据比较和验证：通过将数据与可信的参考数据进行比较和验证，对数据的准确性和一致性进行评估。这可以包括与第三方数据源的比较、数据规则和逻辑的验证等。比较和验证的过程中需要注意数据的一致性和可靠性，以确保评估结果的可信度。

数据质量度量和分析：通过使用数据质量指标和度量方法，对数据质量进行定量评估和分析。这可以包括统计分析、数据挖掘和机器学习等技术。通过数据质量度量和分析，可以获取关于数据质量的详细信息，如数据的完整性、准确性和一致性水平，以及发现数据质量问题的根本原因。

数据质量工具和技术：在数据质量评估过程中，可以利用各种数据质量工具和技术来辅助评估工作。这些工具和技术可以帮助进行数据抽样、数据比较、数据验证、数据质量度量和分析等操作。常见的数据质量工具和技术包括数据质量管理软件、数据清洗工具、数据挖掘工具和数据可视化工具等。

2. 数据质量维护和改进策略

数据质量维护与改进是一个持续的过程,需要采取一系列措施来确保数据的准确性、完整性、一致性和可信度。以下是一些关键的策略。

异常值检测和处理:异常值是指与其他数据点明显不同或偏离正常分布的数据。在数据清洗过程中,需要检测和处理异常值。常用的方法包括使用统计技术(如标准差、箱线图等)来识别异常值,并根据实际情况进行处理,如删除异常值、替换为缺失值或进行修正。

缺失值处理:缺失值是指数据中缺少某些属性或字段的情况。在数据清洗过程中,需要检测和处理缺失值。处理缺失值的方法包括删除含有缺失值的记录、插值填充缺失值、使用默认值或根据模型预测缺失值等。

数据重复性检测和处理:在数据中可能存在重复记录的情况,这会影响数据质量和分析结果的准确性。数据清洗过程中需要检测和处理重复数据。处理重复数据的方法包括删除重复记录、合并重复记录或通过唯一标识符进行数据去重。

数据格式标准化:数据来源可能具有不同的格式或结构,需要将其标准化为一致的格式。数据格式标准化包括统一日期格式、数值格式、单位格式等,以确保数据的一致性和可比性。

数据规则校验:验证数据是否符合预定义的规则、标准或约束。校验可以基于业务规则、数据模型、数据字典等进行。常见的数据规则校验包括数据类型校验、范围校验、唯一性校验、逻辑关系校验等。校验不符合规则的数据可以进行修复、删除或标记为异常数据。

数据一致性校验:确保数据在不同数据源、表格或字段之间的一致性和协调性。数据一致性校验可以通过比较关联字段的值、数据逻辑校验、交叉验证等方法进行。发现数据不一致的情况需要进行调查和解决。

2.3.2 数据隐私治理策略

数据隐私治理涉及保护数据免受未经授权的访问、使用、披露、修改或破坏的风险。以下是数据隐私治理的常见策略。

访问控制与权限管理:访问控制是指通过身份验证、授权和权限管理来限制对数据的访问和操作。合理的访问控制策略应该基于用户角色和职责来分配适当的权限,并确保只有授权用户能够访问敏感数据。这可以通过身份验证机制、用户和角色管理、访问权限策略、加密等技术手段来实现。

数据加密:通过使用密码算法将数据转换为不可读的密文,以保护数据的机密性。在数据治理中,敏感数据的加密可以应用于数据传输过程中的加密传输[如超文本传输安全协议(HTTPS)]以及数据存储过程中的加密存储(如数据库加密、磁盘加密等)。加密技术可以防止数据被未经授权的用户访问或窃取。

数据备份与恢复:确保数据安全的重要措施之一。定期进行数据备份可以防止因硬件故障、自然灾害或人为错误等导致的数据丢失。备份数据应存储在安全的位置,并采取适当的措施以保护备份数据的机密性和完整性。此外，需要建立有效的数据恢复机制，以便在发生数据丢失或损坏时能够及时恢复数据。

安全审计与监控：对数据访问和使用进行实时监控和记录的过程。通过安全审计和监控，可以及时发现和响应安全事件，并进行调查和取证。安全审计包括记录用户访问日志、数据操作日志以及异常事件的检测和报警。监控可以通过使用安全信息与事件管理(security information and event management, SIEM)系统、入侵检测/防御系统(intrusion detection/protection system, IDS/IPS)等技术来实现。

数据遗失与泄露防护：数据泄露是指未经授权的数据披露给未授权的用户或组织。为了防止数据遗失和泄露，需要采取措施来识别、分类和保护敏感数据。这包括敏感数据的标识和分类、数据传输过程中的加密和安全传输、数据存储过程中的访问控制和加密等。

合规性和法律要求：数据治理中的数据安全控制与防护还需要考虑合规性和法律要求。不同行业和地区可能有不同的数据安全合规标准和法规，如 GDPR、HIPAA、PCI DSS 等。数据治理需要确保数据安全控制与防护措施符合适用的法规和合规要求。

2.3.3 数据共享治理策略

数据共享治理是指在数据共享过程中，确保数据合法、安全、透明地共享和使用的一系列措施和实践。数据共享治理的关键策略主要包括数据访问权限与控制和数据共享的原则和机制两个方面。

1. 数据访问权限与控制

数据访问权限与控制是数据治理中的重要方面，它涉及确定谁可以访问数据以及管理和控制数据的访问。以下是数据治理中数据访问权限与控制的常见策略。

身份验证与授权：数据治理需要确保对数据进行访问的用户经过身份验证，并根据其角色和职责进行授权。身份验证可以通过用户名和密码、双因素身份验证、单点登录等方式进行，以确保只有授权用户可以访问数据。

访问权限策略：根据用户的角色、职责和需求，制定适当的数据访问权限策略。这些策略可以通过访问控制列表、基于角色的访问控制、基于属性的访问控制等来实现。访问权限策略应确保只有授权用户可以访问其所需的数据，避免未经授权的访问和数据泄露风险。

细粒度访问控制：对数据访问权限进行更精细的控制，以实现对数据的精确授权。这可以通过基于数据元素、字段级别的访问控制来实现，确保用户只能访问其授权的特定数据，而无法访问其他敏感数据。

审计与监控：数据访问权限与控制需要配合安全审计与监控机制，实时监控和记录数据访问活动。审计与监控可以帮助识别异常访问行为和安全事件，并提供审计日志和报告，用于调查和取证。

数据脱敏和匿名化：对于一些敏感数据，可以采用数据脱敏和匿名化技术，以降低敏感信息的暴露风险。数据脱敏可以通过去标识化、泛化、屏蔽等手段实现，以保护个人身份和敏感信息的隐私。

数据访问控制策略与流程：数据治理需要建立明确的数据访问控制策略和流程，包括制定访问控制政策、定义数据访问权限的分级与管理流程、确保权限的及时更新与撤销等。

2. 数据共享的原则和机制

数据共享是数据治理中的关键环节，它涉及将数据提供给授权的用户或组织，以实现更广泛的数据利用和价值创造。下面分别论述数据共享原则和数据共享机制。

1) 数据共享原则

数据共享原则是指在进行数据共享时应遵循的基本准则和规范，以确保数据共享的合法性、安全性和透明性，同时保护数据主体的权益和隐私。以下是常见的数据共享原则。

合法性和合规性：数据共享应符合适用的法律法规和合规要求。确保数据的共享和使用符合隐私保护、数据保护和知识产权等相关法律的规定，同时遵守合同和协议的约定。

目的限制：数据共享应基于明确定义的目的进行。共享方和接收方应明确约定共享数据的使用目的，并确保共享的数据仅用于约定的目的，不得超出合理范围进行使用。

最小化原则：数据共享应遵循最小化原则，即只共享必要的数据。限制共享数据的范围和内容，仅共享与约定目的相关的数据，以减少数据泄露和滥用的风险。

透明度和知情同意：数据共享应提供透明的信息，明确告知数据主体数据共享的目的、接收方、共享的数据类型和范围。尊重数据主体的知情同意权，确保数据主体了解数据被共享和使用的具体情况，并在必要时获得其明确的同意。

安全和保护：数据共享应采取适当的安全措施，保护共享数据的机密性、完整性和可用性。确保共享数据在传输、存储和处理过程中受到足够的保护，防止未经授权的访问、修改或泄露。

2) 数据共享机制

数据共享机制是指在实施数据共享过程中采取的一系列措施和技术手段，以确保数据的安全性、可控性和有效性。以下是常见的数据共享机制。

访问控制和权限管理：通过访问控制和权限管理机制，确保只有授权的用户或组织可以访问和使用共享的数据。这可以包括访问控制列表、基于角色的访问控制、基于属性的访问控制等。

数据共享协议或合同：建立明确的数据共享协议或合同，规定共享数据的使用约束、责任分担、数据安全要求等，协议或合同应明确双方的权利和义务，并确保数据共享的合法性和合规性。

数据共享平台和技术：利用数据共享平台和相关技术实现数据共享的管理和控制。共享平台可以提供数据目录、数据权限管理、数据交换和集成等功能，以支持安全、高效的数据共享。

数据标准化和格式转换：在进行数据共享之前，可能需要对数据进行标准化和格式转换，以确保数据的一致性和互操作性，便于接收方使用共享的数据。

数据共享监控与审计：建立数据共享的监控和审计机制，实时监测数据共享活动，识别异常行为并进行审计。监控和审计可以帮助发现数据滥用或违规行为，并采取相应的措施进行处理。

本 章 小 结

本章探讨了数据治理的原则与实践，强调了数据治理在现代组织中的重要性和必要性，介绍了基本的数据治理原则以及常见的数据治理策略。

数据治理是一个涵盖数据生命周期管理的广泛过程，包括数据的收集、存储、处理、分析和共享等环节。其核心目标是确保数据的质量、可靠性和合规性，同时促进数据的有效利用和价值创造。具体内容包括数据规范定义、数据访问权限管理、数据质量监测和维护以及数据安全和隐私保护。

数据治理过程中应遵循透明可追溯原则、可信且可用原则、安全与隐私原则以及开放与共享原则。这些数据治理原则为数据治理实践提供了基本指导。

常见的数据治理策略包括数据质量治理、数据隐私治理、数据共享治理三个方面。数据治理策略的实施需要综合考虑组织需求、法规要求和技术能力，同时需要不断演进和完善，以适应不断变化的数据环境和面临的挑战。

尽管数据治理面临数据治理文化的建立和跨部门合作与协调等诸多挑战，但其带来的机遇，如支持数据驱动的决策和创新、提高数据可靠性和可用性、促进数据共享与协作等，都是显著且有价值的。随着技术的不断发展和数据治理意识的提高，数据治理将持续演进，为组织带来更大的价值和竞争优势。

习　　题

1. 数据治理的目标是什么？它可以为组织带来哪些具体的好处？
2. 数据治理原则的内涵有哪些方面？它们之间的关系是怎样的？
3. 举例说明数据治理中透明可追溯原则的实践。
4. 举例说明数据质量改进的策略以及应用场景。
5. 如何处理数据治理中的数据孤岛问题？请举例说明。

第二部分　隐私保护关键技术

第3章　安全多方计算

在确保数据隐私的前提下，合作完成计算任务的问题称为"安全多方计算(secure multi-party computation, SMPC)"问题。这个领域一直是密码学中备受关注的学术热点，具有重要的理论和实践意义，在医疗、军事、金融等领域都有广泛的应用。安全多方计算的核心理念是在分布式网络中，参与者根据各自的私密输入执行算法，以确保正确输出的同时保护输入信息的隐私。本章将介绍安全多方计算的基本概念、主要模型、常见的技术，并通过实例介绍安全多方计算方案的构建方法。

3.1　安全多方计算模型

安全多方计算问题的两大前置模型包括攻击者模型和信道模型。

3.1.1　攻击者模型

安全多方计算是一种高级计算模型，它确保多参与者能够在不泄露各自敏感信息的前提下，协同完成指定计算任务。此模型依据参与者在计算执行过程中展现出的行为忠诚度和信任级别，通常将参与者细分为三类：诚实参与者(honest participants)、半诚实参与者(semi-honest participants)和恶意参与者(malicious participants)。

诚实参与者严格遵守协议规定，忠实执行每一步骤，严密保护个人的输入、输出及中间计算结果，免受任何攻击者污染或诱导。尽管如此，根据个人掌握的信息，他们理论上可以间接推断其他参与者的相关信息。

在协议执行过程中，半诚实参与者虽然忠实执行每一步骤，但存在一种隐患：他们可能不经意间或故意将个人的输入、输出以及中间计算结果泄露给外部的攻击者。在协议的安全性问题研究中，还须对这类参与者彼此间可能会相互串谋，从而尝试推断其他诚实参与者保密信息的问题进行考虑。

必须明确的是，即使是诚实参与者，理论上也可以对其他参与者的某些信息进行推测，因为他们可以利用个人的输入、输出和中间计算结果进行推导。但是，诚实参与者可以从根本上抗拒攻击者的腐败或诱导，拒绝参加或同其他参与者合谋，这就是他们与半诚实参与者及恶意参与者的本质区别。

安全多方计算协议的设计旨在满足诚实参与者的各项安全需求，但对于半诚实参与者的安全需求则不予保护或不加以关注;同时,协议还必须具备及时识别恶意参与者的能力。

协议执行期间,恶意参与者完全按照攻击者的指示行动,其目的不仅是透露个人的输入、输出和中间计算结果给攻击者,还包括按照攻击者的指令篡改输入数据、干预中间计算结果以及提前终止协议。

在安全多方计算协议的场景下,攻击者的目标通常是通过腐败并操控协议中的一部分参与者,导致协议的隐私性与正确性被破坏。攻击者分类繁多,依据他们的能力可以分为多种类型。首先,依据攻击者操控腐败参与者的不同方式,可以将攻击者分为两类:一类是窃听攻击者,另一类则是执行更复杂策略的拜占庭攻击者;其次,依据计算能力的不同水平,攻击者分为两大类:一是拥有无限计算能力的攻击者,二是拥有概率多项式时间(probabilistic polynomial time, PPT)计算能力的攻击者;最后,根据腐败参与者被选择的不同阶段,攻击者可以分为自适应攻击者或非自适应攻击者等。然而,在大多数研究中,主要关注主动型攻击者(active adversary)和被动型攻击者(passive adversary)这两种。下面根据攻击者的不同能力进行分类。

(1) 攻击者根据计算能力的差异,可以归纳为两大类:一类具备无限计算能力;另一类则受限于 PPT 计算能力。

(2) 通信控制能力的差异将攻击者分为三类:在安全信道模型里,攻击者无法窥探或干预未腐败的参与者之间的通信;不安全信道允许攻击者进行信息监听,但通信不得篡改;未经认证的信道则赋予攻击者全权操控、信息可随意篡改的能力。

(3) 依据攻击者在任意给定时间段内能腐败的参与者数量进行分类,可分为两类:一类是恶意少数模型,恶意攻击者所能够腐败的参与者数量少于总参与者数量的一半;另一类是恶意多数模型,攻击者能够腐败的参与者数量超过总参与者数量的一半,在这种情况下,攻击者有更大的能力来影响计算结果,甚至可能完全控制整个计算过程。

(4) 根据控制腐败参与者的方式不同,将攻击者分为窃听型和拜占庭型。窃听型攻击者仅能搜集腐败参与者的信息;拜占庭型攻击者则能干预腐败参与者的行为。

(5) 根据自适应性,攻击者可以分为三类。事先决定腐败参与者的为非自适应攻击者;自适应攻击者在计算过程中仍能腐败参与者,但选择后不可逆;移动攻击者则能让参与者在腐败后有机会恢复原状。

(6) 根据同步或异步,攻击者可以分为两类:在同步通信网络中,所有参与者共享一个全局时钟,所有信息在相邻时钟内发送和接收;而在异步通信网络中,发送和接收信息之间的时间间隔是任意的。

(7) 依据腐败参与者的类型,攻击者可细分为被动型与主动型。被动型攻击者所面对的腐败参与者均为半诚实参与者,攻击者的作用仅限于旁观半诚实参与者的行动,而无权干涉其输入、输出及协议的运行。相反,主动型攻击者则涉及恶意攻击者作为其腐败对象,能够直接介入并改变腐败参与者的输入、中间计算结果,乃至终止协议。

在密码学领域,讨论得最多的攻击者类型有两种:一是半诚实攻击者或被动型攻击者;二是恶意攻击者或主动型攻击者。

1. 半诚实模型

半诚实模型涉及以下相关定义。

可忽略函数：如果一个函数 $\mu:N\to[0,1]$ 是可忽略的，那么对任意正的多项式 $P(\cdot)$ 和所有充分大的 n，有 $\mu(n)<\dfrac{1}{P(n)}$。

计算不可区分(computational indistinguishability)是定义安全性的基础，它是为了表明如果对象之间不能有效地被程序区分，那么这些对象是计算等价的。计算不可区分是指两个总体的不可分辨，安全性定义所指的分辨工作都是由多项式规模的电路族(families of polynomial-size circuits)来进行的。

计算不可区分性：定义 $S\subseteq(0,1)^*$，以及两个计算上不可区分的族 $X\overset{\text{def}}{=}\{X_w\}_{w\in S}$ 和 $Y\overset{\text{def}}{=}\{Y_w\}_{w\in S}$。对于每一个多项式大小的电路族 $\{D_n\}_{n\in N}$，有：存在一个可忽略函数 $\mu:N\to[0,1]$，使 $\left|P_r[D_n(w,X_w)=1]-P_r[D_n(w,Y_w)=1]\right|<\mu(|w|)$ 成立，则记为 $X\overset{c}{\equiv}Y$。

此外，当且仅当每一个多项式大小的电路族 $\{D_n\}_{n\in N}$，每一个多项式 $P(\cdot)$ 和所有充分大的 $w(w\in S)$，均有不等式 $\left|P_r[D_n(X_w)=1]-P_r[D_n(Y_w)=1]\right|<1/P(|w|)$ 成立时，两个族 $X\overset{c}{\equiv}\{X_w\}_{w\in S}$ 和 $Y\overset{c}{\equiv}\{Y_w\}_{w\in S}$ 是计算上不可区分的。

定义 3-1 半诚实模型是指其所有的参与者均为半诚实或诚实参与者，其中，攻击者为被动型。

半诚实两方安全计算的定义如下。

符号的约定：假设有两个参与者 Alice 和 Bob，需要计算的函数为 $P:\{0,1\}^*\times\{0,1\}^*\to\{0,1\}^*\times\{0,1\}^*$。此外，对于 $P(x,y)$ 有如下规定：前两个元素为 $P_1(x,y)$ 和 $P_2(x,y)$，同时两方协议为 π。值得注意的是，参与者 Alice(或者 Bob)在执行 π 的过程中能够获得的数据信息是 $M_1^\pi(x,y)=(x,r,m_1,\cdots,m_t)$ (或者 $M_2^\pi(x,y)=(y,r,m_1,\cdots,m_t)$)。在以上信息中，Alice 和 Bob 两方共同产生的随机数用 r 表示，他们接收到的第 i 个信息用 m_i 表示。π 执行结束，Alice(Bob)的输出结果为 $O_1^\pi(x,y)$ ($O_2^\pi(x,y)$)，可以得知 $O_1^\pi(x,y)$ 含于 $M_1^\pi(x,y)$ ($O_2^\pi(x,y)$ 含于 $M_2^\pi(x,y)$)。

1) 半诚实模型下的理想模型

在半诚实模型的理想模型下，设想存在一位绝对诚实的第三方 T，该第三方能够确保来自所有参与者的所有信息得到绝对保密，并支持与每一位参与者进行安全的通信。在此设想下，攻击者无法访问诚实参与者与 T 之间的任何通信内容，所容许的唯一攻击方式如下：参与者的其中一个能够利用个人的输入信息及接收到的信息，在多项式时间内完成任意计算任务；相比之下，其余参与者的能力则局限于仅能将他们接收到的信息输出。这就是理想模型。

与理想模型形成对比的是现实模型。在现实模型下，协议的执行仅限于两位参与者之间，不存在绝对诚实的第三方介入。两方协议的执行及攻击者的行为均建立在半诚实的假设之上——任一方参与者均有可能利用其所掌握的信息执行任意多项式时间内的计算。

一种协议认定为在现实模型中针对特定攻击行为是安全的，当且仅当任何包含该类型攻击者的实际执行场景都能在理想模型中得到复现。

2) 半诚实模型的两方保密计算

在半诚实模型下，两方保密计算可细分为确定性情况与一般性情况。

在确定性情况中，针对每一个给定的函数 P，若存在两个多项式时间算法 s_1 和 s_2，使得满足以下两个条件：

$$\{s_1(x, P_1(x,y))\}_{x,y\in\{0,1\}^*,\text{s.t.},|x|=|y|} \stackrel{c}{\equiv} \{M_1^\pi(x,y)\}_{x,y\in\{0,1\}^*,\text{s.t.},|x|=|y|} \tag{3-1}$$

$$\{s_2(x, P_2(x,y))\}_{x,y\in\{0,1\}^*,\text{s.t.},|x|=|y|} \stackrel{c}{\equiv} \{M_2^\pi(x,y)\}_{x,y\in\{0,1\}^*,\text{s.t.},|x|=|y|} \tag{3-2}$$

在一般性情况下，若协议 π 能够保密计算函数 P，则意味着存在两个多项式时间算法 s_1 和 s_2，确保以下条件始终成立：

$$\{s_1(x, P_1(x,y)), P_2(x,y)\}_{x,y\in\{0,1\}^*,\text{s.t.},|x|=|y|} \stackrel{c}{\equiv} \{M_1^\pi(x,y), O_2^\pi(x,y)\}_{x,y\in\{0,1\}^*,\text{s.t.},|x|=|y|} \tag{3-3}$$

$$\{P_1(x,y), s_2(y, P_2(x,y))\}_{x,y\in\{0,1\}^*,\text{s.t.},|x|=|y|} \stackrel{c}{\equiv} \{O_1^\pi(x,y), M_2^\pi(x,y)\}_{x,y\in\{0,1\}^*,\text{s.t.},|x|=|y|} \tag{3-4}$$

其中，$M_1^\pi(x,y)$、$M_2^\pi(x,y)$、$O_1^\pi(x,y)$、$O_2^\pi(x,y)$ 都是相关的随机变量。

在确定性情况的定义中，式(3-1)强调，第一位参与者仅能通过其输入和输出模拟这一手段获得信息[式(3-2)同理]。还须留意的是，确定性情况与一般性情况的定义在输出为确定的表达式时是一致的，这是因为 $O_i^\pi(x,y) = P_i(x,y)(i=1,2)$。

3) 半诚实模型下的可接受电路

用 $\bar{D} = (D_1, D_2)$ 来表示攻击者在理想模型中采用的多项式电路计算。当这两个电路中的至少一个，能够满足 $D_i(I,O) = O$，意味着至少有一位参与者能够获得正确的输出结果时，就认为 $\bar{D} = (D_1, D_2)$ 是可接受的。给定一组合法的输入 (x,y)，在理想模型中执行 $\bar{D}$，定义为 $(D_1(x, P_1(x,y)), D_2(y, P_2(x,y)))$，记为 $\text{Ideal}_{P,\bar{D}}(x,y)$。

用 $\bar{D} = (D_1, D_2)$ 来表示攻击者在现实模型中采用的多项式电路计算。当这两个电路中的至少一个，能够满足 $D_i(M) = O$ 时，就认为 $\bar{D} = (D_1, D_2)$ 是可接受的。存在一组输入 (x,y)，在现实模型中执行 $\bar{D}$，定义为 $(D_1(M_1^\pi(x,y)), D_2(M_2^\pi(x,y)))$，记为 $\text{Real}_{\pi,\bar{D}}(x,y)$。

4) 半诚实模型的两方安全计算

假定现实模型和理想模型中分别存在一个可接受的电路对 $\bar{A} = (A_1, A_2)$ 和 $\bar{B} = (B_1, B_2)$。若能找到一组多项式转换电路，使得以下关系成立，那么可以推断协议 π 在半诚实模型中能够安全地计算函数 P：

$$\{\text{Ideal}_{P,\bar{B}}(x,y)\}_{x,y,\text{s.t.},|x|=|y|} \stackrel{c}{\equiv} \{\text{Real}_{\pi,\bar{A}}(x,y)\}_{x,y,\text{s.t.},|x|=|y|} \tag{3-5}$$

在两方计算领域，安全计算与保密计算的关系如下：假设一个计算函数 P 及其两方协议 π，那么 P 能被 π 保密计算，当且仅当 π 能够在半诚实模型下安全计算 P。

2. 恶意模型

定义 3-2 一个模型中，攻击者的腐败集如果有恶意参与者的存在，则称为恶意模型。其中，攻击者具备全面操控腐败参与者的能力，为主动型攻击者。

恶意模型具体可细分为三种：①腐败参与者在协议开始阶段就拒绝参与；②腐败参与者可能篡改自己的输入信息；③腐败参与者在协议执行中可能强行终止协议。

1) 恶意模型下的理想模型

在恶意模型下的理想模型设定中，允许一位恶意参与者选择不参与协议，或是更改自己的输入信息，这些行为不会受到绝对忠诚的第三方 T 的阻挠。进一步地，假设第一位参与者在接收到 T 发出的输出信息后，有权选择是否立即终止协议。此时 T 尚未将该输出发送给第二位参与者，因此，第二位参与者不具备选择是否终止的能力。

理想模型的协议执行过程描述如下。

输入：每一方都有一个输入，用 z 表示。

将输入发送给 T：诚实参与者始终会如实地将信息 z 传递给 T。相比之下，恶意参与者则可能依据 z 的具体内容，选择不发送或将 z 篡改后发送给 T。

T 在回应第一位参与者时遵循如下规则：若 T 收到的信息为一组输入 (x,y)，则计算 $P(x,y)$ 并将第一个元素 $P_1(x,y)$ 回传给第一位参与者；若 T 只收到一个输入或其他情况，则向两位参与者都发送一个终止符 $\bot$。

T 在回应第二位参与者时遵循如下规则：一旦第一位参与者表现出恶意行为，他可能会依据个人的输入及 T 的反馈来判断是否中断 T 的执行。若 T 的执行受到阻止，T 则向第二位参与者传送终止符 $\bot$；若未受阻挠，T 则正常传达计算结果 $P_2(x,y)$ 给第二位参与者。

输出：诚实参与者将如实反映从 T 中接收的所有信息。相反，恶意参与者则可能输出一个基于其初始输入以及从 T 中接收的信息的多项式函数。

2) 现实模型和现实模型恶意两方计算

(1) 现实模型下协议的执行。

在现实模型里，仅涉及两位参与者，缺少一位绝对忠诚的第三方。而且，恶意参与者能够实施任何多项式时间内可执行的策略，还能够在任意时刻终止协议，导致另一方无法获取最终的输出结果。

(2) 现实模型两方恶意计算。

用 $\overline{D}=(D_1,D_2)$ 来表示攻击者在现实模型中采用的多项式电路计算。当这两个电路中的至少一个，能够满足 $D_i(M)=O$ 时，就认为 $\overline{D}=(D_1,D_2)$ 是可接受的。存在一组输入 (x,y)，在现实模型中执行 $\overline{D}$，输出为 $D_1(x)$ 和 $D_2(y)$，记为 $\text{Real}_{\pi,\overline{D}}(x,y)$。

3) 理想模型下的可接受电路

用 $\overline{D}=(D_1,D_2)$ 来表示攻击者在理想模型中采用的多项式电路计算。当这两个电路中的至少一个，能够满足 $D_i(I,O)=O$ 时，就认为 $\overline{D}=(D_1,D_2)$ 是可接受的。给定一组合法

的输入 (x,y)，在理想模型中执行 $\bar{D}$，记为 $\text{Ideal}_{P,\bar{D}}(x,y)$，定义为

当 Bob 是诚实的，即 $D_2(I)=I$ 且 $D_2(I,O)=O$ 时，

(1) 如果 $D_1(x)=\bot$，那么 $\text{Ideal}_{P,\bar{D}}(x,y)=(D_1(x,\bot),\bot)$。

(2) 如果 $D_1(x)\neq\bot$ 但 $D_1(x,P_1(D_1(x),y))=\bot$，那么 $\text{Ideal}_{P,\bar{D}}(x,y)=(D_1(x,P_1(D_1(x),y)),\bot),\bot)$。

(3) 其他：$\text{Ideal}_{P,\bar{D}}(x,y)=(D_1(x,P_1(D_1(x),y)),P_2(D_1(x),y))$。

当 Alice 是诚实的，即 $D_1(I)=I$ 且 $D_1(I,O)=O$ 时，

(1) 如果 $D_2(y)=\bot$，那么 $\text{Ideal}_{P,\bar{D}}(x,y)=(\bot,D_2(y,\bot))$。

(2) 其他：$\text{Ideal}_{P,\bar{D}}(x,y)=(P_1(x,D_2(y)),D_2(y,P_2(x,D_2(y))))$。

4) 恶意模型两方安全计算

假定现实模型和理想模型中分别存在一个可接受的电路对 $\bar{A}=(A_1,A_2)$ 和 $\bar{B}=(B_1,B_2)$。若能找到一组多项式转换电路，使得以下关系成立，那么可以推断协议 π 在恶意模型中能够安全地计算函数 P：

$$\{\text{Ideal}_{P,\bar{B}}(x,y)\}_{x,y,\text{s.t.},|x|=|y|} \stackrel{c}{\equiv} \{\text{Real}_{\pi,\bar{A}}(x,y)\}_{x,y,\text{s.t.},|x|=|y|} \tag{3-6}$$

相较于恶意模型下的安全多方计算，半诚实模型的安全多方计算在技术实现上更为简便。通常情况下，协议一旦遭遇恶意行为，其结果的准确性便难以保障。为了确保在恶意模型下也能得到正确的计算结果，就需要借助更多的密码学工具和技术手段。

3.1.2 信道模型

在分布式的对等网络中，基于广播的通信是最常见、最简单的一种，它是通过站点广播的方式传输信息的。然而要想实现安全的广播信道还是很困难的。例如，如果网络中的某个节点被攻击，那么这个节点将会失效，甚至会被攻击者利用来威胁整个网络的安全。一个可信的广播通信网络必须容忍一个或者多个部件被攻击导致失效，失效的节点不能影响整个系统的广播通信安全。实现可信的网络信道是目前可信的广播通信的研究重点。对于这类分布式通信的安全问题，可以把它抽象成经典的拜占庭将军问题。

拜占庭将军问题是指在一个由多个将军组成的军队中，将军必须通过通讯员进行沟通，并且需要统一行动计划。然而，挑战在于存在潜在的叛变将军，他们的目的在于破坏忠诚的将军的决策，导致行动计划出错。因此，这个问题的关键在于找到一种算法，确保忠诚的将军能够达成共识，且少数叛变将军的存在不影响他们做出正确的决策。

解决拜占庭将军问题的算法必须保证以下两点。

(1) 所有忠诚的将军需要就统一的行动计划达成共识。

(2) 少数叛徒不能使忠诚的将军做出错误的计划。

假设有一个具有 N 个节点的对等广播网络，每个节点都能接收到信息，其中接收的信息由 X 表示。节点之间的通信是通过广播进行的。此外，假设在网络中存在着 t 个故

障节点，其中t<N，但是不知道这几个失效节点的具体位置。这样的定义同拜占庭将军问题是一致的，广播信道就相当于将军的通讯员之间的通信。拜占庭协议的目的是保证正常的节点可以收到正确的消息，被攻击的节点不能影响其他节点收到正确的消息，从而建立一种安全可信的广播信道。解决一般的拜占庭将军问题有一种简单的方法，具体如下。

首先，每个节点收到同一个源发送的内容消息 X。

接着，每个节点将自己收到的信息发送给其他的 $N-1$ 个节点。

最后，每个节点对收到的其他 $N-1$ 个节点的消息 X 进行统计，如果消息全部一样，那就说明没有失效的节点；如果消息不一致，说明存在失效的节点，按照出现次数大于 $N/2$ 的消息来判断当前消息的正确性。

有文献已经证明了一般的拜占庭协议只能容忍 $t<N/3$ 个失效的节点。被认证的拜占庭协议(authenticated Byzantine agreement)是对拜占庭协议的扩展，它对传输的信息进行了认证。通过认证，该协议可以确定信息的发送者是哪些节点。数字签名公钥基础设施(public key infrastructure, PKI)可以实现这种认证。在进行广播通信之前，需要建立信任关系，将每个节点所需的密钥分发到网络的各个部分。每一个节点都应该从 PKI 得到自己的私钥和其他节点的公钥。每一个节点用自己的私钥对将要发送的消息进行加密，这样防止有攻击者冒充这个节点发送虚假的消息。对于收到的加密信息，每个节点用相应发送节点的公钥来解密出原始的发送信息。

3.2 安全多方计算算法

在深入了解安全多方计算的模型之后，探讨其核心算法对于构建实际应用至关重要。以下将介绍几种关键的算法，它们在安全多方计算中发挥着重要作用。

3.2.1 零知识证明

现代密码学中备受关注的一个问题——"零知识证明"(zero-knowledge proof)，吸引了众多数学家和密码学家的注意。该概念由 Goldwasser 等学者在 20 世纪 80 年代初提出，已经广泛运用在网络安全协议中，尤其是数字签名和身份认证等领域。简单来说，零知识证明协议赋予证明者一种能力，即向验证者证明自己掌握某一信息的真实性，同时确保验证者无法借此了解证明的细节，也无法向第三者证明其掌握这一信息。因此，该协议强调证明过程的私密性及验证结果的准确性，本质上属于安全多方计算协议的一个特例。

1. 定义

假设证明者 P 知道某个事实，并意图向验证者 V 证明这一事实的真实性。存在这样一种协议，使得 P 能够向 V 证明其确切掌握了特定信息，而在这一过程中 V 无法推断信息的具体内容，这称为最小泄露证明。如果 V 除了能够验证 P 确实掌握某一事实外，无法获得其他任何信息，这就表明 P 成功地实现了零知识证明。

简而言之，零知识证明允许证明者无须透露任何有用信息，即可说服验证者相信某断言为真。零知识证明描述了一种两方或多方间的交互协议，即完成验证任务的一系列步骤。在这个过程中，证明者令验证者确信其掌握某一信息，同时确保证明过程本身不泄露该信息的任何内容。戈德瓦瑟(Goldwasser)等学者最初提出的零知识证明中，交互在证明者与验证者之间是必须进行的，这称作"交互式零知识证明"。而布卢姆(Blum)等学者在 20 世纪 80 年代末则创造性地打破了这一限制，引入了"非交互式零知识证明"的概念，零知识证明的非交互模式通过一个短随机串实现。非交互式零知识证明在大规模网络环境中，当涉及众多密码协议执行时，展现出关键作用。实践证明，零知识证明在密码学领域内具有深远且广泛的应用潜力。

在这样的证明场景中，证明者向验证者证实某一事实的真实性，确保了若该事实为真，则验证者极有可能接受它；反之，若该事实为假，则验证者同样极有可能拒绝。那么，究竟什么是零知识证明呢？首先通过一个经典例子来直观理解，即著名的零知识证明洞穴例子("阿里巴巴山洞")，如图 3-1 所示。

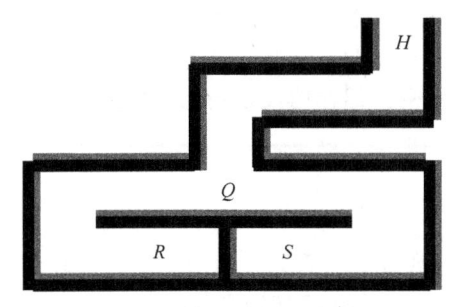

图 3-1 零知识证明洞穴例子

一扇关闭的门隔绝了 R 与 S 之间的通路，只有咒语的持有者才能解锁通行。证明者 Peggy 掌握着开启这扇门的咒语，并意图向验证者 Victor 证明，但在这一验证过程中，证明者不愿透露咒语本身。面对这一困境，证明者该怎么做呢？

(1) Victor 走到 H，与此同时，Peggy 则前往 R 或 S 的任一处。
(2) Victor 向 Q 走去，并要求 Peggy 从洞穴的另一端走出来。
(3) 若 Peggy 确实知道那句咒语，他就能准确无误地从 Victor 指定的一侧走出来。

Victor 会多次重复上述过程，直至他确信 Peggy 掌握了开启密门所需的咒语。

在此例子中，Peggy 为证明者，Victor 则是验证者的身份。Peggy 成功向 Victor 证实了他掌握特定咒语的能力，但在过程中并未透露咒语的任何实际内容。因此，这一证明过程是"零知识"的。假定 Peggy 实际上并不了解该咒语，他假装知道咒语并企图欺骗 Victor，其成功概率可表示为 $1/2^t$，其中 t 代表 Victor 重复验证的次数。随着验证次数 t 的增加，Peggy 侥幸成功的可能性逐渐减小。

因此，零知识证明的本质在于证明者能够在不透露具体信息的情况下，向验证者证实自己掌握某些特定知识。"知识"这一概念涵盖口令、公钥加密体制下的私钥、数学问题的解决方案等。此过程的关键点是，验证者无法利用这些交互过程在其他场合冒充证明者，因为他并未实际获得任何关于该秘密的知识。同时，证明者也无法欺骗验证者，因为这个过程经历了多次验证，证明者成功欺骗的概率极低。

2. 特征及解决问题

从本质上讲，零知识证明是一种协议(protocol)，它具有以下特征。

(1) 有序性：协议是一个有序的过程，每个步骤都必须按照规定的顺序执行。在前一步骤完成之前，后续步骤无法执行。

(2) 参与者：协议至少需要两个参与者，这两个或更多的参与者共同执行一系列步骤来完成特定的任务。单个参与者的行为不构成协议。

(3) 任务完成：协议的执行必须能够完成特定的任务。在零知识证明中，通常包括证明者和验证者两个角色，这两个角色共同完成整个任务。

零知识证明协议：一个参与者(证明者)试图向另一个参与者(验证者)证明某个主张的正确性，而无须透露任何额外的信息。在这个过程中，证明者通过证明向验证者展示自己拥有特定的知识或秘密，但验证完成后，验证者无法得知具体的秘密内容。

零知识证明协议可以解决以下情况：Alice 试图向 Bob 证实他掌握某一秘密，同时却不愿直接揭露该秘密的实质信息。因此，他通过零知识证明协议与 Bob 交互，以使 Bob 相信他确实知道这个秘密，但在协议执行后，Bob 并不会得知任何有关该秘密的具体信息。

3. 零知识证明的一般过程

零知识证明中，某个函数或某一系列数值由证明者和验证者共享。其一般过程如下。

(1) 证明者向验证者发送一个满足特定条件的随机值，该随机值用"承诺"表示。

(2) 验证者向证明者发送一个满足特定条件的随机值，该随机值用"挑战"表示。

(3) 证明者进行一项秘密计算，并将结果发送给验证者，这个结果用"响应"表示。

(4) 验证者验证响应，一旦验证未通过，显示证明者不具备其声称的"知识"，终止流程。若验证成功，则重新回到步骤(1)，循环此过程，总共重复 t 轮。

如果每一次验证者均验证成功，则验证者便相信证明者拥有某种知识，而且在此过程中，验证者没有得到关于这个知识的任何信息。

4. 零知识证明的性质

根据零知识证明的定义和相关例子，可以总结出零知识证明具有以下三个关键性质。

(1) 完备性：只要证明者和验证者都诚实并按照正确的证明步骤进行无误计算，那么证明一定会成功，验证者也认可该证明。举例来说，验证者无法对证明者施以欺骗：若证明者确实掌握了某个定理的证明方法，验证者将以极高的概率确信其拥有能力证明。

(2) 正确性：没有人能够冒充证明者使证明成功。例如，证明者无法误导验证者，即若证明者并不知晓某个定理的证明过程，其让验证者相信自己能够证明该定理的可能性微乎其微。

(3) 零知识性：证明结束后，验证者仅能确信证明者确实掌握了某项知识，却不会获取到该知识的任何具体内容。也就是说，验证者除了知道证明者拥有某个知识外，不会获得任何额外的信息。

5. 零知识证明的优点

零知识证明及其有关的协议主要有以下优点。

(1) 通过零知识证明确保安全性，不会牺牲数据保密性，因为证明过程不泄露任何额外信息。

(2) 高效性。该过程计算成本低、通信量少，从而使双方交互更快捷。

(3) 安全性主要在未解决的数学难题上建立，如离散对数问题、大整数分解等。

(4) 零知识证明技术绕过了采用受政府严格管控的加密方法，从而规避了相关限制，因此在遵守法律的前提下仍能保持相关产品的出口优势。

6. 零知识证明系统

零知识证明系统(zero-knowledge proof system)是一种用于处理恶意参与者的有效工具，尤其在安全多方计算中发挥重要作用。首先，定义交互式证明系统，它由一对交互机器(P,V)组成，证明者和验证者分别用P和V表示。这个系统针对语言L设计，满足以下条件：①完全性(completeness)，对任意$x \in L$，$\Pr[\langle P,V \rangle(x)=1] \geq 2/3$；②有效性(soundness)，对任意$x \notin L$，$\Pr[\langle P,V \rangle(x)=1] \leq 1/3$。完全性表明，如果$x \in L$，那么机器$V$至少以2/3概率接受证明；有效性表明，如果$x \notin L$，那么机器$V$至多以1/3概率接受证明。

零知识证明系统是一种交互式的证明系统，并需要实现"零知识"特性。在此机制下，证明者能够向验证者有效地证实自己掌握特定知识或信息，同时确保除了验证结果本身之外，不暴露任何额外信息给验证者。此系统分为两大类别：一类是完美零知识(perfect zero knowledge)证明系统，另一类则是计算零知识(computational zero knowledge)证明系统。接下来将介绍计算零知识证明系统的定义。

计算零知识证明系统的定义如下：对于一种针对语言L的交互式证明系统(P,V)，如果对于每一个PPT的交互机器V，都存在一个PPT的算法M，使得对于每个实例$x \in L$和以x为公共输入的两个序列$\{\langle P,V \rangle(x)\}$，$V$与$P$的交互输出序列$\{\langle M \rangle(x)\}$在概率上无法区分，则称$M$是机器$V$和机器$P$交互的模拟器。计算零知识证明系统要求$M$生成的输出与交互过程的输出计算不可区分，而完美零知识证明系统要求同分布。

具体而言，零知识证明系统需要满足以下几个标准：①验证者在交互过程中无法获取任何信息。②证明者无法通过伪造证据来误导验证者，即所有证明必须真实有效。③验证者不能提供虚假的验证结果，即无法利用协议对证明者进行欺骗。④为了抵御中间路径攻击的威胁，验证者在和其他参与者组成的两方中无法伪装成证明者。零知识证明系统凭借其特有的安全属性，在恶意模型下的安全多方计算领域展现了重要的应用价值。

7. 零知识证明的解析

对于很多问题的零知识证明的数学证明与推理过程虽然是非常复杂的，但是思路却是很简单的。下面给出几个简单的例子来进一步解释零知识证明。

(1) A 意图向 B 证实其持有某一房间的专属钥匙。假定该房间的门锁仅能由该钥匙打开。有两种策略可选：①直接展示法：A 直接将钥匙出示给 B，B 利用此钥匙成功开启房门，从而直接验证 A 拥有正确的钥匙。②隐蔽验证法：B 先确认房间内部存有一特定物品。随后，A 利用钥匙进入房间取出该物，向 B 展示，以此作为拥有正确钥匙的证据。这种方法属于零知识证明范畴，其精妙之处在于，B 在验证全过程无从窥视钥匙的形态特征，确保了钥匙的信息安全。

(2) A 拥有 B 的公钥，A、B 两人未见过面，但 B 可以通过 A 的照片辨认出 A。偶然的一天，A、B 两人相遇了，B 能立即认出 A，而 A 面临确认 B 身份的难题。为了满足 B 需要证明自己身份的验证需求，可采纳以下两种策略：①直接密钥验证法：B 主动将其私钥给 A，A 利用这把私钥对特定数据加密，并尝试用 B 的公钥来解密。一旦解密成功，即可证明 B 的身份。②随机数挑战法：A 生成一个随机数并递交给 B。B 使用个人私钥对该随机数进行加密处理，随后回传加密数据给 A。A 使用 B 的公钥进行解密操作，若能还原出开始的随机数，则无误地验证了对方为 B。随机数挑战法使用了零知识证明。

(3) 设有一条环形长廊，长廊有一个缺口作为通道，且长廊的入口非常接近其出口，但在长廊中央设有一扇仅凭特有钥匙才能开启的门。A 希望向 B 证实其持有此门的钥匙，这一证明过程借助了零知识证明来实现。A 从入口进入长廊，随后从另一端的出口走出，整个过程中，B 虽全程观察，却未从中获取任何有关钥匙的具体信息，但可以完全证明 A 确实拥有这把钥匙。

8. 零知识证明的应用

从两个方面概括零知识证明的研究：理论研究与实际应用。前面所述内容侧重于理论研究，零知识证明的实际应用基于这些理论研究展开。在此基础上，可以进一步基于这些理论成果，设计出面向具体问题的零知识证明协议。以下介绍几种实际的零知识证明应用场景。

1) 离散对数的零知识证明协议

(1) Alice 选择 t 个随机数 $r_1, r_2, \cdots, r_t \in Z_p^*$。

(2) Alice 对所有的 $1 \leqslant t$，计算 $h_t = a^{r_i} (\bmod p)$，并将结果发给 Bob。

(3) Alice 和 Bob 用硬币抛掷协议产生 t 个比特 $b_1, b_2, \cdots, b_t$。

(4) 对所有 t 个比特，Alice 完成下面两种任务中的一种：如果 $b_i = 0$，他把 r_i 发送给 Bob；如果 $b_i = 1$，把 $s_i = (r_i - r_j)(\bmod p - 1)$ 发送给 Bob，其中 j 是 $b_j = 1$ 的最小值。

(5) 对所有 t 个比特，Bob 进一步证明下列两种情况中的一种：如果 $b_i = 0$，那么 $a^{r_i} = h_i (\bmod p)$；如果 $b_i = 1$，那么 $a^{s_i} = h_i h_j^{-1} (\bmod p)$。

(6) Alice 把 Z 发送给 Bob：

$$Z = x - r_i (\bmod p - 1) \tag{3-7}$$

(7) Bob 进一步证明：

$$a^Z \equiv bh_i^{-1} \pmod{p} \tag{3-8}$$

这个方案的安全性取决于两个方面：一是计算离散对数的困难性，二是 Alice 不能准确地猜测硬币抛掷的结果。

2) 知道某公钥加密体制对应私钥的零知识证明

(1) Alice 和 Bob 使用硬币投掷协议共同生成一个随机数 k，然后计算一个 m，使得 $km \equiv e \bmod n$，如果 k、$m > 3$，就继续执行以下步骤；否则重新产生 k 并计算 m。

(2) Alice 和 Bob 将再次执行一项基于硬币投掷的协议，共同生成一个随机数 R。

(3) Alice 使用 Carol 的私钥 d 加密该随机数：$C = R^d \bmod n$，然后计算 $X = C^k \bmod n$，并将 X 发送给 Bob。

(4) Bob 验证 $X^m \bmod n = R$ 是否成立，如果成立，他相信 Alice 确实知道 Carol 的私钥，因为 $X^m \bmod n = (C^k)^m \bmod n = C^{km} = (R^d)^e \bmod n = R$。

证明过程中，再次令 Alice 和 Bob 使用硬币投掷协议生成一个随机数非常重要，因为这个随机数如果由 Alice 自己产生，Alice 就能成功进行欺骗。

零知识证明是一种能够向他人证明自己拥有某个知识，而不必泄露该知识内容的方法。这种证明方式不仅在身份认证领域具有重要应用，而且在加密货币与区块链、身份验证与访问控制、电子投票、匿名网络和安全多方计算等领域也有广泛的应用。

3.2.2 承诺方案

承诺方案(commitment scheme)是密码学中的一种基本协议，用于向其他参与者展示自己的选择或信息，同时在承诺打开之前不泄露具体的选择或信息内容。它在现代密码学中有着广泛的应用，如零知识证明、加密货币、匿名认证等领域。下面以一个简单案例来描述此协议。

假如某一方 A 当前承诺一个信息 I，他需要把这个消息放在一个密封的盒子里，当他想要公开这个消息时，只需打开这个盒子即可。另外加上一些限制条件。首先，这个消息必须能够"隐藏"(hiding)信息，即除了本人没有其他人能够从盒子中获得这个消息；其次，这个信息应该具有"绑定"(binding)性，即即使是消息的承诺者 A 也不能改变消息的内容，并且任何人都能够对消息 I 进行验证，验证消息确实是 A 发布的。

该过程分为两个主要阶段：承诺阶段和揭开阶段。严格来说，是两个 PPT 算法在两个阶段之间的一个 2 阶段协议。

(1) 承诺阶段：发送者在将一个秘密值进行承诺保证时应当采用某一特定的近似函数对承诺信息进行加密处理，并将处理后的输出信息发送给接收者，在任意多项式时间内，必须确保接收者无法获得关于承诺隐藏信息的实质性内容。

(2) 揭开阶段：发送者公开其先前的承诺内容，接收者负责验证这一信息的有效性。此外，在任意多项式时间内，接收者无法将揭示的信息拆分成两个无关的值，以此来满足信息的"绑定"性要求。

承诺方案最重要的用途是零知识证明。零知识证明的构建基于特定的假设条件，因此，零知识证明的可行性取决于相应的承诺方案能否设计出来。此外，承诺方案在安全多方计算中也有着重要应用。在安全多方计算中，一组参与者协同完成某个计算任务，计算过程所需输入由每位参与者提供，并要求各自的输入信息对其他成员保密，以确保安全性。为了预防潜在的恶意行为，在安全多方计算协议中也需要有承诺方案。

3.2.3 同态加密

密码学是一门探讨在存在潜在敌手的环境下确保通信安全的科学。它致力于设计和分析安全通信方法，以防范可能的攻击。密码学涵盖信息安全的多个方面，包括数据保密性、完整性、身份验证和不可抵赖性。加密体制主要分为两类：对称密码体制和非对称加密体制(也称为公钥密码体制)。在对称密码体制中，加密和解密使用相同的密钥，或者由加密密钥和解密密钥两者中的一个可以轻易推导出另一个，因此也称为单密钥加密算法。在非对称加密体制中，加密密钥和解密密钥是有区别的。在非对称密码学里，公钥是加密的，私钥是解密的，都必须要求严格的保密。

加密数据在不解密的条件下仍能够进行某些计算，则称该加密体制具备同态特性，同态加密在安全计算中有重要应用。

1. 同态加密体制

设 G 为一个公钥密码体制，$\mathbb{P}$ 是明文空间，S 是密钥空间，$\mathbb{C}$ 是密文空间，μ 是其安全参数，$\{0,1\}^S$ 表示随机串空间。对于任意的公私钥对 $(\text{sk}, \text{pk}) \in S$（其中 pk 是公钥，sk 是私钥），使用 E_{pk} 表示公钥对应的加密算法，即 $E_{\text{pk}}(\cdot): \mathbb{P} \times \{0,1\}^S \to \mathbb{C}$；使用 D_{sk} 表示私钥对应的解密算法，其形式为 $D_{\text{sk}}(\cdot): \mathbb{C} \to \mathbb{P}$。如果在不知道私钥(解密密钥)的情况下，下面两个运算之一能有效地进行，则称 G 是同态加密体制。

(1) 由任意两个消息 m_1、$m_2 \in \mathbb{P}$ 的密文 $E_{\text{pk}}(m_1, r_1)$ 和 $E_{\text{pk}}(m_2, r_2)$，计算消息 $m_1 + m_2$ 的密文，这里 r_1、$r_2 \in \{0,1\}^S$ 是随机串。记为 $E_{\text{pk}}(m_1, r_1) +_h E_{\text{pk}}(m_2, r_2) = E_{\text{pk}}(m_1 + m_2, r)$，$r \in \{0,1\}^S$ 是随机串；或 $D_{\text{sk}}(E_{\text{pk}}(m_1, r_1) +_h E_{\text{pk}}(m_2, r_2)) = m_1 + m_2$，称" $+_h$ "为加法同态运算符，G 为加法同态加密体制。

(2) 由任意两个消息 m_1、$m_2 \in \mathbb{P}$ 的密文 $E_{\text{pk}}(m_1, r_1)$ 和 $E_{\text{pk}}(m_2, r_2)$，计算消息 $m_1 m_2$ 的密文。表示为 $E_{\text{pk}}(m_1, r_1) \times_h E_{\text{pk}}(m_2, r_2) = E_{\text{pk}}(m_1 m_2, r')$，$r' \in \{0,1\}^S$ 是随机串；或 $D_{\text{sk}}(E_{\text{pk}}(m_1, r_1) \times_h E_{\text{pk}}(m_2, r_2)) = m_1 m_2$，称" $\times_h$ "为乘法同态运算符，G 为乘法同态加密体制。

2. 同态加密方案举例

1) ElGamal 密码体制

ElGamal 密码体制是一种公钥密码体制，其安全性基于离散对数问题(discrete logarithm problem, DLP)，在密码学协议中应用极为广泛。具体而言，在模素数为 p 的有限域 Z_p 内的离散对数问题：假定 α 为该域的一个生成元(即 $Z_p = \langle \alpha \rangle$)，对于任意 $\beta \in Z_p^*$，

寻找唯一的整数 $a(0 \leq a \leq p-2)$，使得 $\alpha^a \equiv \beta(\bmod p)$（或 $a = \log_\alpha \beta$）。

DLP 在数学和密码学研究领域至今仍被认为是难以解决的问题(NP-困难问题)，即难以找到多项式时间的算法来解决该问题。与此相反，模幂运算可以有效地计算，即对适当的素数 p，模 p 的指数运算目前仍认为是单向有效的。

假设一个素数 p 以及 Z_p 中的一个生成元 α。其中，明文空间 $\mathbb{P} = Z_p^*$，密文空间 $\mathbb{C} = Z_p^* \times Z_p^*$，密钥空间 $S = \{((p, \alpha, \beta), a) | \beta \equiv \alpha^a (\bmod p)\}$。对任意公私钥对 $((p, \alpha, \beta), a) \in S$，$(p, \alpha, \beta)$ 为公钥，a 为私钥。接下来，介绍 ElGamal 密码体制的加密与解密算法。

加密算法 $E(\cdot)$：对明文 $x \in Z_p^*$，选取随机数 s，然后计算如下密文：

$$E(x, s) = (y_1, y_2) = (\alpha^s \bmod p, x\beta^s \bmod p) \tag{3-9}$$

解密算法 $D(\cdot)$：对密文 $(y_1, y_2) \in Z_p^* \times Z_p^*$，使用私钥 a 按如下方式计算明文：

$$D(y_1, y_2) = y_2 (y_1^a)^{-1} \bmod p \tag{3-10}$$

ElGamal 密码体制具有乘法同态性质。其同态运算 "$\times_h$" 是在密文向量的对应分量上进行模 p 相乘的，即对密文 $E(x_1, s_1) = (\alpha^{s_1} \bmod p, x_1 \beta^{s_1} \bmod p)$ 和 $E(x_2, s_2) = (\alpha^{s_2} \bmod p, x_2 \beta^{s_2} \bmod p)$，有

$$\begin{aligned} E(x_1, s_1) \times_h E(x_2, s_2) &= (\alpha^{s_1} \bmod p, x_1 \beta^{s_1} \bmod p) \times_h (\alpha^{s_2} \bmod p, x_2 \beta^{s_2} \bmod p) \\ &= ((\alpha^{s_1} \alpha^{s_2}) \bmod p, (x_1 \beta^{s_1} x_2 \beta^{s_2}) \bmod p) \\ &= ((\alpha^{s_1 + s_2}) \bmod p, (x_1 x_2) \beta^{s_1 + s_2} \bmod p) \\ &= E(x_1 x_2, s_1 + s_2) \end{aligned} \tag{3-11}$$

2) Paillier 密码体制

Paillier 密码体制分成如下几个部分。

(1) 密钥生成。

随机选择两个大素数 p 和 q，设 $N = pq$，并满足最大公约数和最小公倍数要求，即 $\gcd(pq, (p-1)(q-1)) = 1$ 和 $\lambda = \mathrm{lcm}(p-1, q-1)$。随机选取 $g \in Z_{N^2}^*$，并求 $\mu = (L(g^\lambda \bmod N^2))^{-1} \bmod N$，其中，$L(u) = \dfrac{u-1}{N}$，$(N, g)$ 为公钥，λ，μ 为私钥。

(2) 加密计算。

对于明文 $m \in Z_N$，有 $E(m) = g^m r^N \bmod N^2$ 作为 m 的密文，其中 $r \in Z_{N^2}^*$。

(3) 解密计算。

对于密文 c，解密为 $m = L(c^\lambda \bmod N^2) \mu \bmod N$。

Paillier 密码体制具有加法同态性质。同态运算符 "$+_h$" 实际是模 N^2 的乘法运算，即对任意的密文 $E(m_1, r_1) = g^{m_1} r_1^N \bmod N^2$ 和 $E(m_2, r_2) = g^{m_2} r_2^N \bmod N^2$，有

$$E(m_1,r_1) +_h E(m_2,r_2) = E(m_1,r_1)E(m_2,r_2) = ((g^{m_1}r_1^N)(g^{m_2}r_2^N)) \bmod N^2$$
$$= (g^{m_1+m_2}(r_1r_2)^N) \bmod N^2 = E(m_1+m_2, r_1r_2) \tag{3-12}$$

即 $D(E(m_1,r_1)E(m_2,r_2)) = m_1 + m_2$。

3) Goldwasser-Micali 密码体制

Goldwasser-Micali(GM)密码体制是安全性基于二次剩余(quadratic residue, QR)问题困难性的一类公钥密码体制。

二次剩余：当考虑一个整数 n ($n>1$)，对于任意属于 n 的乘法群 Z_n^* 中的元素 x，如果存在另一个元素 $a \in Z_n$，满足 $a^2 = x \bmod n$，则称 x 为模 n 的二次剩余。通常，所有模 n 的二次剩余所构成的集合用 QR(n) 表示。

雅可比(Jacobi)符号：对任意的素数 p 和任意的 $x \in Z_p^*$，$\left(\dfrac{x}{p}\right) \overset{\text{def}}{=} \begin{cases} 1, & x \in \text{QR}(p) \\ -1, & x \notin \text{QR}(p) \end{cases}$，称为 x 模 p 的勒让德(Legendre)符号。设 $n = p_1 p_2 \dots p_k$ 是整数 n 的素分解(因子可重复)，则 $\left(\dfrac{x}{n}\right) \overset{\text{def}}{=} \left(\dfrac{x}{p_1}\right)\left(\dfrac{x}{p_2}\right)\cdots\left(\dfrac{x}{p_k}\right)$，称为 x 模 n 的雅可比符号。

二次剩余问题(quadratic residuosity problem, QRP)：对于合数 n，给定 $x \in Z_n^*$，二次剩余问题即判断 x 是否是模 n 的二次剩余。QRP 是熟知的数论难题，在未知合数 n 的分解且雅可比符号 $\left(\dfrac{\delta}{n}\right) = 1$ 的情况下，目前还没有有效算法来解决。

GM 密码体制中，用户随机地生成大素数 p 和 q，计算 $n = pq$，并选取模 n 的一个非二次剩余 $\delta \in Z_n^*$，使得雅可比符号 $\left(\dfrac{\delta}{n}\right) = 1$，这里 $Z_n^* = a \in Z_n$。明文空间是 Z_2，密文空间是 Z_n^*，其中公钥是 (n,δ)，私钥是 (p,q)。加解密算法描述如下。

加密算法 $E(\cdot)$：对于任意明文 $x \in Z_2$，选取一个秘密的随机数 r，其中 $r \in Z_n^*$。然后计算生成密文 $E(x,r) = r^2 \delta^x \bmod n$。

解密算法 $D(\cdot)$：对密文 $c \in Z_n^*$，以式(3-13)计算明文：

$$D(c) = \begin{cases} 0, & c \in \text{QR}(n) \\ 1, & c \notin \text{QR}(n) \end{cases} \tag{3-13}$$

GM 密码体制具有加法同态性，加法同态运算符 "$+_h$" 是模 n 的乘法运算。对任意两个密文 $E(x_1,r_1) = r_1^2 \delta^{x_1} \bmod n$ 和 $E(x_2,r_2) = r_2^2 \delta^{x_2} \bmod n$，有

$$E(x_1,r_1) +_h E(x_2,r_2) = E(x_1,r_1)E(x_2,r_2) = ((r_1^2 \delta^{x_1})(r_2^2 \delta^{x_2})) \bmod n = (r_1 r_2)^2 \delta^{x_1+x_2} \bmod n$$
$$= \begin{cases} (r_1 r_2 \delta)^2 \delta^0 \bmod n = E(x_1 \oplus x_2, r_1 r_2 \delta), & x_1 = x_2 = 1 \\ (r_1 r_2)^2 \delta^{x_1+x_2} \bmod n = E(x_1 \oplus x_2, r_1 r_2), & \text{其他} \end{cases} \tag{3-14}$$

其中，"$\oplus$" 是异或运算符(Z_2 上的加法)，即 $D[E(x_1,r_1)E(x_2,r_2)] = x_1 \oplus x_2$ (即等于 $(x_1 + x_2) \bmod 2$)。

4) 全同态加密密码体制

只允许在密文中进行加法或乘法操作,但不同时支持加法和乘法操作,这样的加密体制称为部分同态加密(partially homomorphic encryption, PHE)。同时兼顾加法同态和乘法同态的加密体制,则称为全同态加密(fully homomorphic encryption, FHE)。如果全同态加密方案支持自举(bootstrapping)算法,即可以执行无限次的同态操作,则称其为完全同态加密。如果全同态加密方案需要设置默认深度参数来避免耗时的自举,那么该加密体制称为层次型全同态加密(leveled fully homomorphic encryption, LFHE)。

形式上,一个全同态加密方案 ε 定义了依赖于四个过程的传统公钥加密方案:$\text{KeyGen}_\varepsilon$、$\text{Encrypt}_\varepsilon$、$\text{Decrypt}_\varepsilon$ 和 $\text{Evaluate}_\varepsilon$。所有运算的计算复杂度必须是 λ 的多项式,其中:

(1) $\text{KeyGen}_\varepsilon$ 以安全参数 λ 作为输入,输出密钥 sk 和公钥 pk,pk 从明文空间 $\mathbb{P}$ 映射到密文空间 $\mathbb{C}$,sk 则相反。

(2) $\text{Encrypt}_\varepsilon$ 将 pk 和明文 $m \in \mathbb{P}$ 作为输入,并输出密文 $c \in \mathbb{C}$。

(3) $\text{Decrypt}_\varepsilon$,与 $\text{Encrypt}_\varepsilon$ 相反的过程,接收 sk 和 $c \in \mathbb{C}$ 作为输入,并输出明文 $m \in \mathbb{P}$。

(4) $\text{Evaluate}_\varepsilon$ 将输入 pk、电路 $\delta \in \delta_\varepsilon$ 以及 δ 的输入密文元组 $C = c_1, c_2, \cdots, c_t$ 作为输入,其输出一个密文 $C' \in \mathbb{C}$,使得:

$$\text{Decrypt}_\varepsilon(\text{sk}, C') = \delta(m_1, \cdots, m_t) \tag{3-15}$$

一般来说,$\text{Evaluate}_\varepsilon$ 的期望功能是,如果 c_i 在 pk 下加密 m_i,则 $C' \leftarrow \text{Evaluate}_\varepsilon(\text{pk}, \delta, C)$ 表示在 pk 下加密 $\delta(m_1, m_2, \cdots, m_t)$,其中 $\delta(m_1, m_2, \cdots, m_t)$ 是在输入为 $m_1, m_2, \cdots, m_t$ 时电路 δ 的输出。在这四种操作基础上,全同态加密方案的正确性和紧凑性定义如下。

定义 3-3 全同态加密方案的正确性:如果对于 $\text{KeyGen}_\varepsilon(\lambda)$ 的任意输出,包括密钥对 (sk, pk)、电路 $\delta \in \delta_\varepsilon$、明文消息 $m_1, m_2, \cdots, m_t$ 和密文消息 $C = c_1, c_2, \cdots, c_t$,$c_i \leftarrow \text{Evaluate}_\varepsilon(\text{pk}, m_i)$,有

$$C' \leftarrow \text{Evaluate}_\varepsilon(\text{pk}, \delta, C), \text{ 且 } \text{Decrypt}_\varepsilon(\text{sk}, C') \rightarrow \delta(m_1, m_2, \cdots, m_t) \tag{3-16}$$

那么全同态加密方案 ε 在电路 δ_ε 中是正确的。

定义 3-4 全同态加密方案的紧凑性:如果存在多项式 f,使得对于安全参数 λ 的每个值,$\text{Decrypt}_\varepsilon$ 都可以表示为大小至多为 $f(\lambda)$ 的电路 D_ε,则全同态加密方案 ε 是紧凑的。

2017 年,Cheon 等学者提出了一种可以在实数域上实现的全同态加密方案,称为 CKKS(Cheon-Kin-Kim-Song)方案。CKKS 方案是一种允许以加密形式近似计算浮点数的方案。在加密阶段,该方案对密文使用舍入操作,并在解密结果时创建精度范围内的近似值。这种近似计算主要依赖于重缩放技术,可将密文模数的增长级别从指数变为线性,以保证计算的准确性。该方案为 LFHE 方案,即需要提前确定乘法深度,来避免耗时长的自举操作。CKKS 方案的加密流程如图 3-2 所示。

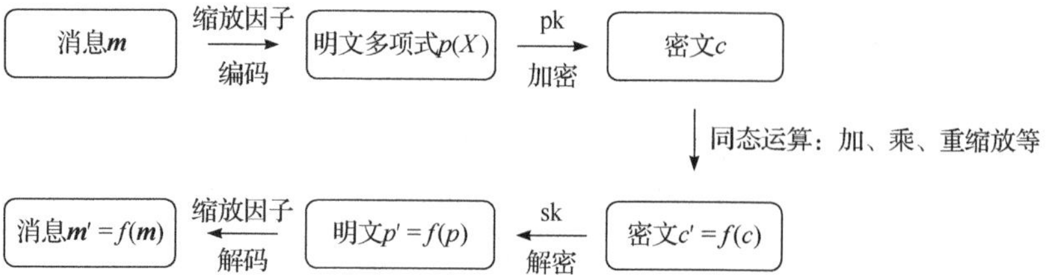

```
消息 m  ──缩放因子编码──▶  明文多项式 p(X)  ──pk 加密──▶  密文 c
                                                              │
                                                              │ 同态运算：加、乘、重缩放等
                                                              ▼
消息 m' = f(m)  ◀──缩放因子解码──  明文 p' = f(p)  ◀──sk 解密──  密文 c' = f(c)
```

图 3-2 CKKS 方案的加密流程

一个明文消息向量 m，乘以缩放因子后编码为明文多项式，然后通过公钥加密为密文 c。密文 c 可以同时支持同态加法和同态乘法运算，并通过重缩放技术避免密文模数增长过快的问题。经过一系列同态运算操作后，使用私钥可以将密文结果解密为明文多项式，再通过缩放因子解码成明文结果。

在 CKKS 方案加密开始前，需要选择一个私钥相关的分布 χ_s、一个错误分布 χ_e 以及一个随机分布 χ_r 用作加密。另外，一个用来表示任意一层模数的正整数 q、初始模量 Q、用于重缩放的特殊模数 v 以及环尺寸 n 在密钥生成阶段之前也需要预先确定。

编码：在复数明文空间 $\mathbb{C}^{n/2}$，其中 n 为 2 的某个整数幂，给定一个明文向量 $m = (m_1, m_2, \cdots, m_{n/2}) \in \mathbb{C}^{n/2}$ 和缩放因子 $\Delta > 1$，明文向量通过式(3-17)编码为多项式 $p(X) \in R := Z[X]/(X^n+1)$。

$$p(X) = \lfloor \Delta \cdot \phi^{-1}(m) \rceil \in R \quad (3\text{-}17)$$

其中，$\phi(\cdot)$ 表示复数正则嵌入(complex canonical embedding)，$\lfloor \cdot \rceil$ 表示按系数舍入函数。

解码：给定一个消息多项式 $p(X) \in R$ 和缩放因子 $\Delta > 1$，通过

$$m = \Delta^{-1} \phi(p(X)) \in \mathbb{C}^{n/2} \quad (3\text{-}18)$$

消息多项式解码为复向量 $m \in \mathbb{C}^{n/2}$。

生成密钥：首先，通过 $s \leftarrow \chi_s$ 对秘密多项式进行采样；其次，实例化 a、$a' \leftarrow R_Q$、R_{PQ}，$R_Q := Z_Q[x]/(x^n+1)$，P 是缩放因子以及 e、$e' \leftarrow \chi_e$；最后，输出私钥 $\text{sk} \leftarrow (1, s) \in R_Q^2$、公钥 $\text{pk} \leftarrow (b = -as + e, a) \in R_Q^2$ 以及辅助计算密钥 $\text{evk} \leftarrow (b' = -a's + e' + Ps^2, a') \in R_{PQ}^2$。

加密：生成 $r \leftarrow \chi_r$，e_0、$e_1 \leftarrow \chi_e$，对于给定的明文多项式 $p \in R$，输出密文 $c' \leftarrow (c_0 = rb + e_0 + p, c_1 = ra + e_1) \in R_Q^2$。

解密：对于给定的密文 $c' \in R_Q^2$，输出明文 $p' \leftarrow c' \cdot \text{sk} \pmod{Q}$。

同态加法：对于给定的两个密文 c、$c' \in R_Q^2$，输出明文 $c_{\text{add}} \leftarrow c + c' \in R_Q^2$。

同态乘法：对于给定的两个密文 $c = (c_0, c_1)$ 和 $c' = (c_0', c_1')$，计算：

$$(d_0, d_1, d_2) = (c_0 c_0', c_0 c_1' + c_1 c_0', c_1 c_1') \pmod{Q} \quad (3\text{-}19)$$

则可输出 $c_{\text{mult}} \leftarrow (d_0, d_1) + P^{-1} d_2 \text{evk} \in R_Q^2$。

重缩放技术：给定一个密文 $\text{ct} \in R_Q^2$ 和一个新的模数 $Q' < Q$，输出重新缩放的密文

$ct_{rs} \leftarrow (Q'/Q)ct \in R_{Q'}^2$。

CKKS 方案的核心思想是用近似计算中出现的一小部分误差来描述加密噪声。也就是说，通过私钥 sk 对密文 c 的解密，密文 c 将具有以下形式的解密结构：$(c.sk) = m + e(\bmod Q)$。其中，e 是插入的一个小错误，以保证符合假设的安全性。如果 e 与消息 m 相比足够小，则该噪声不太可能破坏 m 的重要信息，并且整个值 $m' = m + e$ 可以在近似计算中替代原始消息。可以通过在加密之前将缩放因子乘以消息，以减少加密噪声造成的精度损失。对于同态运算，该方案总是保持其解密结构与密文模数相比足够小，以便计算结果仍然小于 Q。然而，这仍然有一个问题，即消息的比特大小随着电路深度的增加呈指数增长，没有四舍五入。为了解决这个问题，CKKS 方案提出使用一种新技术，即重缩放技术，来操纵密文的消息大小。重缩放技术减小了密文模数的大小，从而消除了位于消息最低有效位中的错误(图 3-3)。其类似于定点/浮点算法的舍入步骤，几乎保留了明文的精度，而不是简单地进行模块化缩减。

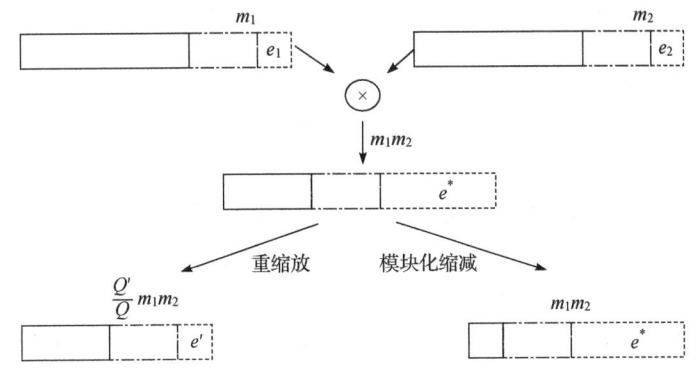

图 3-3 重缩放技术示意图

与现有的其他全同态加密方案相比，CKKS 方案的优点是对浮点数的支持比较好，还可以通过提前设计乘法深度参数，来避免运算耗时长的自举操作。因此，CKKS 方案广泛应用在隐私保护、机器学习等场景中，同时，大量研究者热衷于将其实现在多个同态加密库中，包括 IBM 的 HElib、微软的 SEAL、通用格密码库 PALISADE 以及与机器学习更适配的拥有 Python 接口的 TENSEAL 等。

3.3　经典百万富翁问题

百万富翁协议也可以称为安全比较协议，它是安全多方计算的基础协议之一。科学家姚期智对该协议的设计初衷源于一个现实场景：两位百万富翁希望在不透露各自具体财富数额的前提下，对比彼此的财富规模。这种场景映射到了计算安全领域，即在不暴露原始数据的情况下，对多方数据进行比较或计算，这构成了最原始的"百万富翁问题"。实际上，这一问题不仅局限于财富比较，它更是安全多方计算领域中一个具有普遍性和代表性的问题。

基于不同的模型，百万富翁问题具有不同的协议。姚期智教授在提出上述问题之后，给出了一种指数级复杂度的百万富翁协议方案，用于比较两个数的大小。假设 A 知道一个整数 i（A 有 i 百万的财富），B 知道一个整数 j（B 有 j 百万的财富），现在 A 和 B 想知道这两个整数的大小，但是都不想让对方知道自己的整数是多少。为了简化问题的讨论，这里假设 $i,j \in [1,10]$。假设 M 是所有 N 位非负整数的集合，Q_N 是所有从 M 映射到 M 的函数的集合，E_a 是 A 的公共密钥，随机选择自集合 Q_N，即 $E_a t Q_N$。

以下是协议的详细过程。

(1) B 随机选择一个 N 位的整数 x，私自计算出 $E_a(x)$ 的值，结果表示为 k。

(2) B 将 $k - j + 1$ 发送给 A。

(3) A 私自计算出以下值：$y_u = D_a(k - j + u), u = 1, 2, \cdots, 10$。

(4) A 随机选择一个 $N/2$ 位的素数 p，对所有的 $u = 1, 2, \cdots, 10$，计算出 $z_u = (y_u \bmod p)$，如果计算之后所有 z_u 的差都大于 2，则停止这一步骤；否则，重新选择另外一个素数并重复上述计算，直到所有 z_u 的差都大于 2。

(5) A 发送步骤(4)中最后选择的素数 p 和以下 10 个数给 B：$z_1, z_2, \cdots, z_i, z_{i+1} + 1, \cdots, z_{10} + 1$，以上 10 个数都是对 p 取模之后的结果。

(6) 在执行验证过程中，B 将检查 A 发送过来的第 j 个数是否与给定的值 x 同余。如果验证结果显示同余，B 将据此推断 $i \geqslant j$；否则，B 则会推断出 $i < j$。

上述协议显然可以让 A 和 B 正确比较出他们谁更富有，同时又不需要将自己的财富信息告诉对方。首先，A 不会知道除了 B 发送给 A 的最后结果里面暗含的关于 j 的信息之外的任何关于 B 的信息，因为 A 只知道 s 取值范围为 $k - j + 1 \sim k - j + 10$ 的 $D_a(s)$ 的值，而公有密钥 E_a 是从 10 个数里面等概率随机抽取的。那么 B 是否知道 A 的信息呢？B 只知道 y_j（等于 x）和 z_j 的值，而没有关于其他 z_u 的信息，从 A 发送给他的信息里面无法判断出是 z_u 还是 $z_u + 1$。

在探讨该方案时，假设需要比较的两个数均为 n 位长度，那么这些数的数值范围在 10^n 以内，这代表着数值大小随输入规模的增加呈指数级增长。由于这种增长特性，相应的计算复杂度也随之成为输入规模的指数函数，这意味着随着输入规模的增大，计算所需的资源将急剧上升。对于庞大的输入数据，这种计算复杂度变得不切实际且难以实现。因此，当对两个较大的数进行比较时，该方案显得并不可行。鉴于此，研究者提出了其他多种不同的方案来应对这一挑战。例如，Fabrice 等提出了一项严谨且高效的社会主义百万富翁协议，感兴趣的读者可以自行查阅资料学习。

3.4 不经意传输

为了实现更复杂的安全计算协议，需要引入不经意传输(oblivious transfer, OT)这一关键技术。不经意传输在保护参与者输入隐私的同时，确保了计算的正确性。以下将详细介绍不经意传输的概念和应用。

3.4.1 不经意传输协议设计

不经意传输作为密码学中的一项基础技术，为构建更高级且复杂的密码协议提供了关键的支撑，其中包括但不限于不经意电路赋值(oblivious circuit evaluation)等协议。

不经意传输协议最初由 Rabin 在 1981 年提出，该协议涉及两个主要的计算参与方：一方为 A，通常称为发送方；另一方为 B，作为接收方。在协议的执行流程中，A 首先输入一个消息 $M \in \{0,1\}^k$，随后 A 和 B 按照预设的交互方式进行通信，出于保护 A 信息隐私性的目的，B 接收消息 M 的概率设计为 $1/2$，这意味着 B 有一半的机会获得 M 的值。同时，为了保障 B 的信息隐私性，协议确保了 A 无法得知 B 是否成功接收了消息 M。然而，B 自身能够确认是否收到了消息 M，这是协议正确性的一个关键保证。1985 年，Even 等设计了一种基于 2 取 1 机制的不经意传输协议。在此协议中，A 提供两个消息 $M_0、M_1 \in \{0,1\}^k$，B 输入一个选择位 $c \in \{0,1\}$，经过一系列交互后，B 能够成功获取其选择对应的消息 M_c，确保了协议的正确性。同时，出于保护 B 隐私的考虑，A 无法得知 B 的输入 c 的具体值。另外，出于保护 A 隐私的考虑，B 也无法同时获取两个消息 M_0 和 M_1 的值。相较于 2 取 1 的不经意传输协议，更广义的协议形式为 n 取 1 的不经意传输协议。在 n 取 1 不经意传输协议中，B 只能够得到 n 个消息中的一个。1996 年，Brassard、Crepeau 和 Santha 提出了构建 n 取 1 不经意传输协议的一种有效方法。接下来将详细介绍几种不同的不经意传输协议。

2 取 1 不经意传输(OT_2^1)问题描述：在一个两方协议中，A 的输入为两个消息 $M_0、M_1 \in \{0,1\}^k$，B 的输入为 $c \in \{0,1\}$，一个协议为 2 取 1 不经意传输协议的条件如下。

(1) 正确性：在 A 和 B 都是诚实的假设下，B 总可以得到 M_c。
(2) 对 B 的隐私性：A 无法知道 B 的输入 c。
(3) 对 A 的隐私性：B 无法得到 A 的另外一个值 M_{1-c}。

对应地，可以引申到 n 取 m 不经意传输(OT_n^m)的问题描述：发送方 A 输入 n 个消息 $M_1, M_2, \cdots, M_n \in \{0,1\}^k$，即每个消息均属于长度为 k 的二进制序列集合。接收方 B 输入 m 个不同的选择 $c_1, c_2, \cdots, c_m \in \{1, 2, \cdots, n\}$。协议满足 n 取 m 不经意传输协议的定义，当且仅当满足以下条件。

(1) 正确性：在协议参与方 A 和 B 均保持诚实的情况下，接收方 B 将能够正确地接收到其指定的消息 $M_i, i \in \{c_1, c_2, \cdots, c_m\}$。
(2) 对 B 的隐私性：在协议的执行过程中，发送方 A 将无法得知接收方 B 的具体选择 $j, j \in \{c_1, c_2, \cdots, c_m\}$。
(3) 对 A 的隐私性：同样地，接收方 B 在协议执行完毕后，将无法获取发送方 A 提供的其他消息 $M_j, j \in \{1, 2, \cdots, n\} - \{c_1, c_2, \cdots, c_m\}$。

3.4.2 基于不经意传输的安全比特计算

下面将介绍一种基于不经意传输的安全比特计算协议。它的基础是 OT 的一个子协议：该协议中，发送方 S 拥有 k 个输入 $d_1, d_2, \cdots, d_k \in \{0,1\}$，接收方 R 输入 $l \in \{1, 2, \cdots, k\}$，协议执行完毕后，R 将成功获取特定值 d_l，并且无法获知 S 除了该特定值 d_l 以外的其他输入，同样地，S 在整个协议执行过程中也无法获知 R 的特定选择。为简化表述，将该 OT 子协议记为 $OT[(d_1,d_2,\cdots,d_k),l,S,R]$。

鉴于比特运算的本质可归结为二元操作 AND、XOR 以及一元操作 NOT 的组合形式，OT 协议可以安全地执行所有比特运算函数。(记 XOR 运算为 $\oplus$，AND 运算为 $\cdot$，NOT 运算为 $-$)。计算流程可细化为以下三个主要阶段。

1. 输入阶段

n 个参与方 $J_1,J_2,\cdots,J_n$ 各自持有各自的函数输入值 $x_i(i=1,2,\cdots,n) \in \{0,1\}$，每个参与方 J_i 将其自变量 x_i 随机地拆分为多个部分 $x_{i,1}, x_{i,2}, \cdots, x_{i,n}$，以确保它们满足 $x_i = x_{i,1} \oplus x_{i,2} \oplus \cdots \oplus x_{i,n}$，之后这些拆分后的部分 $x_{i,j}(j=1,2,\cdots,n)$ 会安全且秘密地发送给指定的接收方 J_j。

2. 计算阶段

1) 二元 XOR 运算

考虑两个逻辑输入 a、b(这些输入可以是原始数据，也可以是在计算流程中产生的中间值)，且 a、b 已经分别表示为 $a = a_1 \oplus a_2 \oplus \cdots \oplus a_n$、$b = b_1 \oplus b_2 \oplus \cdots \oplus b_n$，其中，$J_i$ 只知道 a_i、b_i 的值。通过 XOR(异或)运算后，每个 J_i 将其 XOR 运算输出设置为 $a_i \oplus b_i$。运算的正确性可以由式(3-20)保证：

$$a \oplus b = (a_1 \oplus a_2 \oplus \cdots \oplus a_n) \oplus (b_1 \oplus b_2 \oplus \cdots \oplus b_n)$$
$$= (a_1 \oplus b_1) \oplus (a_2 \oplus b_2) \oplus \cdots \oplus (a_n \oplus b_n) \tag{3-20}$$

2) 一元 NOT 运算

设逻辑运算的输入为 a(其中 a 可以是原始数据，也可以是计算流程中产生的中间值)，并且 a 已经表示成 $a = a_1 \oplus a_2 \oplus \cdots \oplus a_n$ 的形式，在每个 J_i 只知道 a_i 的情况下，J_1 将其 NOT 运算输出设置为 $\bar{a}_1$，而对于不直接参与此 NOT 运算的其他参与方，他们将接收到或处理这个 NOT 运算的输出结果 $a_i(i=2,3,\cdots,n)$，则运算的正确性可以由 $\bar{a} = \overline{a_1 \oplus a_2 \oplus \cdots \oplus a_n} = \bar{a}_1 \oplus a_2 \oplus \cdots \oplus a_n$ 得到保证。

3) 二元 AND 运算

考虑两个逻辑输入 a、b(这些输入可以是原始数据，也可以是在计算流程中产生的中间值)，且 a 和 b 已经分别表示为 $a = a_1 \oplus a_2 \oplus \cdots \oplus a_n$、$b = b_1 \oplus b_2 \oplus \cdots \oplus b_n$，每个参与方 J_i 只知道 a_i、b_i 的情况下，希望得到输入 $c_1,c_2,\cdots,c_n$，并且保证 J_i 只知道 c_i 的值，同时满足条件：

$$c_1 \oplus c_2 \oplus \cdots \oplus c_n = ab = (a_1 \oplus a_2 \oplus \cdots \oplus a_n) \cdot (b_1 \oplus b_2 \oplus \cdots \oplus b_n) \tag{3-21}$$

下面考虑 $n=2$ 的特殊情况，此时的输出要求为得到 c_1、c_2，使得 J_1 只知道 c_1 的值，J_2 只知道 c_2 的值，并且满足条件 $c_1 \oplus c_2 = (a_1 \oplus a_2)(b_1 \oplus b_2)$，则可以使用

OT$[(d_1,d_2,d_3,d_4),l,S,R]$ 来满足计算要求：让 J_1 来充当 S 的角色，J_2 来充当 R 的角色，J_1 随机选择 $c_1 \in \{0,1\}$，并设置如下参数：

(1) $d_1 = c_1 \oplus (a_1 b_1)$。
(2) $d_2 = c_1 \oplus [a_1(b_1 \oplus 1)]$。
(3) $d_3 = c_1 \oplus [(a_1 \oplus 1)b_1]$。
(4) $d_4 = c_1 \oplus [(a_1 \oplus 1)(b_1 \oplus 1)]$。

其中，d_1、d_2、d_3、d_4 作为 OT 的输入，J_2 将 $l = 1 + 2a_2 + b_2 \in \{1,2,3,4\}$ 作为 OT 的输入，之后执行 OT$[(d_1,d_2,d_3,d_4),l,J_1,J_2]$ 协议。由 OT 的性质可以知道，J_2 将只能得到 $d_l = d_{1+2a_2+b_2}$ 的值并且 J_1 不知道 $l = 1 + 2a_2 + b_2$ 的值。J_2 设置 $c_2 = d_l = d_{1+2a_2+b_2}$，则容易验证有 $c_1 \oplus c_2 = (a_1 + a_2)(b_1 \oplus b_2)$，并且 J_1 只知道 c_1 的值，J_2 只知道 c_2 的值。为了描述的方便，记 OT$_S(S,R) = c_1$，OT$_R(S,R) = c_2$。

对于一般的情形，由于有 $(\overset{n}{\underset{i=1}{\oplus}} a_i)(\overset{n}{\underset{i=1}{\oplus}} b_i) = \overset{n}{\underset{i=1}{\oplus}}(a_i b_i) \underset{1 \leq i < j \leq n}{\oplus} [(a_i b_j) \oplus (a_j b_i)]$，可以得出 J_i 可以单独地计算出 $(n-2)(a_i b_i) = \overset{n-2}{\underset{j=1}{\oplus}} (a_i b_i)$ 的值，并且任意的 $\{J_i,J_j\}(1 \leq i < j \leq n)$ 都可以执行 OT$[(d_1,d_2,d_3,d_4),l,J_1,J_2]$ 协议，使得 J_i 得到 OT$_{J_i}(J_i,J_j)$ 的值，J_j 得到 OT$_{J_j}(J_i,J_j)$ 的值，满足条件 OT$_{J_i}(J_i,J_j) \oplus$ OT$_{J_j}(J_i,J_j) = (a_i \oplus a_j)(b_i \oplus b_j)$。

J_i 设置 $c_i = \overset{n-2}{\underset{j=1}{\oplus}}(a_i b_i) \overset{i-1}{\underset{j=1}{\oplus}} \text{OT}_{J_i}(J_j,J_i) \overset{n}{\underset{j=i+1}{\oplus}} \text{OT}_{J_i}(J_i,J_j)$，则由上面的推导可以知道 $c_1 \oplus c_2 \oplus \cdots \oplus c_n = (a_1 \oplus a_2 \oplus \cdots \oplus a_n)(b_1 \oplus b_2 \oplus \cdots \oplus b_n) = ab$，并且 J_i 将只知道 c_i 的值而对 $c_j (j \neq i)$ 中的任何值都是不知道的。

3. 输出阶段

对于经过计算的安全函数，当它们完成了最后一步运算(无论是二元 AND、XOR 运算还是一元 NOT 运算)之后，J_i 得到 y_i，且显然 $y = y_1 \oplus y_2 \oplus \cdots \oplus y_n$ 为函数的最终输出结果。随后，J_i 将 y_i 进行发布，所有参与方 J_i 都可以根据发布结果获得 y。

上述描述的基于不经意传输的安全比特计算协议，其核心运作依赖于所有协议参与方准确无误地执行每一步运算。因此，这一协议从根本上说，是建立在半诚实模型的假设之上的，即假设所有参与方都会遵循协议规定，但可能会试图从接收到的信息中推断出额外的知识。

3.5 电路赋值协议

安全多方计算理论的基础离不开电路赋值计算(circuit evaluation)的出现。

电路赋值计算为安全多方计算理论的发展奠定了基础。在这里，专注于两方情况下的电路赋值协议。假设有两个参与方 A 和 B，他们各自拥有保密输入 x 和 y，希望共同计算一个函数 f。为简化讨论，设定 B 为接收最终计算结果的一方(若 A 也需要结果，可以在协议结束后由 B 将结果发送给 A)。该协议的核心步骤是将函数 f 表示为一个组合电路，这是因为所有软件执行的函数计算都可以被硬件电路所模拟。具体来说，如果一个函数能在软件中以多项式时间完成计算，那么它也可以表示为多项式尺寸大小的组合电路。通过这种方式，能够将复杂的计算任务转化为电路中的一系列基本操作，从而为安全多方计算提供可操作的框架。

对于电路赋值协议，每个组合电路由多项式规模的二进制的门电路构成(尽管理论上其他进制的门电路也是可行的，但为简化讨论，此处仅介绍二进制门电路)。每个门电路都代表一个函数 $g: \{0,1\} \times \{0,1\} \rightarrow \{0,1\}$，即两个二进制输入映射到一个二进制输出。参与方以比特串的形式输入自己的保密数据 x 和 y，随后电路中的各个门依次执行二进制计算。为确保协议计算的安全性，电路赋值通常分为电路编码、输入编码和电路求值三个阶段进行。

3.5.1 电路编码

在电路赋值协议的第一阶段，A 负责构造目标函数 f 的组合电路的加密表示，其中包括两个关键部分，并随后发送给 B。这两个部分分别如下。

一是计算 $f(x,\cdot)$ 的电路：A 通过将自己的输入 x 编码到函数 f 对应的组合电路中，形成能够计算 $f(x,\cdot)$ 的电路。

二是 A 在电路编码阶段选择了一种对称加密算法 F，以确保安全计算过程的机密性。该算法 F 须满足以下两个关键条件：首先，多次加密安全性和随机字符串与正确密文的不可区分性。使用相同的密钥对同一数据进行多次加密后，算法的安全性不应受到影响。这意味着即使攻击者能够观察到多次加密的结果，他们也无法从中推导出密钥或原始数据。其次，攻击者无法通过比较随机字符串和密文来区分它们，从而无法确定哪个是真正的加密结果。这一条件有助于防止攻击者通过猜测或统计测试来破解加密算法。对于新电路中的每一条导线 i，A 生成一对随机数 (W_i^0, W_i^1)，这些随机数称为伪装数 (garbled values)。具体地，W_i^0 和 W_i^1 分别对应这根导线的 0 和 1。然而，对于电路的最终输出导线，A 特殊指定其伪装数分别为 $W^0 = 0, W^1 = 1$，以确保输出的直接可读性。假设每个门的输入导线分别是 i 和 j，输出导线为 k，A 接下来会利用之前选定的对称加密算法 F，对每一种可能的输入组合计算出对应输出的密文。为了实现这一点，A 将构造一个有四种条目的表 T_g 作为混淆表，其中每一种条目对应两个输入的一种特定组合。

(1) 用 W_i^0 和 W_j^0 作为密钥获得的 $F_{W_i^0, W_j^0}(W_k^{g(0,0)})$。

(2) 用 W_i^0 和 W_j^1 作为密钥获得的 $F_{W_i^0, W_j^1}(W_k^{g(0,1)})$。

(3) 用 W_i^1 和 W_j^0 作为密钥获得的 $F_{W_i^1, W_j^0}(W_k^{g(1,0)})$。

(4) 用 W_i^1 和 W_j^1 作为密钥获得的 $F_{W_i^1, W_j^1}(W_k^{g(1,1)})$。

将这四种密文随机重排之后，所有的 T_g 组成电路编码的第二个部分。

3.5.2 输入编码

在电路编码的第一阶段完成后，A 不仅为每根导线(包括 B 的输入导线)生成了一对伪装数，而且还针对每个门 g 创建了对应的混淆表 T_g，这些表关联了导线上的伪装数。为了使 B 能够对电路进行求值，B 必须知道自己的输入导线所对应的伪装数。为了实现这一点，B 需要调用一种特定的协议 OT_2^1：在该协议中，A 作为发送者，其输入是 B 的每根输入导线 j 对应的伪装数对 (W_j^0, W_j^1)；B 作为接收者，其输入是在导线 j 上的实际输入比特 α，协议执行结束之后，B 将获得其输入比特对应的伪装数 W_j^α。

3.5.3 电路求值

在完成前两个阶段之后，B 现在掌握了整个组合电路的结构，其中包括每个门 g 的混淆表 T_g 以及所有输入导线的伪装数。这里，A 的输入已经硬编码进电路，B 的输入则是通过第二阶段中的特定协议 OT_2^1 从 A 那里获得的。现在，B 已经拥有进行电路求值所需的所有必要信息。接下来，B 将按照电路的逻辑顺序，逐个对电路中的每个门进行求值。通过查看每个门的混淆表和对应的输入伪装数，B 可以计算出每个门的输出值，并继续将这些输出值作为后续门的输入，直至得到所有输出导线的值。具体来说，对于门 g，假设它的输入导线分别为 i 和 j，它们的伪装数分别为 W_i、W_j，输出导线为 k，T_g 的内容假设分别为 g_1、g_2、g_3、g_4。B 在求值过程中，将使用输入导线 i 和 j 的伪装数 W_i、W_j 作为密钥，对混淆表 T_g 中的 g_1、g_2、g_3、g_4 进行解密尝试。由于对称加密算法 F 的特性，其中只有一种条目(假设为 A)能够成功解密。解密成功后，输出导线 k 上的值即为该解密结果 $F^{-1}_{W_i, W_j}(A)$，这里的 F^{-1} 表示 F 的解密操作。通过这种方法，B 可以逐个对电路中的每个门进行求值，直至得到所有输出导线的值。由于输出导线的值在电路编码阶段设定为未加密的原始值(0 或 1)，因此 B 在解密输出导线时不需要额外的密钥，直接获得电路的最终计算结果。如果 A 也想知道结果，则 B 可以把结果发送给 A。A 和 B 都在不知道对方具体输入值的情况下，安全地共享了电路的输出结果，这样电路求值过程就完成了。

3.6 半诚实模型中的安全多方计算

在密码学和安全多方计算领域，如果所有参与方都假定为半诚实或诚实的，称这种环境为半诚实模型。在半诚实模型中，攻击者通常采取被动攻击的方式，即参与者在协议执行过程中会严格遵守协议规定的步骤，但同时可能会将他们的输入、输出以及中间计算结果泄露给潜在的攻击者。此外，还须警惕的是，半诚实参与者之间可能存在串谋行为，试图利用共享的信息来推断其他诚实参与者的敏感数据。

在研究和设计安全多方计算协议时，必须充分考虑这些潜在的信息泄露风险，并采取相应的防护措施。本节将通过一系列具体的应用案例，深入探讨在半诚实模型下有效地解决安全多方计算问题，确保数据的机密性和完整性在多方参与的计算过程中得到保护。

3.6.1 半诚实模型下的电路赋值协议

本节将介绍一种安全多方计算的应用问题：半诚实模型下的电路赋值协议。为了易于说明问题，首先假设参与方的数目 m 是固定的。另外，使用有限域 GF(2) 上的电路对 m 元函数 f 进行估计。初始阶段，每一个参与方都与其他方共享其他的输入比特，其中共享的总和等同于其输入的比特。在电路的计算过程中，协议秘密计算从输入线到输出线的每一条线的共享份额，这些共享份额的总和将对应于正确的数值。假设参与方 P_i 有比特 a_i 以及 b_i，协议的目标是在不泄露这些具体比特值的情况下，促使参与方 P_i 得到一个随机比特 c_i。也就是说，协议须计算如下的函数：

$$((a_1,b_1),\cdots,(a_m,b_m)) \mapsto (c_1,c_2,\cdots,c_m) \tag{3-22}$$

其中，a_i、b_i 与 c_i 在 $\{0,1\}^m$ 中服从均匀分布。

1. 两方秘密乘协议

首先考虑在二元有限域 GF(2) 基础上的映射：$((a_1,b_1)(a_2,b_2)) \mapsto (c_1,c_2)$、$(a_1+a_2)(b_1+b_2)=c_1+c_2$。使用下面的协议秘密地计算该函数。

输入：参与方 P_1 与参与方 P_2 各自有一个输入 $(a_i,b_i) \in \{0,1\} \times \{0,1\}$，$i=1,2$。

输出：参与方 P_1 得到数值 c_1，参与方 P_2 得到数值 c_2，同时满足条件 $(a_1+a_2)(b_1+b_2)=c_1+c_2$。

(1) 第一个参与方服从均匀分布的选择 $c_1 \in \{0,1\}$。

(2) 参与方 P_1 与参与方 P_2 各自使用不经意传输协议 OT_4^1 进行计算，设参与方 P_1 是发送者，参与方 P_2 是接收者。参与方 P_1 的输入信息是 $(c_1+a_1b_1, c_1+a_1(b_1+1), c_1+(a_1+1)b_1, c_1+(a_1+1)(b_1+1))$。参与方 P_2 的输入信息是 $1+2a_2+b_2 \in \{1,2,3,4\}$，并且存在的关系示意如表 3-1 所示。

表 3-1　两方秘密乘协议示意

(a_2,b_2) 的值	(0,0)	(0,1)	(1,0)	(1,1)
输入	1	2	3	4
输出	$c_1+a_1b_1$	$c_1+a_1(b_1+1)$	$c_1+(a_1+1)b_1$	$c_1+(a_1+1)(b_1+1)$

显然，参与方 P_2 将得到输出 $c_2=c_1+(a_1+a_2)(b_1+b_2)$，因此 $(a_1+a_2)(b_1+b_2)=c_1+c_2$。虽然这两个本地输出是相互依赖的，但其是服从均匀分布的。另外，可以看出以上的计算是秘密的。

2. 多方秘密乘协议

首先考虑在二元有限域 GF(2) 基础上的映射：$((a_1,b_1),\cdots,(a_m,b_m)) \mapsto (c_1,c_2,\cdots,c_m)$，$c_1,c_2,\cdots,c_m$ 在 $\{0,1\}^m$ 中服从均匀分布，而且满足条件 $\sum_{i=1}^{m} c_i = \sum_{i=1}^{m} a_i \sum_{i=1}^{m} b_i$。通过以下计算：

$$\begin{aligned}
\sum_{i=1}^{m} a_i \sum_{i=1}^{m} b_i &= \sum_{i=1}^{m} a_i b_i + \sum_{1 \leqslant i < j \leqslant m} a_i b_j + a_j b_i \\
&= (1-(m-1))\sum_{i=1}^{m} a_i b_i + \sum_{1 \leqslant i < j \leqslant m} (a_i + a_j)(b_j + b_i) \\
&= m \sum_{i=1}^{m} a_i b_i + \sum_{1 \leqslant i < j \leqslant m} (a_i + a_j)(b_j + b_i)
\end{aligned} \quad (3-23)$$

可以观察到参与方 P_i 能够独立地计算 ma_ib_i，每一对参与方 P_i 与 P_j 可以使用半诚实模型下的两方秘密乘协议计算 $(a_i+a_j)(b_j+b_i)$。因此，半诚实模型下的多方秘密乘协议可以通过以下描述计算 $\sum_{i=1}^{m} c_i = \sum_{i=1}^{m} a_i \sum_{i=1}^{m} b_i$。

输入：每个参与方 P_i 有一个输入 $(a_i,b_i) \in \{0,1\} \times \{0,1\}$，$i = 1,2,\cdots,m$。

输出：参与方 P_i 得到数值 c_i，同时满足条件 $c_i = ma_ib_i + \sum_{j \neq i} c_j^{\{i,j\}}$。

(1) 通过使用半诚实模型下的两方秘密乘协议，每一对参与方 P_i 与 P_j，其中 $i < j$，计算二元函数：参与方 P_i 的输入为 (a_i,b_i)，参与方 P_j 提供的输入为 (a_j,b_j)，秘密乘协议对参与方 P_i 的响应为 $c_i^{\{i,j\}}$，对参与方 P_j 的响应为 $c_j^{\{i,j\}}$。

(2) 参与方 P_i 得到数值 c_i，使得 $c_i = ma_ib_i + \sum_{j \neq i} c_j^{\{i,j\}}$。

3. 多方电路赋值协议

在 m 个参与方之间共享比特 v 并均匀地选择一个比特串 $(v_1,v_2,\cdots,v_m)$，使得 $v = \sum_{i=1}^{m} v_i$，其中，参与方 P_i 的共享为 v_i。该协议的目标是通过秘密计算将电路输入线的共享分散到电路所有线的共享上。最后，参与方得到电路输出线的共享。具体而言，列举电路中的所有线，每一个参与方存在 n 条线，则所有输入方电路的输入线标号为 $1,2,\cdots,mn$，在第 $(i-1)n+j$ 条线上存在参与方 P_i 的第 j 个输入。每一条线都用数字进行标号，使得每一个门的输出线上的标号比其输入线上的标号大。电路的输出线须最后进行标号。设每一个参与方将得到 n 个输出比特，对于参与方 P_i 的第 j 个输出比特，其相对应的线的标号为 $N-(m+1-i)n+j$，其中 N 为电路的规模。因此，半诚实模型下多方电路赋值协议的描述如下。

输入：每个参与方 P_i 有一个输入比特串 $x_i^1, x_i^2, \cdots, x_i^n \in \{0,1\}^n$，其中，$i = 1,2,\cdots,m$。

输出：每一个参与方在本地输出通过协议恢复的比特。

(1) 每一个参与方将其比特串进行分割并且与所有的参与方 $P_1, P_2, \cdots, P_m$ 共享。详细的做法为：参与方 P_i 选择服从均匀分布的比特 $r_k^{(i-1)n+j}$ 并且将其发送给参与方 P_k，将其作为参与方 P_k 在输入线 $(i-1)n+j$ 上的共享。参与方 P_i 的第 $(i-1)n+j$ 个共享为 $x_i^j + \sum_{k \neq i} r_k^{(i-1)n+j}$，其中，$i=1,2,\cdots,m$、$j=1,2,\cdots,n$ 以及 $k \neq i$。

(2) 为了秘密计算一个门输出线上的共享，参与方将两条输入线的共享同时输入这个门。设参与方有一个门上的两条输入线上的共享，即参与方 P_i 有共享 a_i 以及 b_i，其中，a_i 为第一条线上的共享，b_i 为第二条线上的共享。需要考虑下面的两种情况。

①加法门的估值：每一个参与方 P_i 将这个门输出线上的共享设为 $a_i + b_i$。

②乘法门的估值：通过对方程 $\sum_{i=1}^{m} c_i = \sum_{i=1}^{m} a_i \sum_{i=1}^{m} b_i$ 引发预言行为获得门上输出线的共享，其中，参与方 P_i 提供输入 (a_i, b_i)。当预言被响应时，每一个参与方都将此门上输出线的共享作为预言的回答部分。该预言对应的现实模型为多方秘密乘协议。

(3) 当须计算电路输出线的共享时，每一个参与方将其每一条线上的共享发送给与这条线相连接的所有参与方，即每一个参与方都将 $N-(m+1-i)n+j$ 条线上的共享发送给参与方 P_i。通过累加相应的 m 个共享，每一个参与方可以恢复相应的输出比特。

另外，必须验证输出是正确的，这可以通过电路线上的规约来完成。通过规约可以证明每条线上共享的总和为这一条线上的确定值，即在第 $(i-1)n+j$ 条线上的值为 x_i^j，其共享值的和为 x_i^j。为了方便规约，首先考虑电路的模拟。设输入线的值为 a 和 b，其共享分别为 $a_1, a_2, \cdots, a_m$ 与 $b_1, b_2, \cdots, b_m$，并且满足条件 $\sum_{i=1}^{m} a_i = a$ 与 $\sum_{i=1}^{m} b_i = b$。当存在一个加法门时，输出线的共享为 $a_1+b_1, a_2+b_2, \cdots, a_m+b_m$，并满足条件 $\sum_{i=1}^{m}(a_i+b_i) = \sum_{i=1}^{m} a_i + \sum_{i=1}^{m} b_i = a+b$。当存在一个乘法门时，输出线的共享为 $c_1, c_2, \cdots, c_m$，并满足条件 $\sum_{i=1}^{m} c_i = \sum_{i=1}^{m} a_i \sum_{i=1}^{m} b_i$，因此，$\sum_{i=1}^{m} c_i = ab$。

3.6.2 基于同态加密的多项式操作

一个多项式的所有系数使用同态加密被加密后，在不解密的条件下仍然可以进行多项式相加、相乘、赋值、求导等操作。对于一个多项式 $f(x) = \sum_{i=0}^{m} a_i x^i$，可以使用 $E(f(x))$ 来代替加密系数的集合 $\{E(a_i) | i=0,1,\cdots,m\}$，其中，$E(\cdot)$ 是某个加法性的同态加密(additive homomorphic encryption)方案，在不解密的条件下各操作可按如下方式进行。

1. 多项式赋值

$E(f(x))$ 在数值 v 处的赋值计算为 $E(f(v)) = E(a_m v^m + a_{m-1} v^{m-1} + \cdots + a_0) = E(a_m)^{v^m}$

$E(a_{m-1})^{v^{m-1}}\cdots E(a_0)$。

2. 多项式倍乘

当 $E(f(x))$ 给定时，各系数增加 c 倍的计算为 $E(cf(x))=\{E(a_m)^c,\cdots,E(a_0)^c\}=\{E(ca_m),\cdots,E(ca_0)\}$。

3. 两多项式相加

给定 $E(f(x))$ 和 $E(g(x))$，其中 $g(x)=\sum_{i=0}^{m}b_i x^i$，需要求两多项式之和的加密形式，计算为 $E(f(x)+g(x))=\{E(a_m)E(b_m),\cdots,E(a_0)E(b_0)\}=\{E(a_m+b_m),\cdots,E(a_0+b_0)\}$。

4. 两多项式相乘

对于两多项式 $f(x)$ 和 $g(x)=\sum_{j=0}^{n}b_j x^j$，两者之积 $f(x)g(x)=\sum_{k=0}^{m+n}c_k x^k$，其中，$c_k=a_0 b_k+a_1 b_{k-1}+\cdots+a_k b_0$，当 $i>m$ 或者 $j>n$ 时，$a_i(i=0,\cdots,k)$ 或者 $b_j(j=0,\cdots,k)$ 都为 0。那么给定 $f(x)$ 和 $E(g(x))$，就可以计算 $E(f(x)g(x))=\{E(c_k)|k=0,\cdots,m+n\}$，其中，$E(c_k)=E(b_k)^{a_0}\cdots E(b_0)^{a_k}=E(a_0 b_k+a_1 b_{k-1}+\cdots+a_k b_0)$。

5. 多项式求导

$f(x)$ 的 l 阶导数为 $f^{(l)}(x)=\sum_{i=0}^{m-l}\left[(i+1)\cdots(i+l)a_{i+l}x^i\right]$。当给定 $E(f(x))$ 时，就可以计算 $E(f^{(l)}(x))=\{E(c_i)|i=0,\cdots,m-l\}$，其中，$E(c_i)=E(a_{i+l})^{(i+1)\cdots(i+l)}=E((i+1)\cdots(i+l)a_{i+l})$。

6. 多元多项式求和

已知 $f_k(x_k)=\sum_{i=0}^{m}a_{k,i}x_k^i$ ($k=1,\cdots,n$)，这 n 个多项式可以相加合成一个 n 元多项式，即 $G(x_1,x_2,\cdots,x_n)=f_1(x_1)+f_2(x_2)+\cdots+f_n(x_n)=\sum_{k=1}^{n}\sum_{i=0}^{m}a_{k,i}x_k^i$。当 $E(f_k(x_k))$ ($k=1,\cdots,n$) 都给定时，求和而成的 n 元多项式表示为

$$E(G(x_1,x_2,\cdots,x_n))=\{E(a_{k,i})|k=1,\cdots,n,i=0,\cdots,m\} \\ =\{E(f_1(x_1)),E(f_2(x_2)),\cdots,E(f_n(x_n))\} \quad (3\text{-}24)$$

7. 多元多项式赋值

在 n 维空间某一点 $(v_1,v_2,\cdots,v_n)$ 处，多元多项式求和中的 n 元多项式 $E(G(x_1,x_2,\cdots,x_n))$ 的赋值计算为 $E(G(v_1,v_2,\cdots,v_n))=\prod_{k=1}^{n}E(f_k(v_k))$。

3.6.3 半诚实模型下的重复元组匹配

在分布式数据库应用中经常要寻找各个属性值都相等的重复元组。元组(tuple)是关系型数据库中二维表中的一行记录。本节考虑以水平分割方式分布在 N 个不同地方的数据库，每一方以 $P_i(i=0,1,\cdots,N-1,N\geq 2)$ 指代。各方有 S 个元组，以 $T_i=\{T(i,j)\,|\,j=1,2,\cdots,s\}$ 指代。其中，每个元组存在 $M(M\geq 2)$ 个属性，以 $T(i,j)=(T(i,j)_1,\cdots,T(i,j)_M)$ 指代。

定义 3-5 保护隐私的重复元组匹配(privacy-preserving duplicate tuple matching, PPDTM)：每一方 P_i 需要判断库中每个元组 $T(i,j)$ 是否在其他方的库中有匹配，也就是判断该元组是否满足 $T(i,j)\in T_i\cap\left(\bigcup_{i'=0,\cdots,N-1,i'\neq i}T_{i'}\right)$。在判断结束后，它不能获得判断结果以外的任何信息。

解决 PPDTM 问题可以使用加密的多项式操作。将元组 $T(i,j)$ 表示为数值 $T(i,j)_1\|\cdots\|T(i,j)_M$（其中"$\|$"表示字符串连接）后，$P_i$ 方可使用以下的元组多项式 f_i 来代替他的元组集 T_i：$f_i=(x-T(i,1))\cdots(x-T(i,S))\bmod\mathcal{N}$，即该多项式的根集就是元组集，其中的模运算使 f_i 的每个系数都属于 $\mathbb{Z}_\mathcal{N}$，从而能够被定义于 $\mathbb{Z}_\mathcal{N}$ 的加密方案加密，得到 $E(f_i)$。

如果 $T(i,j)$ 在某个 $J_{i'}(i'\neq i)$ 方的库中有匹配，多项式 $G_i=\prod_{i'\in\{0,\cdots,N-1\},i'\neq i}f_{i'}$ 在 $T(i,j)$ 处的赋值就是 0。如果他在任何方都无匹配，多项式 G_i 的赋值就有可能泄露其他方的元组，因此需要对该赋值结果进行随机化，即便结果被解密，也不能推测出其他方的元组值。考虑这两种情况的需求，可将多项式 G_i 随机化为如下多项式 F_i：

$$F_i=G_i\sum_{k=0}^{N-1}r_{i,k}=\left(\prod_{i'=(i+1)\bmod N}^{(i+N-1)\bmod N}f_{i'}\right)r \tag{3-25}$$

式中，所有 r 都是 $\mathbb{Z}_\mathcal{N}$ 上的随机数。

因此，PPDTM 问题的解决方案需要考虑以下几点。

(1) P_i 方只能在不解密其他方元组多项式的情况下计算 F_i。
(2) P_i 方不能解密 F_i，否则可通过多项式分解获知其他方的元组值。
(3) P_i 方只能对 F_i 的赋值进行解密。
(4) F_i 的赋值解密后，必须是 0(表示有匹配)或随机数(表示无匹配)，P_i 方不能通过这些随机数来推断其他方的元组值。

其中，(1)和(2)可通过加密多项式的基本操作来完成。(3)可使用门限加密，需要解密的数值只有在各参与方达成一致的情况下才能进行解密。(4)要求 F_i 也可以满足，当 $T(i,j)$ 无匹配的时候，F_i 在 $T(i,j)$ 处的赋值在随机数 r 的作用下，也将是一个均匀分布在 $\mathbb{Z}_\mathcal{N}$ 上的随机数。因为是均匀分布，该赋值等于 0 的概率非常小，所以误判该元组有匹配的可能性也很小。P_i 方通过解密可以获取多个随机数，但不能通过这些随机数的组合来推断其他方的元组值。

以下协议给出了解决 PPDTM 问题所需的各参与方的详细步骤。

输入：数据库以水平分割的方式存储于 N ($N\geq 2$)方。每个参与方 P_i 有 S 个私密元组，

即 $T(i,j)$ ($i=0,1,\cdots,N-1$, $j=1,2,\cdots,s$)。各参与方采用门限 Paillier 加密方案，每个参与方都拥有公钥以及参与门限解密的私钥。

输出：每个参与方 P_i 都知道自己的元组是否属于集合 $T_i \cap \left(\bigcup_{i'=0,\cdots,N-1, i' \neq i} T_{i'} \right)$。

详细步骤如下。

(1) 对于所有 $i=0,1,\cdots,N-1$，重复以下步骤。

① P_i 计算加密多项式 $E(f_i)$，其中，$f_i=(x-T(i,1))\cdots(x-T(i,S)) \bmod N$，设定 $E(g_{i,0})=E(f_i)$，然后发送 $E(g_{i,0})$ 给 $P_{(i+1) \bmod N}$。

② 对于所有 $k=1,2,\cdots,N-2$，重复以下步骤。

a. $P_{(i+k) \bmod N}$ 使用自己的 $f_{(i+k) \bmod N}$ 和得到的 $E(g_{i,k-1})$，计算加密的多项式相乘 $E(g_{i,k})=E(g_{i,k-1}f_{(i+k) \bmod N})$。

b. $P_{(i+k) \bmod N}$ 将 $E(g_{i,k})$ 广播给所有参与方。

(2) 所有参与方都获得了 N 个加密多项式 $E(g_{i,(i+N-2) \bmod N})=E\left(\prod_{i'=i}^{(i+N-2) \bmod N} f_{i'} \right)$，其中，$i=0,1,\cdots,N-1$。令 $E(G_i)=E(g_{(i+1) \bmod N,(i+N-1) \bmod N})$，在半诚实模型中，$P_i$ 只需要使用 $E(G_i)$。P_i 将 $E(G_i)$ 对每个元组 $T(i,j)$ 赋值。

(3) J_i 将 S 个赋值结果 $E(G_i(T(i,j)))$ ($j=1,2,\cdots,S$) 广播给所有参与方。

① 所有其他参与方 P_k ($k \neq i$) 生成 S 个随机数 $r_{i,j,k} \in_R \mathbb{Z}_N$ ($j=1,2,\cdots,S$)，计算 $E(G_i(T(i,j))r_{i,j,k})$，并将其发送至 J_i。

② P_i 利用接收到的 S 个值计算 $Y(i,j)=E(G_i(T(i,j))\sum_{k \neq i} r_{i,j,k})$，$Y(i,j)$ 就是 F_i 在 $T(i,j)$ 处赋值的加密。

(4) P_i 在其他 $N-1$ 个参与方的协助下解密 S 个 $Y(i,j)$ ($j=1,2,\cdots,S$)。P_i 做以下判断：如果解密结果为 0，则 $T(i,j)$ 有匹配；如果解密结果不为 0，则 $T(i,j)$ 无匹配。

3.7 恶意模型中的安全多方计算

在恶意模型中，构造安全多方计算协议的基本思想是预防恶意参与方对计算过程的任意篡改，首先使用零知识证明强制每个参与方在不泄露计算数值的前提下证明自身完成了所要求的计算。在不同恶意模型下的安全多方计算问题中，根据要求在协议的每个步骤中构造零知识证明。因此，恶意模型下的安全多方计算协议按照以下两个主要步骤进行。

(1) 构造半诚实模型下的安全多方计算协议。

(2) 对上述半诚实模型下的安全多方计算协议中可能存在的恶意行为进行分析，针对每个行为构造零知识证明。

因此，在恶意模型中的安全多方计算协议就是将半诚实模型下的安全多方计算协议

与各种零知识证明进行模块组合。复杂的零知识证明一般情况下由一些最基本的零知识证明协议组合而成,例如,乘法正确的证明(proof of correct multiplication, POCM)由 POCM$\{\alpha\,|\,C_a=E(a),C_\alpha=E(\alpha),D=E(a\alpha)\}$ 表示,其中,证明者 P 和验证者 V 共同拥有 $E(a)$,证明者 P 向验证者 V 发送一个加密的 D,并证明 $D=E(a\alpha)$ 以及其知道 α 的值,但不向验证者 V 泄露 α 的值。一个含有多个参与方的 POCM(即其中包含一个证明者 P 和多个验证者 V)可以通过利用无随机预言的 Σ-协议实现。Σ-协议一般只包括证明者 P 和验证者 V 两方,通过承诺(commitment)、挑战(challenge)、应答(response)三步,证明者 P 向验证者 V 证明其知道某个秘密,但并不向 V 透露该秘密的内容。

3.7.1 加密多项式操作正确性证明

为了确保恶意参与者无法篡改计算过程,必须对加密多项式的操作进行正确性证明。以下将介绍如何构建这些证明,以增强协议的安全性。

1. 正确多项式相乘的证明

正确多项式相乘的证明(proof of correct polynomial multiplication, POCPM)一般通过 POCPM$\{f(x)\,|\,E(f(x)),E(g(x)),E(f(x)g(x))\}$ 表示,也就是说,给出一个常见的多项式 $E(g(x))$,其中 $g(x)=\sum_{j=0}^{n}b_jx^j$,证明者 P 向验证者 V 证明其知道 $f(x)=\sum_{j=0}^{m}a_jx^j$ 并且能够正确地计算 $E(f(x)g(x))=E\left(\sum_{k=0}^{m+n}c_kx^k\right)$。在加密多项式相乘操作的基础上,$E(c_k)=E(a_0b_k+a_1b_{k-1}+\cdots+a_kb_0)$,POCPM 构建步骤的描述如下。

第一步,证明者对于所有 $k=0,\cdots,m+n$,$i=0,\cdots,k$,通过 POCM$\{a_i\,|\,E(a_i),E(b_{k-i}),D_{k,i}=E(a_ib_{k-i})\}$ 证明其知道 a_i,并且得到 $D_{k,i}=E(a_ib_{k-i})$,其中,如果 $i>m$ 或者 $k-i>n$,则 $i=0$ 或者 $k-i=0$。

第二步,对于所有 $k=0,\cdots,m+n$,验证者都须计算 $E(c_k)=\prod_{i=0}^{k}D_{k,i}$。

从以上的描述可以看出,POCPM 是在多个 POCM 的基础上构造而来的。

2. 正确多项式赋值的证明

正确多项式赋值的证明(proof of correct polynomial evaluation, POCPE)可以通过 POCPE$\{v\,|\,E(f(x)),E(f(v))\}$ 进行表示,也就是说,给出一个多项式 $E(f(x))$,其中 $f(x)=\sum_{j=0}^{m}a_jx^j$,证明者 P 能够向验证者 V 证明其正确地计算了在 v 处赋值的加密多项式 $E(f(v))$。在实际的构建过程中,首先,证明者证明其已经正确地计算了 $E(v^j)$,$j=2,\cdots,m$;然后,证明其也计算了多项式 $E(a_jv^j)$,$j=1,\cdots,m$。因此,POCPE 的构建步骤描述如下所示。

第一步，对于所有的 $j = 2, \cdots, m$，证明者首先证明 POCM$\{v^j \mid E(v), E(v^{j-1}), E(v^j)\}$。

第二步，对于所有的 $j = 1, \cdots, m$，证明者证明 POCM$\{v^j \mid E(a_j), E(v^j), E(a_j v^j)\}$。

第三步，验证者计算在 v 处赋值的加密多项式 $E(f(v)) = \prod_{j=0}^{m} E(a_j v^j)$。

3. 正确多项式构造的证明

正确多项式构造的证明(proof of correct polynomial construction, POCPC)可以通过 POCPC$\left\{a_1, \cdots, a_m \mid E(a_1), \cdots, E(a_m), E(f(x)) = E\left(\prod_{j=1}^{m}(x - a_j)\right)\right\}$ 表示，这意味着证明者能够证明其知道 $E(f(x)) = E\left(\prod_{j=1}^{m}(x - a_j)\right)$ 的 m 个根。POCPC 能够通过 $m-1$ 轮 POCPM 的构建来完成，具体的步骤描述如下。

第一步，证明者可以通过使用已知明文的证明(proof of knowing plaintext)来证明其知道 a_1。然后，证明者与验证者定义 $E(g_1(x)) = E(x - a_1) = \{E(1), E(-a_1)\}$。

第二步，对于所有的 $j = 2, \cdots, m$，证明者通过使用 POCPM$\{a_j \mid E(x - a_j), E(g_{j-1}(x)), E(g_j(x))\}$ 证明其正确地计算了 $E(g_j(x)) = E(g_{j-1}(x)(x - a_j))$。

3.7.2 恶意模型下的重复元组匹配

恶意模型下的保护隐私重复元组匹配协议步骤如下。

(1) 对于所有的 $i = 0, \cdots, N-1$，执行如下操作。

① 参与方 P_i 计算多项式 $E(f_i)$，并广播 $E(g_{i,0}) = E(f_i)$，然后使用 POCPC$\{T(i,j), j = 1, \cdots, S \mid E(T(i,j), j = 1, \cdots, S, E(f_i)\}$ 向其他参与方证明其知道加密多项式的根。

② 对于所有的 $k = 1, \cdots, N-2$，执行如下操作。

a. $P_{(i+k) \bmod N}$ 计算 $E(g_{i,k}) = E(g_{i,k-1} f_{(i+k) \bmod N})$。

b. $P_{(i+k) \bmod N}$ 广播 $E(g_{i,k})$，并通过使用下面的公式向其他参与方证明其正确地完成了加密多项式的相乘操作：POCPM$\{f_{(i+k) \bmod N} \mid E(f_{(i+k) \bmod N}), E(g_{i,k-1}), E(g_{i,k})\}$。

(2) 对于所有的 $i = 0, \cdots, N-1$，各参与方分别取得 $E(g_{i,(i+N-2) \bmod N})$，其中，设定 $E(G_i) = E(g_{(i+1) \bmod N, (i+N-1) \bmod N})$。对于所有的元组 $j = 1, \cdots, S$，每一个参与方 P_i 将 $T(i,j)$ 赋值给 $E(G_i)$，再使用 POCPE$\{T(i,j) \mid E(T(i,j)), E(G_i), E(G_i(T(i,j)))\}$ 向其他参与方证明其赋值操作的正确性。

(3) 对于所有的 $i = 0, \cdots, N-1$，分别重复执行以下操作。

① 对于所有的元组 $j = 1, \cdots, S$，其他所有的参与方 $P_k (k \neq i)$ 都产生一个 $r_{i,j,k} \in \mathbb{Z}_\mathcal{N}$，并计算 $E(G_i(T(i,j)) r_{i,j,k})$，然后将结果发送给参与方 P_i，并且使用 POCM$\{r_{i,j,k} \mid E(r_{i,j,k}), E(G_i(T(i,j))), E(G_i(T(i,j)) r_{i,j,k})\}$ 向其证明正确地执行了乘法操作。

② 参与方 P_i 计算 $Y(i,j) = E(G_i(T(i,j))\sum_{k \neq i} r_{i,j,k})$。

③对于所有 $j=1,\cdots,S$，参与方 P_i 将 $Y(i,j)$ 进行解密。若解密值是 0，说明 $T(i,j)$ 在其他参与方中存在匹配；否则，表示 $T(i,j)$ 在其他参与方中无匹配。

本 章 小 结

本章探讨了可用于计算的同态加密体制以及安全多方计算的相关理论模型和实际应用。根据密文支持的计算操作，同态加密分为半同态(加法同态和乘法同态)、部分同态和全同态加密体制。安全多方计算是指多方参与者根据各自的私密输入执行算法，以确保正确输出，同时保护输入信息的隐私。同态加密可广泛应用于构建安全多方计算方案。安全多方计算方案的构建还需要考虑攻击者模型和信道模型。对于恶意的攻击者模型，零知识证明是有效的预防手段。

本章还从实际问题出发，介绍了多个安全多方计算的应用实例，包括经典的百万富翁协议、不经意传输协议以及半诚实模型下的基本代数问题、电路赋值协议等。对于恶意模型下的安全多方计算问题，也介绍了相关零知识证明的构建方法。本章介绍的安全多方计算相关基本概念、理论模型、应用实例，可为读者解决更广泛领域中的安全多方计算问题提供思路和框架。

习 题

1. 举例说明安全多方计算的应用。
2. 在 ElGamal、Paillier、Goldwasser-Micali 加密体制中任选一种编程实现，并评测其性能。
3. 安全多方计算中攻击者模型有哪些？它们有什么区别？
4. 什么是零知识证明？举例说明它的作用。
5. 什么是不经意传输协议？它有什么作用？
6. 什么是电路赋值协议？如何实现电路赋值？
7. 如何在半诚实模型中实现安全两方集合的交集运算？在此基础上，如何在恶意模型中实现安全两方集合的交集运算？

第4章 非密码学的隐私保护技术

非密码学隐私保护方法通常采用非加密的方法来隐藏原始数据中的敏感信息,因此也称为数据脱敏(data sanitization)。此类方法主要通过选择性地修改数据信息来实现,其隐藏效果需要在执行完毕后进行检验。数据脱敏的概念也可扩展至知识脱敏,即针对敏感规则进行脱敏。这些方法广泛应用于集中式数据集的隐私保护,其核心目标是在防止数据分析技术揭露特定属性确切值的同时,保持数据的统计分析功能。实现这一目标的主要策略包括对数据记录进行扰动和屏蔽,以及采用数据匿名化、数据交换、数据抽样和差分隐私等技术。

本章将讨论设计和实现各种非密码学的隐私保护技术。

4.1 数据随机化技术

数据随机化技术的核心思想是利用各种数据扰乱(data distortion)方法来创建数据记录的隐私表示。使用符合某种分布的随机方法给数据加入噪声来掩盖记录的属性值,在加入的噪声足够大的情况下,单个数据记录将无法恢复,但从随机化的数据中仍可能推导出数据原始分布。

随机化技术通过在原始数据中引入随机噪声并发布经过扰动的数据来保护隐私。然而,并非所有随机化处理都能确保数据和隐私的安全,因为通过概率模型分析,往往能揭示随机化过程的多个特征。随机化技术主要分为随机扰动(random perturbation)和随机化应答(randomized response)两种。

随机化技术的基本思想可以描述如下:考虑一个有 N 条记录的数据集,记为 $X = \{x_1, \cdots, x_N\}$。对于每条记录 $x_i \in X$,引入一个由概率分布 $Y(y)$ 产生的噪声。每条记录的噪声是独立生成的,记为 $y_1, \cdots, y_N$。因此,经过变换的记录集可以表示为 $x_1 + y_1, x_2 + y_2, \cdots, x_N + y_N$,用 $z_1, \cdots, z_N$ 表示。通常假定所增加的噪声方差较大,这使得从扰动后的数据中推断原始记录变得困难,即不可能恢复原始记录,但原始记录的分布特征是可以恢复的。

本节将介绍数据随机化的若干技术方法,包括加法型随机扰动(additive randomization)、乘法型随机扰动(multiplicative randomization)和随机化应答等。

4.1.1 加法型随机扰动

加法型随机扰动是一种直观的隐私保护技术,其核心思想是采用加法策略在原始数据集中添加噪声。

加法型随机扰动方法可以形式化为以下过程：设 X 为一个包含 N 项独立记录的数据集，即 $X=\{x_1,x_2,\cdots,x_N\}$。对 X 中的每一项记录 $x_i \in X$，引入一个服从概率分布 $Y(y)$ 的随机变量 y_i，并且 $y_1,y_2,\cdots,y_N$ 相互独立。通过将这些随机变量加到原始记录上，即计算 x_i+y_i，可以得到一个新的扭曲数据集 $Z=\{z_1,z_2,\cdots,z_N\}$，其中，$z_i=x_i+y_i$，$i=1,2,\cdots,N$。通常，这些随机变量 y_i 设计为具有较大的方差，以确保在扰动后，原始数据集中的具体记录难以识别，即无法恢复原始记录，而原始数据集的分布特性可以恢复。

加法型随机扰动方法通过随机化机制对敏感数据进行修改，以实现数据隐私保护。一种基础的加法型随机扰动模型可参照表 4-1 的描述。

表 4-1 随机扰动与重构过程

随机扰动过程	输入	原始数据为 $x_1,x_2,\cdots,x_N$，服从未知分布 X
		扰动数据为 $y_1,y_2,\cdots,y_N$，服从特定分布 Y
	输出	随机扰动后的数据：$x_1+y_1,x_2+y_2,\cdots,x_N+y_N$
重构过程	输入	随机扰动后的数据：$x_1+y_1,x_2+y_2,\cdots,x_N+y_N$
		扰动数据的分布 Y
	输出	原始数据的分布 X

外部观察者只能访问经过扰动的数据集 Z，这有效地隐蔽了原始数据值。尽管如此，扰动后的数据集 Z 仍然保留了原始数据集 X 的分布特征，因此，通过重构过程(表 4-1)可以恢复原始数据集 X 的分布信息，原始数据集中的具体值 $x_1,x_2,\cdots,x_N$ 则无法恢复。

加法型随机扰动方法允许在保护原始数据隐私的同时，执行多种数据挖掘任务。通过在数据中引入随机扰动并重构，得到的新数据集的分布与原始数据集的分布非常接近。利用这种重构后的数据集，可以有效地训练决策树分类器，并确保分类器的性能。在关联规则的发现过程中，可以添加大量的虚假项来隐藏真实的频繁项集，随后在扰动后的数据中寻找频繁项集，进而挖掘出有价值的关联规则。此外，随机扰动技术也适用于联机分析处理(online analytical processing, OLAP)环境，以增强数据隐私保护。

4.1.2 乘法型随机扰动

加法型随机扰动是隐私保护数据挖掘中常用的方法，而乘法型随机扰动同样在隐私保护中发挥着重要作用。多维投影方法通过降低数据维度而演化出许多技术，这些技术在保持记录间距离的同时，使得变换后的数据适用于多种数据挖掘应用。然而，无论是加性还是乘性扰动，都不能完全抵御恶意攻击。总体来说，如果攻击者事先不具备数据的相关知识，攻击变换的隐私相对困难；但如果攻击者具备相关知识，他们可以采取以下两种攻击方式。

已知输入输出攻击：攻击者知道记录的线性不相关子集和它们相应的扰动后的版本，这种情况下，攻击者可以使用线性代数技术通过逆向工程得出隐私保护变化方法。

已知样本攻击：攻击者有原始数据同一次发布的相互独立的样本，这种情况下，可以通过主成分分析技术重构原始数据行为。

首先，介绍本节使用的符号，然后详细说明三种乘性扰动方法及其基本特点。

1. 相关符号

在隐私保护数据挖掘中，部分或整个数据集需要被扰动后导出。例如，在分类中，可能要导出训练数据集和测试数据集；在聚类中，整个数据集都会被导出。假设 X 是导出的数据集，包含 N 行(记录)和 d 列(属性或维)。为了表示方便，使用 $X_{d \times N}, X = [x_1, x_2, \cdots, x_N]$ 表示数据集，数据集的每一列 $x_i(1 \leq i \leq d)$ 是一个数据元组，表示实数空间 $\mathbb{R}^d$ 中的向量。在分类中，每个这样的数据元组 x_i 属于一个预先定义的类，由类标签属性 y_i 给出。类标签一般不视为隐私，可以公开。为了方便表示，用 $\boldsymbol{X}$ 表示 d 维随机向量，即 $\boldsymbol{X} = [X_1, X_2, \cdots, X_d]^{\mathrm{T}}$。习惯上，用黑体斜体字母表示向量和矩阵，用斜体字母表示普通变量(随机变量)。

2. 旋转扰动

旋转扰动不仅包括传统的"旋转"扰动，也包括所有正交的扰动。旋转扰动定义如下：

$$G(X) = \boldsymbol{R}X \tag{4-1}$$

矩阵 $\boldsymbol{R}_{d \times d}$ 是正交矩阵，并具有以下属性。用 $\boldsymbol{R}^{\mathrm{T}}$ 表示 $\boldsymbol{R}$ 的转置，r_{ij} 表示 $\boldsymbol{R}$ 的第 (i,j) 个元素，并且 $\boldsymbol{I}$ 表示单位矩阵。$\boldsymbol{R}$ 的行和列是正交的，即对于任意列 $j, \sum_{i=1}^{d} r_{ij}^2 = 1$，并且对任意两列 j 和 k，$j \neq k, \sum_{i=1}^{d} r_{ij} r_{ik} = 0$。对于行有类似的属性。从整个定义可以推断出：

$$\boldsymbol{R}^{\mathrm{T}} \boldsymbol{R} = \boldsymbol{R} \boldsymbol{R}^{\mathrm{T}} = \boldsymbol{I} \tag{4-2}$$

这也意味着改变正交矩阵行或列的顺序，结果仍是正交的。一个随机正交矩阵可以有效生成 Haar 分布。

旋转变换的一个关键特性是在变换过程中，它保持了多维点的欧几里得距离(欧氏距离)。用 $\boldsymbol{x}^{\mathrm{T}}$ 表示向量 $\boldsymbol{x}$ 的转置，并且 $\|\boldsymbol{x}\| = \boldsymbol{x}^{\mathrm{T}} \boldsymbol{x}$ 表示向量 $\boldsymbol{x}$ 的长度。通过旋转矩阵的定义，有

$$\|\boldsymbol{R}\boldsymbol{x}\| = \|\boldsymbol{x}\| \tag{4-3}$$

同样地，内积对旋转也有不变性。用 $\langle \boldsymbol{x}, \boldsymbol{y} \rangle = \boldsymbol{x}^{\mathrm{T}} \boldsymbol{y}$ 表示 $\boldsymbol{x}$ 和 $\boldsymbol{y}$ 的内积，则有

$$\langle \boldsymbol{R}\boldsymbol{x}, \boldsymbol{R}\boldsymbol{y} \rangle = \boldsymbol{x}^{\mathrm{T}} \boldsymbol{R}^{\mathrm{T}} \boldsymbol{R} \boldsymbol{y} = \langle \boldsymbol{x}, \boldsymbol{y} \rangle \tag{4-4}$$

通常，旋转操作不会改变几何结构，例如，在高维空间中，旋转不会影响超平面和超曲面的结构。在分类任务中，许多算法旨在识别如超平面或超曲面这样的几何决策边界，旋转变换确保了这些边界的关键特征得以保留。

旋转扰动可应用于整个数据集 X 或小组的列对，并且对不同的列对应用不同的旋转扰动。

3. 投影扰动

投影扰动是指将一个数据点集从高维空间投影到一个随机选取的低维子空间的技术。用 $\boldsymbol{P}_{k \times d}$ 表示一个投影矩阵，则有

$$G(X) = \boldsymbol{P} X \tag{4-5}$$

它的扰动基本原理是基于 Johnson-Lindenstrauss 引理的。

引理 4-1 对于任意 $0 < \varepsilon < 1$ 和整数 n，k 是一个正整数，且 $k \geq \dfrac{4 \ln n}{\varepsilon^2 / 2 - \varepsilon^3 / 3}$。那么，对于任意 d 维空间 R^d 内含有 n 个数据点的集合 S，有映射 $f: R^d \rightarrow R^k$，对所有的 $x \in S$，

$$(1-\varepsilon)\|x - x\|^2 \leq \|f(x) - f(x)\|^2 \leq (1+\varepsilon)\|x - x\|^2 \tag{4-6}$$

其中，$\|\cdot\|$ 表示向量 2 范数。

引理 4-1 说明对于 d 维欧几里得空间中任意 n 点的集合都可以嵌入到 $O\left(\dfrac{\log n}{\varepsilon^2}\right)$ 维的空间中，且任意两点间的距离保持最小误差。此外，虽然引理 4-1 意味着总是可以找到一个好的投影，大约保持一个特定的数据集距离，但是几何边界仍可能扭曲，因此模型的准确性降低了。因为数据集类型和数据挖掘模型特定属性的不同，所以要找到一个能适用于任意数据集并保持模型准确性的随机映射算法极其有挑战性。

Meyerson 和 Williams 提出一种方法用于生成随机映射矩阵。这个过程可以简单描述如下。用 $\boldsymbol{P}$ 表示映射矩阵，$\boldsymbol{P}$ 的每个输入 $r_{i,j}$ 都是独立同分布的，都服从均值为 0、方差为 σ^2 的分布。行映射定义为

$$G(X) = \dfrac{1}{\sqrt{k}\sigma} \boldsymbol{P} X \tag{4-7}$$

用 x 和 y 表示原始空间内的两个点，u 和 v 分别表示它们的映射。内积在投影扰动下的统计特性可以如下所示：

$$E[u^t v - x^t y] = 0 \tag{4-8}$$

并且

$$\mathrm{Var}[u^t v - x^t y] = \dfrac{1}{k}\left(\sum_i x_i^2 \sum_i y_i^2 + \left(\sum_i x_i y_i\right)^2\right) \tag{4-9}$$

虽然 x 和 y 基于行是不正规化的，但是在实际中基于列，并依靠大的维数 d 和相对较小的 k，方差是可观的。同样地，这个结论可以扩展到距离的关系。因此，应用旋转或投影扰动的映射扰动并不能严格保持距离/内积的不变性，这可能会降低模型的准确性。

4. 基于梗概的方法

基于梗概(profiling)的方法主要用来扰动高维稀疏数据，如文本挖掘和市场购物篮挖

掘的数据集。原始记录 $X=(x_1,\cdots,x_d)$ 的梗概可以定义为一个 r 维的向量 $\boldsymbol{S}=(s_1,\cdots,s_r), r \ll d$，这里：

$$s_j = \sum_{i=1}^{d} x_i r_{i,j} \tag{4-10}$$

其中，随机变量 $r_{i,j}$ 取自 $\{-1,+1\}$，由一个伪随机数生成器生成。

注意，基于梗概的方法服从投影扰动，具有以下两个特点。首先，对于每个梗概的组成数量，也就是 r，不同的记录可能会有所不同，并且要细心控制，目的是为不同记录提供统一的隐私保护测量。其次，对于每个记录，$r_{i,j}$ 是不同的，也没有固定的投影矩阵。

基于梗概的方法在近似原始数据记录点积的计算方面有一些统计特性。用 s 和 t 分别表示原始记录 x 和 y 的梗概，并有相同的组成数量 r。x 和 y 点积的期望如下：

$$E[\langle x,y \rangle] = \langle s,t \rangle / r \tag{4-11}$$

并且以上估计的方差由以下非零初始稀疏向量的输入决定：

$$\mathrm{Var}(\langle s,t \rangle / r) = \left(\sum_{i=1}^{d} \sum_{i=1}^{2d} x_i^2 y_i^2 - \left(\sum_{i=1}^{d} x_i y_i \right)^2 \right) / r \tag{4-12}$$

另外，向量 x 的初始值 x_k 也可以被隐私攻击者估计，并且精度取决于它的方差 $\left(\sum_{i=1}^{d} x_i^2 - x_k^2 \right) / r, k=1,\cdots,d$。方差越大，越能更好地保护初始数据。因此，通过减小 r，隐私保护的水平可能会增加，然而，点积估计的准确性会降低。这个典型的平衡在实践中必须仔细控制。

5. 几何扰动

几何扰动是旋转扰动的增强版，在乘性扰动 $\boldsymbol{Y} = \boldsymbol{R} \times \boldsymbol{X}$ 的基础上引入了加性成分，如随机转换扰动和噪声。几何扰动比简单的基于旋转的扰动更加健壮，能抵御更多攻击。用 $t_{d \times 1}$ 表示一个随机向量，定义转换矩阵如下。

定义 4-1 转换矩阵 如果矩阵 $\boldsymbol{Y} = [t,t,\cdots,t]_{d \times N}$，也就是 $\boldsymbol{Y}_{d \times N} = t_{d \times 1} \mathbf{1}_{N \times 1}^{\mathrm{T}}$，其中，$\mathbf{1}_{N \times 1}$ 是含有 N 个 1 的向量，那么 $\boldsymbol{Y}$ 就是转换矩阵。

设 $\boldsymbol{\Delta}_{d \times N}$ 是随机噪声矩阵，每个元素 ε_{ij} 独立同分布，如高斯噪声 $\mathcal{N}(0,\sigma^2)$。

几何扰动的定义由函数 $G(X)$ 给出：

$$G(X) = \boldsymbol{R}X + \boldsymbol{Y} \tag{4-13}$$

显然，转换扰动不改变距离，对任意一对点 x 和 y，$\|(x+t)-(y+t)\| = \|x-y\|$。和旋转扰动相比，转换扰动保护旋转中心免受攻击，增加了基于独立分量分析(independent components analysis, ICA)的攻击难度，但是，它不保持内积不变。

通过加入适当的噪声 $\boldsymbol{\Delta}$，可以有效抵御基于距离的数据重构知识攻击，因为加入噪声扰动了距离，从而保护扰动免受距离推断攻击。例如，实验表明高斯噪声 $\mathcal{N}(0,\sigma^2)$ 可以有效对抗距离推断攻击。尽管噪声的加入使得数据点之间的距离信息不能完全维持，但低密度的噪声不会很大地改变类的界限或聚类关系。

噪声成分是可选的，如果数据持有者确认原始数据是安全的，并且没人认为数据持有者知道原始数据集中的任何数据，那么几何扰动中的噪声成分可以去掉。

4.1.3 随机化应答

随机化应答技术最初应用于问卷调查领域，旨在解决社会研究中敏感问题的访问难题。当问卷触及参与者的个人收入、消费习惯或非法行为等私密信息时，传统直接提问方法，如"您的年收入是多少？"或"您是否曾经使用过非法药物？"往往导致大多数受访者隐瞒真实情况或拒绝作答，这是因为人们通常不愿意公开透露财务状况或承认违法行为，这大大降低了研究结果的准确性。

随机化应答方法的引入，一方面让研究人员可以采集到公众对敏感课题的情况或态度，另一方面，个别受访者可以保持隐私。该方法的核心思想在于原始信息的拥有者在公布数据前先对其进行扰动处理，这样做的目的是确保攻击者无法以超过某一特定概率水平来确定数据中是否含有某些特定的真实或虚假信息。尽管经过处理的数据失去了其原始的真实性，但当数据集规模较大时，其统计特性和汇聚信息仍然能够较为准确地推断出来。与随机扰动技术相比，随机化应答技术通过一种特定的问答机制间接地向外界披露敏感信息，这种方法适用于处理分类型数据(categorical data)。

随机化应答框架主要分为两大类：相关问题模型和无关问题模型。

1. 相关问题模型

相关问题模型构建在一对与敏感信息相关的对立问题的基础上。

问题 A：你含有敏感值？
问题 B：你不含敏感值？

数据提供者会根据自己的实际情况，随机选择其中一个问题进行回应，这一选择对于询问者来说是不透明的。随着众多数据提供者参与回答，可以通过统计分析估算出具有敏感属性和不具有敏感属性的数据提供者的比例。假设选择问题 A 的概率为 p，回答"是"的比例是 P_Y，实际具有敏感属性的数据提供者比例是 P_A，那么它们满足式(4-14)：

$$P_Y = pP_A + (1-p)(1-P_A) \tag{4-14}$$

通过式(4-14)，结合对所有回答汇聚分析得到的 P_Y 以及已知的选择概率 p，可以推算出真正拥有敏感信息的数据提供者的比例 P_A。由于 p 是设定的参数，如果 $p=0.5$，会导致分母为 0 而无法计算 P_A；如果 $p=1$，则等同于直接询问敏感问题。因此，为了获得有意义的结果，p 通常选择 0.5~1 的值。

在整个操作过程中，由于询问者无法识别个别回答者选择的具体问题，因此也就无法确定每个数据提供者是否实际拥有敏感数据。

举例说明：

假设某大学需要开展一项针对学生考试违规行为分析的研究，研究人员为了获得学生中曾有考试作弊行为的比例,在调查问卷中设计了如下问题:"请问你是否在今年的期末考试中有作弊行为?"

假设人群划分为两个类别:群体 A 和群体 B。研究人员的目标是确定群体 A 在总人口中所占的比例。为了实现这一目标,可以采用特殊的随机化工具,即一个分成两个部分的圆盘,每个部分代表一个群体。圆盘上有一个指针,受访者在调查者的监督之外旋转这个指针,指针最终指向的扇区将决定受访者的回答(例如,如果指针指向群体 A,那么属于群体 A 的受访者回答"是",属于群体 B 的受访者则回答"否")。由于调查者不了解指针的具体落点,因此无论受访者给出哪种回答,调查者都无法确定受访者的真实群体归属,从而确保了受访者的隐私安全。

2. 无关问题模型

在相关问题模型中,受访者无论抽到任何一个选项,都需要回答敏感问题。为更有效降低受访者的焦虑,可以采用无关问题模型。在这种方法下,提问者向受访者提供两个问题。

问题 A:你是否含有敏感值?
问题 B:你是否含有非敏感值?

问题 A 是敏感问题,问题 B 是非敏感问题。受访者在提问者不知情的情况下通过抽签方法决定需要回答哪一个问题,由此保障隐私。

数据持有者基于他们所掌握的信息,随机选择一个问题来回答,这一选择对询问者是不透明的。随着众多数据持有者参与回答,可以统计分析出具有敏感信息的个体比例以及没有敏感信息的个体比例。设定选择问题 A 的概率是 p,回答"是"的比例为 P_Y,P_A 是含有敏感值的数据持有者的比例,P_B 是含有非敏感值的数据持有者比例,那么它们满足式(4-15):

$$P_Y = pP_A + (1-p)P_B \tag{4-15}$$

通过式(4-15),结合对所有回答汇聚分析得到的 P_Y,已知选择概率 p 和 P_B,可以推算出真正拥有敏感信息的数据持有者的比例 P_A。

举例说明:

假设某大学需要开展一项针对学生考试违规行为分析的研究,研究人员为了获得学生中曾有考试作弊行为的比例,可以先在两张纸上各写上一个问题:"你是否试过考试作弊?"和"你的学生编号最后一位数字是否为 1?"研究人员准备 10 支木棒,其中 7 支是尖的,3 支是圆的,放在黑布袋里。在访问时向受访者展示两个问题,然后要求受访者伸手进入布袋随机选一支木棒,若抽得尖的木棒便回答有关作弊的问题,抽得圆的木棒便回答有关学生编号的问题。无论如何,受访者只需答"是"或"否",无须回答抽到什么木棒。

经随机抽样搜集足够资料后,研究人员知道回答"是"的比例(P_Y)为 0.2;另外,受访者抽得尖木棒的概率为 0.7。因为学生编号是顺序分配的,任何一个学生的编号最后一位数字为 1 的概率是 0.1,那么曾考试作弊的学生比例约为 0.24。

随机化应答方法可应用于数据挖掘等领域。例如，MASK(mining associations with secrecy konstraints)算法基于随机化应答技术开展布尔型关联规则挖掘，它利用预先定义的分布函数产生随机数并对原始数据进行扰动；数据使用者基于扰动数据，结合应答信息对数据进行重构，在此基础上，估计出项集的支持度从而找出频繁项集。

随机化应答技术也存在一些局限性，例如：

(1) 方法比较复杂，教育程度低的受访者可能难以明白过程的意义。

(2) 当有其他人在场时，受访者可能不会如实作答。上述有关考试作弊调查的例子中，受访者因担忧隐私泄露，无论抽到任何木棒都可能回答有关学生编号的问题。

4.1.4 阻塞与凝聚

随机化应答技术的一个主要缺点是它需要为每个不同的应用场景设计特定的算法来处理转换后的数据。为了解决这个问题，一些研究人员提出了凝聚(condensation)技术，该技术将原始数据记录分组，每组包含 k 条记录的统计信息，如每个属性的平均值、协方差等。之后，使用凝聚技术处理的数据可以通过一些算法来重构。因为组内的 k 条记录都是不可区分的，重构后的记录不会泄露原始记录的隐私。

阻塞(blocking)技术通过不发布某些特定数据来实现隐私保护，以满足有些应用更倾向于基于真实数据进行分析的需求。阻塞技术使用不确定的符号(如"？")来代替某些特定的值，例如，通过引入 {0,1} 之外的不确定符号"？"，可以隐藏布尔型关联规则。但应用不确定符号后，某些项集的计数也将变得不确定。因此，隐藏这些敏感关联规则的关键在于在尽量少地屏蔽数据值的同时，将敏感关联规则的支持度和置信度控制在预定的阈值以下。

4.2 数据匿名化技术

数据匿名化通过去除或加密姓名、社会保障号码等显式标识符，有效地保护了个人信息的安全。目前，数据匿名化的研究主要集中在两大方向：一是探索更安全的匿名化模型；二是针对特定的匿名化模型，设计更为高效的匿名化算法。

4.2.1 数据匿名化基本原则

在数据匿名化的研究中，通常要求所处理的数据对象具备真实性和可靠性，即数据拥有者提供给数据收集者的信息应当是真实可信的。同时，数据收集者若作为数据发布者，在接收到这些数据后，应当避免对其进行任何形式的隐私攻击。

数据匿名化通常处理数据表形式的原始数据(如企业员工信息、医疗记录等)，数据表中每条记录(或行)代表一个个体，它一般拥有多个属性，这些属性可划分为以下四类。

显式标识符(explicit identifier)：此类属性能够唯一确定出一个特定个体，从而具有身份标识作用，如身份证号码、姓名等。

准标识符(quasi-identifier, QID)：此类属性单独看来可能不具有唯一标识性，但当它们组合起来时，能够间接地唯一标识个体，例如，邮编、出生日期和性别等属性的组合，便可能构成准标识符。

敏感属性(sensitive attribute)：这些属性包含个体的隐私信息，如薪资水平、疾病诊断结果等。

非敏感属性(non-sensitive attribute)：上述三类属性之外的所有其他属性。

以表 4-2 为例，这是一张记录员工收入的原始数据表，其中每一条记录均对应一名员工。在该表中，{"姓名"}作为能够直接识别个体的属性，归类为显式标识符；{"年龄"，"性别"，"邮编"}这三个属性，尽管单独看来并不足以唯一确定个体身份，但组合起来却可能实现这一目标，因此视作准标识符。同时，{"月收入"}这一属性由于涉及个人隐私，归类为敏感属性。此外，若表 4-2 中还存在其他非准标识符属性，且这些属性并不包含个体的隐私信息，则它们被划分为非敏感属性。在表 4-3 中，则删除了{"姓名"}这一显式标识符，并对准标识符属性进行了相应的匿名化处理。

表 4-2 原始数据

姓名	年龄/岁	性别	邮编	月收入/元
李杰	24	M	1005	8000
王辉	23	M	1007	6000
赵磊	39	M	2008	10000
周宇	37	M	2001	7000

表 4-3 匿名化数据

年龄/岁	性别	邮编	月收入/元
[21,25]	M	100*	8000
[21,25]	M	100*	6000
[36,40]	M	200*	10000
[36,40]	M	200*	7000

在实际应用中，采用匿名化方法的主要目标之一是防御基于背景知识的隐私攻击(background knowledge attack)。这类攻击者不仅拥有已发布的匿名化数据表，还可能通过其他途径获取关于攻击目标的部分信息。攻击者可能获取到的关于发布数据的所有信息统称为背景知识。通常情况下，假定攻击者可以掌握攻击目标的准标识符属性，如年龄、性别、邮政编码等。例如，2017 年美国近 2 亿选民的数据信息泄露，该数据库中可查询选民的姓名、生日、家庭住址、电话号码、选民登记信息、种族和宗教信仰等信息，因而极易被用作背景知识来施展攻击。

数据匿名化过程常使用以下三种基本操作。

泛化(generalization)：对 QID 中的属性具体取值进行处理，采用更宽泛、抽象的值来替代原始值。这一操作通常需要先构建 QID 属性的泛化层次树，对于不满足隐私保护要求的取值，可以选用其层次树中的某个上级节点值进行替代。根据隐私保护的需求，可以采用全局编码方案，例如，所有记录在同一属性上采用同一种泛化方案或层次树的同一层(即全域泛化)；也可以采用局部编码方案，例如，不同记录在同一属性上采用独立的泛化方案(即单元泛化)。此外，根据泛化属性的数量，还可以分为单维泛化和多维泛化。表 4-3 中，年龄泛化为[21,25]和[36,40]两个间隔，邮编都泛化了最后一位数字。

压缩(suppression)：压缩技术是对不满足隐私保护要求的数据项进行删除，即不发布这些数据项。压缩可以看作一种极端泛化，即泛化到了该属性对应的层次树树根节点。过度的压缩也会影响数据的可用性，因此在实际应用中，通常需要对压缩的数据项数量设置上限。

切分(anatomy)：泛化和压缩都可能带来数据缺损问题，而切分技术不改变 QID 和敏感属性的实际值，只是通过降低 QID 与敏感属性之间的联系来实现隐私保护。数据发布者会将待发布的数据集切分成两个表：包含 QID 的表和包含敏感属性的表，并通过一个共同的属性——匿名组 ID 进行关联。然而，数据接收者在使用数据时，通过对这两个分割的表进行连接会产生多余的记录，且该方法也不适用于连续的数据发布场景。后来切分技术得到了改进，先基于原始数据生成符合 k-匿名(k-anonymity)、l-多样性(l-diversity)等原则的数据划分，随后将结果切分为两张数据表进行发布。一张表详细记录每条数据记录的 QID 属性值及其所属匿名组 ID，另一张表则包含匿名组 ID、每个匿名组中敏感属性值的分布及其计数。这种方式确保了发布的数据严格遵循 k-匿名、l-多样性等原则，从而实现对敏感数据的有效保护。

4.2.2 数据匿名化中的典型隐私保护模型

在数据匿名化过程中，为了有效保护用户的隐私，研究者提出了多种模型。下面将介绍其中几种典型的隐私保护模型，包括 k-匿名、l-多样性和 t-相似性(t-closeness)。

1. k-匿名

k-匿名模型是一种旨在避免身份识别的隐私保护机制，其目的在于抵御攻击者利用先验背景知识对发布数据集中的记录进行匹配，进而识别目标对象的真实身份并暴露其隐私信息。举例来说，即便尝试通过压缩表 4-2 中的"姓名"属性来降低识别风险，攻击者仍可能利用记录链接攻击技术，结合{39, M, 2008}等属性值组合来识别出赵磊的身份，并获取其收入记录。

在大多数情况下，攻击者会利用准标识符作为背景知识发动记录链接攻击。因此，k-匿名模型的核心策略在于通过泛化数据集中 QID 属性的值，确保数据表中的每一条记录在 QID 取值上都无法与其他至少 $k-1$ 条记录相区分。假使攻击者从某个公开数据库中获得了赵磊的 QID 属性值(年龄、性别、邮编等)，当他试图在表 4-3 上发起记录链接攻击时，他会发现有两个人的泛化信息都符合他的背景知识，却无法进一步推断赵磊的真实薪资。

k-匿名使攻击者无法唯一确定任一条记录，从而实现隐私保护的目标。这些无法相互区分的 k 条或 k 条以上记录称作等价类(equivalence class)或匿名组。通常而言，k 值的大小与隐私保护效果呈正相关，但相应地，与数据有用性呈负相关。表 4-3 展示了表 4-2

中原始数据经过匿名化处理后的结果，其满足2-匿名的原则。

k-匿名模型有效降低发布数据遭受记录链接攻击的风险至$1/k$，然而，该模型的不足之处在于未对等价类内部的敏感属性施加任何限制。因此，若某个等价类内的敏感值相同或某些敏感值出现频率过高，攻击者便无须精确匹配攻击目标在数据集中的记录，仅凭目标所在的等价类即可以较高概率正确推测其敏感属性的取值，从而引发隐私泄露风险。这种攻击方式称为一致性攻击(homogeneity attack)。为应对此类挑战，研究者进一步提出了l-多样性和t-相似性两种隐私保护模型。

2. l-多样性

l-多样性的核心理念在于降低攻击者凭借背景知识推测目标对象在公开数据集中敏感属性可能取值的准确性。为实现这一目标，数据发布者须确保每个等价类中敏感属性的取值具备足够的多样性，即每个等价类至少要包含l个不同的敏感属性值。这样一来，攻击者最多只能以$1/l$的概率确定攻击目标的敏感信息，从而增强了隐私保护效果。表4-3中每个等价类中均包含2个不同的敏感属性值，因此该表中数据满足2-多样性要求。

此外，l-多样性还有多种变体形式，例如，基于熵的l-多样性和递归(c,l)-多样性。

基于熵的l-多样性：若每个等价类的熵值满足条件$\text{Entropy}(E) > \log l$，则所发布的数据集可视为满足基于熵的$l$-多样性。此处，等价类的熵值定义为敏感属性各取值的概率密度的对数期望值，具体计算公式为$\text{Entropy}(E) = -\sum_{s \in S} p(E,s) \log p(E,s)$，其中，$p(E,s)$使用等价类$E$中敏感属性值为$s$的记录所占百分比计算。熵值的大小反映了等价类中敏感属性值分布的均匀程度，熵值越高，分布越均匀，攻击者推断个人隐私的难度也随之增加。

递归(c,l)-多样性(recursive (c,l)-diversity)：假定等价类中有m个不同敏感值，r_i表示等价类中第i频繁出现的敏感值个数，即$r_i > r_{i+1}$，$i=1,\cdots,m-1$。当每个等价类满足条件$r_1 < c(r_l + r_{l+1} + \cdots + r_m)$时，即可认为所发布的数据集满足递归$(c,l)$-多样性。递归$(c,l)$-多样性旨在进一步限制等价类中敏感值频度的分布，确保高频敏感值不会过于集中。

3. t-相似性

t-相似性是对l-多样性模型的一种扩展，它更加关注敏感属性在等价类中的分布问题。为了确保数据集的隐私安全性，t-相似性要求每个等价类中敏感属性值的出现频率尽可能趋近于该属性的全局分布。这有助于防御偏斜攻击(skewness attack)和相似性攻击(similarity attack)，这两类攻击都是基于等价类中敏感值频率与全局分布的差异性，提取特定的敏感信息的。如果一个等价类中某个敏感属性值的分布与全局分布之间的距离小于或等于某个阈值t，则认为该等价类满足t-相似性原则。只有当数据集中所有等价类都满足这一原则时，整个数据集才认定为符合t-相似性要求，其形式化定义如下。

定义 4-2 (t-相似性) 假设P和Q_i分别代表敏感属性的全局分布和在等价类E_i中的分布，其中，$P = \{p_1, p_2, \cdots, p_m\}$，$Q_i = q_1, q_2, \cdots, q_m$。对于任意等价类$E_i$，如果$P$与$Q_i$之

间的距离 $D[P,Q_i]$ 满足 $D[P,Q_i]<t$，$t\in[0,1]$，则可以认为发布的数据满足 t-相似性原则。

在 t-相似性模型中，选择合适的分布距离度量指标 $D[P,Q_i]$ 是至关重要的。常见的度量指标如下。

可变距离(variational distance)：

$$D[P,Q_i] = \sum_{i=1}^{m} \frac{1}{2}|p_i - q_i| \tag{4-16}$$

KL 距离 (Kullback-Leibler distance)：

$$D[P,Q_i] = \sum_{i=1}^{m} p_i \ln \frac{p_i}{q_i} \tag{4-17}$$

推土机距离(earth mover's distance)：

$$D[P,Q_i] = \min \sum_{i=1}^{m}\sum_{j=1}^{m} d_{ij} f_{ij} \tag{4-18}$$

其中，d_{ij} 表示 q_i 与 p_j 的距离；f_{ij} 表示将 q_i 改造为 p_j 的代价。

4.2.3 数据匿名化算法

匿名化算法的主要研究是探索如何高效达成常见的匿名化要求，最大限度地保护个体隐私。也有从实际应用出发，探讨在具体应用背景(如数据挖掘场景)下优化匿名数据的发布方式，有效实现数据发布精度与计算开销之间的平衡。本节将从这两方面介绍相关算法。

1. 基于通用原则的匿名化算法

匿名化算法通常采用泛化、压缩等方法来最优化实现 k-匿名原则。在此过程中，对泛化空间的搜索效率直接决定了算法的性能。假定数据表的 QID 有 m 个属性 $A_1, A_2, \cdots, A_m$，其中 A_i 的泛化层次树高度为 H_i，那么单个记录的搜索空间大小为 $\prod_{i=1}^{m}(H_i+1)$。如果表中共有 n 条记录，整个表上的搜索空间大小为 $\left[\prod_{i=1}^{m}(H_i+1)\right]^n$。

数据表匿名化问题即在整表搜索空间中寻找满足 k-匿名原则以及最小化度量标准的解，从而在隐私保护下实现最优数据有用性的目标。匿名化算法常用度量标准有多种，包括等价类所包含的平均记录数量、数据的信息损失程度、达成匿名化所需的操作数量、可识别度量(discernability metrics，即各组大小的平方和)等。然而，值得注意的是，在诸多简单限制条件下的 k-匿名最优化问题已证实为 NP-困难问题。因此，大多数关于 k-匿名算法的研究聚焦于设计高效的近似算法，以应对这一挑战。

如图 4-1 所示，基于通用原则的匿名化算法通常涉及一系列步骤，包括泛化空间的枚举、空间修剪、最优泛化的选择以及结果的判断与输出。例如，MinGen 算法采用完全搜索策略遍历泛化空间，在每一步选择最优泛化操作，直至数据满足 k-匿名原则。然而，完全搜索策略的时间复杂度较高，实际应用中并不高效。为了提升效率，Datafly 算法在 MinGen 算法的基础上引入了启发式泛化方法，其算法流程如下。

(1) 对每个 QID 属性的取值个数进行统计，取统计值最大的属性进行层级的泛化。

(2) 对泛化后的表格进行 k-匿名检测，如果不符合，则重复步骤(1)，即以相同方法继续挑选下一个 QID 属性进行泛化处理。

(3) 直至剩余记录个数少于 k 条，则删除剩余记录，完成 k-匿名过程。

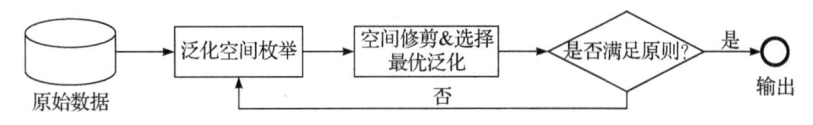

图 4-1 基于通用原则的匿名化算法流程

Datafly 算法的泛化方法属于全局重编码(global recoding)技术，即不同记录在同一 QID 属性上采用相同的泛化层次。Incognito 算法与 Datafly 算法类似，首先基于全局重编码构建一个包含所有全域泛化的泛化图；随后，算法自下而上对原始数据进行泛化，并通过预先修剪泛化图来缩小搜索范围，直至数据满足 k-匿名原则。其他优化的匿名化算法也大多采用类似的方法来修剪泛化空间，实现自身的优化目标。

多维 k-匿名算法将原始数据映射到多维空间，将 k-匿名问题转化为在该空间中对多维数据进行最优划分的问题，旨在发布更高精度的数据。Mondrian 算法是典型的多维 k-匿名算法，它采用局部重编码(local recoding)技术，即在同一 QID 属性上，不同记录可能采用不同的泛化层次，从而获得更高的数据可用性。此外，它还采用自上而下、贪心搜索等策略，每次选择一个属性进行划分，将剩余数据分成相等的两部分。具体算法思路如下。

(1) 判断剩余数据是否大于 $2k$ 条，是则继续划分，否则返回上一层递归。

(2) 划分：选择一个属性(如该属性上不同取值的个数最多)，根据该属性上各取值的频次，将剩余数据集划分为相等的两部分。

(3) 在左右两部分上分别重复步骤(1)。

可以看出，Mondrian 算法使用了类似于 KD 树(k-dimension tree)的构造，假设 QID 元组是高维空间中的一个点，然后通过选择一些矩形的边界，对这些点进行划分，生成不同的组，最后用这些矩形的边界进行泛化。

其他匿名化算法大多基于上述算法思想进行扩展。这些算法的主要区别包括算法结束的判断条件、自上而下/自下而上的泛化过程、全局/局部重编码方法、完全/贪心搜索策略运用等。本节不再对这些算法进行详细介绍，感兴趣的读者可查阅相关文献以获取更多信息。

在特定的应用场景下，往往需要设计针对性的匿名化算法，因为通用的匿名化算法可采用多个度量标准来衡量数据损失，但某些度量标准可能无法满足某些特定目标的需求。例如，当数据应用者须利用发布的匿名数据构建分类器时，设计匿名化算法时须权衡隐私保护与数据对分类器构建的有利性。所选度量标准应直接反映对分类器构建的影响，例如，可以采用信息增益(information gain)作为度量标准，因为减少发布数据的熵损失有助于提升分类器的性能。同样地,针对防止关联规则推导的应用,则须采用抑制策略,即不发布能显著提升敏感规则支持度和置信度的属性值,从而阻断关联规则推导攻击。

面向聚类应用的匿名化算法通常将原始记录映射至特定度量空间,并在该空间中分析其簇类结构,根据其结构特点选择泛化策略,防止过度破坏已有的簇类结构。此类算法旨在确保每个簇内至少包含 k 个记录点,与 k-匿名原则相类似。

r-gather 算法采用所有聚类中的最大半径作为度量标准,目标是在确保每个簇至少包含 k 个数据点的同时,最小化所有簇的最大半径 r。原始数据见表 4-4,表 4-5 展示了采用 3-gather 算法对表 4-4 中的原始数据进行聚类后发布的结果。表 4-4 中,(A_1, D_1) 和 (A_1+2, D_1) 归于同一簇,其余 3 条记录归于另一簇。发布的数据仅包含簇心、半径及相关敏感属性值,每个簇对应一个等价类,从而实现对个人敏感信息的隐藏。

表 4-4 原始数据

年龄	地址	疾病
A_1	D_1	消化不良
A_1+2	D_1	胃溃疡
A_2	D_2-3	感冒
A_2	D_2	肺炎
A_2	D_2+3	呼吸道感染

表 4-5 聚类后的数据

年龄	地址	记录数	疾病
A_1+1	D_1	2	消化不良
			胃溃疡
A_2	D_2	3	感冒
			肺炎
			呼吸道感染

面向聚类的匿名化算法也面临一些挑战。例如,对原始数据的不同属性进行适当加权以及将具有不同类型的属性映射至同一度量空间,因为属性的度量准确性会直接影响聚类的效果。

2. 面向动态数据集发布的匿名化算法

在动态环境中,数据集的插入、删除和更新等操作频繁进行,导致数据及其属性值随时间不断演变。为确保数据的可用性,数据发布者须及时重新发布更新后的数据集。然而,由于连续发布的数据集在结构上具有高度相似性,攻击者可能通过对比不同时间点的发布内容,进而推断出目标个体的隐私信息。也就是说,尽管静态数据的匿名化算法在某一特定时刻能够有效地保护隐私，但攻击者仍有可能通过联合多个时间点的发布数据进行联合攻击，从而窃取目标个体的隐私。本节将介绍针对数据集动态更新操作所设计的匿名化方法。

1) 针对"插入"操作的匿名化方法

假设初始数据集为 T，随后关于 T 的一系列增量更新分别为 $\Delta T_1, \Delta T_2, \cdots$。在每次更新后，利用匿名化算法 f_i 对包括原始数据 T 和前 i 次增量更新在内的数据集进行匿名化处理，得到发布数据 $T_i^* = f_i(T \cup \Delta T_1 \cup \cdots \cup \Delta T_i)$。对于 $\forall i \geqslant 1$，T_i^* 都必须是 k-匿名化的。

这里不仅需要确保每次单独发布的数据实现匿名化，还须防范攻击者通过联合分析多次发布的数据来窃取隐私。基于攻击检测与防止的方法首先对当前发布的数据进行匿名化处理，随后检测是否存在潜在的攻击，即是否有可能通过联合先前发布的数据来泄露隐私。只有当确定没有此类攻击能够成功披露隐私时，才会停止对数据的进一步匿名化处理。

2) 针对"插入"和"删除"操作的匿名化方法

为应对数据增加和减少对隐私保护带来的挑战，研究者提出了 m-Invariance 匿名化原则。若一系列动态环境下的发布数据 $T_1, T_2, \cdots, T_n$ 满足以下条件，则称为符合 m-Invariance 匿名化原则。

(1) 对任意时刻 i 发布的数据 T_i，其任意一个等价类中至少包含 m 条记录，且这些记录的敏感值各异。

(2) 若某条记录在多个不同时刻的发布中均有出现，则在各次发布中该记录所处等价类对应的敏感值集合必须保持一致。

条件(1)和(2)的联合可有效防止攻击者的联合分析，即通过多次发布数据来窃取新增或已删除数据的隐私。为实现 m-Invariance 匿名化原则，可先将前后两次发布中共有的数据分配到相同敏感值集合的等价类中；将新增记录分配到这些等价类中，同时确保剩余未分配的数据能形成满足条件(1)的等价类，并为剩余未分配的数据创建新的等价类；最后对规模过大的等价类进行适当分解。

3) 针对"更新"操作的匿名化方法

除了数据的插入与删除操作外，记录属性值(包括 QID 属性值和敏感属性值)的更新同样会导致数据的动态变化。对于随机动态变化的敏感属性值，由于其在时间序列上的随机性，可将其视为新记录，多次发布并不会引入新的安全威胁。对于 QID 属性值更新的记录，研究者提出了针对增量更新的记录集采用低于先前泛化层次的匿名化方法。

3. 基于图结构信息的数据匿名化算法

图数据在机器学习、大数据以及人工智能等领域有着广泛的应用，如社会网络、知识图谱、网络安全、化学信息学、交通网络、通信网络等。然而，现实世界中大多数与人及其相关行为相关的图形数据可能包含个人敏感信息。例如，社交网络中用户的联系人列表、账户信息、个人偏好和个人评论等信息可能是包含隐私信息的。

图通常定义为三元组 $G = (V, E, L)$，其中，V 表示顶点集，E 表示边集，$L: V \to \alpha$ 则表示标记函数，不同属性的顶点会被 L 映射到不同且唯一的标签。顶点 v_i 与顶点 v_j 之间的边 e_{ij} 的值代表权重，权重越大则代表两点的相似性越大；权重为 0 时表示两点不直接存在连边。如果仅将各顶点身份信息去除,其他信息保持不变而公开,攻击者可以将目标顶点在图中的结构信息作为背景知识进行推断,这些背景知识可能包括目标顶点的度数、邻居顶点结构以及目标顶点到中心顶点的路径长度等。例如,如果攻击者知道某用户在该网络中对应顶点的度为5,与其有连接的人在网络中对应顶点的度分别为2、3和2,在发布的匿名图中恰好仅有一个顶点符合该结构特征,那么攻击者就可以凭此信息唯一地识别出该用户在匿名图中的对应顶点。

基于不同的背景知识假设,现有研究提出了各种相应的图数据匿名发布方法。比较典型的是以邻居情况为背景知识的图匿名化方法,该方法以图中各节点的邻居向量为QID,具体定义如下。

定义 4-3 (k-匿名图) 给定一个图 $G=(V,E,L)$,对于节点 $v \in V$,$N(v)$ 是 v 的邻居节点向量,即 $N(v)=\{u \in V:(v,u) \in E\}$。如果对于任意节点 v,都有至少 $k-1$ 个其他节点拥有与 v 相同的邻居节点向量,则图 G 是 k-匿名的。

在邻接矩阵表示下,当 G 是 k-匿名的时,其对应的邻接矩阵中每一行至少会重复出现 k 次。由于邻接矩阵具有对称性,因此 k-匿名图中每一列也是至少重复 k 次的。如图 4-2 所示,图 4-2(a)中的原始图不符合任何 k-匿名($k \geq 2$)要求,将其改造(增加和删除某些边)为图 4-2(b)后即符合 2-匿名要求。

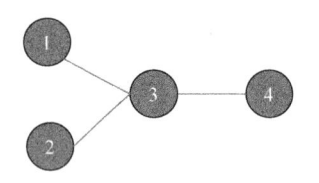

	1	2	3	4
1	0	0	1	0
2	0	0	1	0
3	1	1	0	1
4	0	0	1	0

(a) 原始图及其邻接矩阵

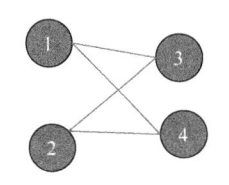

	1	2	3	4
1	0	0	1	1
2	0	0	1	1
3	1	1	0	0
4	1	1	0	0

(b) 2-匿名图及其邻接矩阵

图 4-2 邻接矩阵表示下的图匿名化

经过 k-匿名化的图一般要求具备如下结构特点。

(1) 邻居向量相同的节点组成簇,簇内节点无互连。

(2) 簇内所有节点拥有相同的簇外连接。即如果簇 A 和簇 B 之间有连接,则簇 A 内任意节点都与簇 B 所有节点连接。

由此可见,假定原始图有 n 个节点,经过 k-匿名化后形成了 c 个簇($c \leq n/k$),那么每个簇都可以凝聚成单节点,k-匿名化结果可用 c 个节点的匿名图发布。

图的 k-匿名化过程可以看作在其邻接矩阵中划分等价类的过程,每个等价类至少包含 k 行,因此前述的多种匿名化算法(如 Datafly、Incognito、Mondrian 等)理论上可以直接运用于图的 k-匿名化。但考虑大型图(如大型社交网络)中节点数庞大、节点间连接不够稠密,其邻接矩阵是高维、稀疏矩阵,因此,图的k-匿名化研究会寻求更高效、更适于图结构的算法。以下给出基于聚类的图匿名化算法步骤。

(1) 根据各节点的邻居向量,将图中节点进行聚类,邻居向量相似的节点组成一个簇。聚类算法可以选用k-means、山峰聚类(mountain clustering)等。

(2) 同簇内节点如果有相互连接,则将其断开(删除相关的边)。

(3) 对于任意两个簇C_1和C_2,有如下操作:

① 如果两个簇之间有超过$t\%$的节点互连,则在两个簇的节点集上建立完全二分图,即C_1的所有节点都与C_2的所有节点连接;

② 否则删除两簇之间所有的连接。

以上关于图的k-匿名定义及实现算法都是基于攻击者已掌握目标节点的全部邻居向量的,现实情况中攻击者可能只能掌握其部分邻居节点信息,基于此需要更灵活的匿名化定义方式及实现算法,如图的(k,l)-匿名。此外,现实中攻击者真正的背景知识可能更加复杂,也更难以模拟,准确响应这些背景知识来实现图的匿名化发布是很有挑战性的问题。

4.2.4 匿名化技术中的攻击分类

本节根据所预防的隐私泄露将前述匿名化原则分为三种模型,分别是避免身份识别、避免敏感属性泄露、避免高概率推断的隐私保护模型,并介绍在这些基本原则基础上拓展出来的其他保护原则。

1. 避免身份识别的隐私保护模型

身份识别是攻击者利用背景知识发动的链接攻击,将目标个体精准匹配到发布数据集中的具体记录,进而泄露个人隐私信息。在实际场景中,攻击者常利用QID作为背景知识进行攻击。因此,若泛化后的QID保证攻击者无法唯一确定某条记录,则可有效实现隐私保护的目标。

基于上述原理,当前已有如k-匿名性、(X,Y)-匿名性、多关系k-匿名性等模型提出。这些模型的基本思想都是通过对QID进行泛化处理,将记录划分成多个等价类,每个等价类至少包含k条记录。通过这种方式,攻击者链接到特定记录的概率限制在$1/k$以内,从而保障了单个记录的隐私。(α,k)-匿名原则要求在满足k-匿名性的基础上,进一步确保每个等价类中与任一敏感值相关联的记录比例不高于α,从而避免等价类中记录敏感属性取值相同或某些敏感值出现频率过高,增强了隐私保护的效果。

2. 避免敏感属性泄露的隐私保护模型

如果等价类中敏感属性取值相同或某些敏感值出现频率过高,攻击者无须精确匹配目标个体在发布数据集中的记录,仅凭QID及其所在等价类,即可推测出目标个体敏感属性的可能取值。为防范此类攻击,发布者应确保等价类中敏感属性的取值多样化,且分布尽可能均衡。l-多样性模型和t-相似性模型都是为应对此类攻击而提出的。

个性化隐私保护方法允许记录所有者根据自身需求，对不同敏感值设定有差异的隐私保护级别，这种方法发布的数据损失较少。然而，记录所有者须预先了解表中记录敏感值的分布情况(这在现实操作中往往难以实现)，若无法预知敏感值分布，可能会导致记录所有者采取保守措施，设置过高的保护级别，进而降低数据的实用性。

3. 避免高概率推断的隐私保护模型

前两类攻击场景中，攻击者均已事先知晓目标个体的记录存在于发布的数据集中，并将此背景信息视为无害信息。而在某些特定情境下，如医院发布的重大疾病类数据表(涉及的大部分记录都为重大疾病)，攻击者若能够确认目标个体存在于发布表中，即可视为隐私信息的泄露。这种基于存在性的攻击也称为成员推理攻击，即攻击者通过访问公开数据，能够以高概率推测目标个体记录的存在与否或其敏感属性的具体取值。

为应对此类攻击，数据发布者应努力确保攻击者在访问数据前后，对目标个体的了解程度保持不变，即实现"无信"原则。然而，鉴于攻击者背景知识的不确定性，完全无信的状态难以实现。因此，研究者提出了 δ-presence 模型，以确保攻击者以不超过 δ 的概率推断目标记录的存在性。此外，Dwork 提出了 ε-差分隐私模型，Rastogi 等则贡献了 (d,γ)-隐私模型。这些模型均能有效降低攻击者推断目标个体的存在性及敏感值的概率。

综上所述，由于攻击者所拥有背景知识的不确定性，数据发布过程中的隐私泄露风险无法完全消除，没有一种模型能够完全抵御所有形式的隐私攻击。因此，在选择隐私保护模型时，应综合考虑具体的应用场景和用户隐私需求。

4.3 数据脱敏技术

数据脱敏技术除了泛化、压缩、切分等方法，还有基于傅里叶变换、小波变换、数据交换(data swapping)、数据洗牌(data shuffling)等的方法，本节将分别介绍这些方法。

4.3.1 基于傅里叶变换的数据脱敏

隐私保护下的数据挖掘任务有着广泛的应用，因为其可以保证用户敏感数据在受保护的情况下进行分析。然而，现有的技术(如随机扰动)不能很好地支持广泛使用的基于欧几里得距离的挖掘算法。尽管从扰动的数据中可以较为准确地重构出原始数据的分布，但是每个数据点之间的距离不能保持不变，使得基于距离的挖掘算法的准确率很低。同时，这些方法一般不法重数据约简。另外，其他有关安全多方计算的研究通常只关注于某些特定的挖掘算法和情形，因而通常很难用于其他挖掘算法和情形。傅里叶相关离散正交(酉)变换可以很好地解决数据约简和隐私保护问题，并且适用于所有基于欧几里得距离的挖掘算法和情形。这种方法不需要修改原始算法，只需要修改数据，使得用户可以针对不同情形自由地选择基本的分类和聚类算法。

离散傅里叶变换使用一系列傅里叶基函数将数据从原始域转化到变换域。这些变换具有如下性质。

(1) 变换保持数据点之间的欧几里得距离不变。

(2) 通过保留大的系数、舍去小的系数，它们可用于有损压缩，这在图像处理和带宽受限的通信中很有用。

(3) 由于舍去了较小的系数，原始数据不能够从变换后的数据中重构。

本节分析两种常用的离散变换，即离散傅里叶变换(DFT)和离散余弦变换(DCT)。

对于一个复数序列 $x_0, x_1, \cdots, x_{n-1}$，离散傅里叶变换生成一组复数系数 $f_0, f_1, \cdots, f_{n-1}$，即

$$f_i = \frac{1}{n}\sum_{k=0}^{n-1} x_k e^{\frac{-jk2\pi i}{n}} \tag{4-19}$$

其中，$j = \sqrt{-1}$。

离散余弦变换用于处理实数，生成如下实系数：

$$f_i = \left(\frac{2}{n}\right)^{\frac{1}{2}} \sum_{k=0}^{n-1} \Lambda_k x_k \cos\left[\frac{(2k+1)i\pi}{2n}\right] \tag{4-20}$$

其中，Λ_k 仅在 $k=0$ 时为 $\frac{1}{\sqrt{2}}$，其他情况下为 1。

序列 $x_0, x_1, \cdots, x_{n-1}$ 的能量定义为 $\frac{1}{n}\sum_{k=0}^{n-1} x_i^2$。帕塞瓦尔定理(Parsevel theorem)表明对于这些变换，能量保持不变，也就是说，$x_0, x_1, \cdots, x_{n-1}$ 的能量和 $f_0, f_1, \cdots, f_{n-1}$ 的能量相等。这些变换都是酉变换，变换前后两个序列的欧几里得距离保持不变。

本节考虑三种情形：对于集中数据库，整个数据库的信息都发给第三方用于分析；另外还有垂直分割数据库和水平分割数据库。

数据处理可分为两步。首先，每条记录都看作一个序列，使用一种傅里叶相关变换转化到变换域中。实际中，不同属性有不同的取值范围，因此需要在变换前把所有属性值规范化到[0,1]。然后，从所有系数中选出一些在大多数记录中具有高能量的系数作为结果发给第三方。在集中数据库情形下，这个选择由数据源来做；在垂直或水平分割数据库情形下，这个选择由数据源和第三方共同进行，这有助于尽可能准确地保持欧几里得距离。在交换过程中还用到一种排列协议，改变系数的排列顺序，进一步提高隐私保护的能力。在这一过程中，由于消去了一些系数，转换数据会变小。在变换域中，序列的大部分能量集中在一部分系数中，而不像原始域中那样均匀分布在整个序列。这正好满足了数据约简和准确近似欧几里得距离和内积的需求。该方法可用来近似计算欧几里得距离和内积。

一般情况下，在现实数据中，在某一行中具有高能量的系数在其他一些行中能量低。但是通过观察，在几乎所有真实情形下，傅里叶相关变换倾向于在大多数行中将能量集中在一个小的共同系数集里。在确定保留下来最小能量的条件下寻找最小的公共高能量系数是 NP-困难问题，因此需要高效的启发式算法。

4.3.2 基于小波变换的数据脱敏

隐私保护数据挖掘的目的之一是变换数据的同时保留原始数据的模式，不人为引入虚假数据。小波变换广泛用于信号处理中的数据约简、多分辨率分析和数据去噪。变换是一种复杂的聚集函数，基于缩放尺度和小波系数对数据做聚集操作。小波变换常用于聚类、分类和回归分析等其他数据分析和挖掘任务，同时也常用来进行数据挖掘前的预处理。基于小波变换的算法通过修改数据，在不泄露原始数据的条件下发布数据模式，数据的属性含义不丢失，这种方法可用于在开放环境中进行私有化的数据共享。

一般来说，小波变换将数据、函数或操作符划分到不同频率分量，然后对每个分量使用和它的范围匹配的分辨率进行分析。离散小波变换(DWT)在每一级中将原来的输入信号划分为两个分量——细节信号和逼近信号，分别代表原始信号的高频和低频子信号，其系数代表信号的趋势和波动。逼近信号可递归地分解为具有更高级和更低级分辨率的子信号，从而可以在多个分辨率上进行分析。原始信号可以从任意级别完整重构，如果保留了相应级别的逼近信号系数和细节信号系数以及所有之前级别的细节信号系数。但是，如果只保留逼近信号系数，只能近似重构原始信号。这类似于将原始信号划分为一些等长的区间，每一区间的值等于落到该区间的原始信号的平均值。从这个角度看，这种方法类似于分段聚集近似法。离散小波变换可以通过金字塔算法高效地实现，时间复杂度为 $O(N)$。

因为信号中的大部分能量集中在趋势信号中，没有保留所有扰动信号的小波可用于降维。只用这部分信号来生成信号的趋势，这个行正交的矩阵称为缩放矩阵。下面是一个 Haar 小波缩放矩阵的例子，通过矩阵相乘把一个属性的 8 个值转换为 4 个值。

$$\frac{1}{2}\begin{bmatrix} \sqrt{2} & \sqrt{2} & 0 & 0 & 0 & 0 & 0 & 0 \\ 0 & 0 & \sqrt{2} & \sqrt{2} & 0 & 0 & 0 & 0 \\ 0 & 0 & 0 & 0 & \sqrt{2} & \sqrt{2} & 0 & 0 \\ 0 & 0 & 0 & 0 & 0 & 0 & \sqrt{2} & \sqrt{2} \end{bmatrix}$$

例如，假设 8 个顾客的购物花销、收入和贷款如下：

$$\{(3\sqrt{2},6\sqrt{2}K,Y);(7\sqrt{2},12\sqrt{2}K,Y);(4\sqrt{2},8\sqrt{2}K,Y);(20\sqrt{2},20\sqrt{2}K,Y);$$
$$(20\sqrt{2},24\sqrt{2}K,Y);(8\sqrt{2},4\sqrt{2}K,Y);(12\sqrt{2},7\sqrt{2}K,N);(6\sqrt{2},3\sqrt{2}K,N)\}$$

对前两列左乘 Haar 缩放矩阵得到 4 个私有化的数据点：

$$\{(10,18K,Y);(24,28K,Y);(28,28K,Y);(18,10K,N)\}$$

规范化得到

$$\{(5,9K,Y);(12,14K,Y);(14,14K,Y);(9,5K,N)\}$$

这一数据可分发给其他组织用于分类挖掘。私有化数据的分布和原始数据有相同的均值，但标准差减小了，因为小波变换有聚集作用。小波的降噪聚集效应用于保留原有模式。

对于实数类型的数据集，通过小波变换重构原始数据将得到无穷多可行解，因此隐私不能被攻击。假设具有 n 个属性的 m 个数据点为 $\{\langle x_{1,1},x_{1,2},\cdots,x_{1,n}\rangle,\langle x_{2,1},x_{2,2},\cdots,x_{2,n}\rangle,\cdots,\langle x_{m,1},x_{m,2},\cdots,x_{m,n}\rangle\}$，其中，$x_{i,j}$ 是第 i 个实体的第 j 个属性值(因此这个矩阵记作 X)。隐私保护1级小波变换将得到一个私有的矩阵 $\boldsymbol{P}_{m/2,n} = \boldsymbol{S}_{m/2,m}\boldsymbol{X}_{m,n}$，其中，$\boldsymbol{S}_{m/2,m}$ 是1级缩放变换；n 级变换是在对逼近信号按信号能量排序后的递归变换。重构是要在给定 P 的条件下推出 X。

安全性说明：假设攻击者知道所使用的小波变换，也就是知道 S，因此有

$$Y_{m,m/2} = \boldsymbol{W}_{m,m}\boldsymbol{S}_{m/2,m}^{\mathrm{T}}, \quad \boldsymbol{P}_{m,n} = Y_{m,m/2}\boldsymbol{P}_{m/2,n} \tag{4-21}$$

其中 $\boldsymbol{W}_{m,m}$ 是权值矩阵，需要确定。整个 YP 系统有 $m\times m$ 个未知数，因此，已知 $m\times n$ 个方程，重构需要求出 $m\times m$ 个未知数($m \geqslant n$)。因此，这 $m\times n$ 个线性方程构成的系统是连续的、不确定的，有无穷多解。隐私保护的程度取决于 $\boldsymbol{W}_{m,m}\boldsymbol{S}_{m/2,m}^{\mathrm{T}}$ 的秩，进一步由小波变换的类型决定。

Haar 变换后，有

$$p_{i,j} = \frac{x_{2i-1,j} + x_{2i,j}}{\sqrt{2}} \tag{4-22}$$

其中，$p_{i,j}$ 是 Haar 私有化数据，由第 j 个属性的第 $2i-1$ 个值和第 $2i$ 个值聚集得到。数据重构是给定第 j 个属性的列向量 $P[j]$，求出 $x_{i,j}$ 的具体值。这个方程要在已知一个值的情况下解两个未知数，因此在 $\mathbb{R}^n$ 中有无穷多解。对于例子中的私有化数据集：

$$\{(5,9K,Y);(12,14K,Y);(14,14K,Y);(9,5K,N)\}$$

分割任何一个数据点都有无穷多解，从而阻止了攻击者获取隐私信息。

4.3.3 数据交换技术

数据交换这一隐私保护技术最初主要用来变换由分组变量(categorical variable)构成的数据库，如列联表(contingency table)。它要求在数据个体间交换敏感变量值，用这种方式来保留 t-阶频数(t-order frequency)，即 t-way 边缘表中的条目。这类变换的数据库称为与原数据库 t-阶等价(t-order equivalent)。

数据交换技术之所以可行，是因为其基于存在足够多数量的 t-阶等价数据库，从而使得真实的值具有相对程度的不确定性。Dalenius 和 Reiss 曾断言，假如存在至少一个和原数据库(表)是 t-阶等价的数据库(表)，并且该数据库(表)中的某一敏感变量具有不一样的赋值，则这个敏感变量的真实数值就不会泄露。推而广之，如果一个数据库或列联表中的每个数据个体的敏感变量的值都得到保护，该数据库或真值表就认为是安全的。

以下介绍一些基于原始数据交换模型和基本原则的方法和应用。

1. 微数据发布中的数据交换

Reiss 于 1984 年提出了一种近似数据交换方法用以近似地保证在发布分组数据库中

微数据时的 t 阶边缘总和。这种方法首先计算原数据库中的相关频数表，然后构建一个与这些表保持一致的新数据库。在实现过程中，该方法需要根据原始频数表的概率分布随机地选择每个元素的值。每当生成一个新元素，频数表就会更新。

Reiss 等学者还将原始的数据交换思想扩展到发布包含连续型变量的微数据文件中。对于连续型数据，数据交换的过程需要保证数据的扩展矩(generalized moments)信息，如变量的均值、方差和协方差等保持不变。鉴于在分类数据的情况下，设计能够提供足够保护并且保证精确统计信息的数据交换是不可行的。因此，他们也提供了一种能够在 $k=2$ 的情况下近似保证扩展的 k 阶矩不变的算法。

2. 数据交换技术在人口统计数据发布中的应用

美国人口普查局从 1990 年开始就使用一种基于数据交换的辅助技术来发布其人口普查数据。在实际使用之前，这一方法经过了大量、广泛的模拟测试，并且充分考虑了不同数据类型的数据库，如表格型数据和微数据。测试结果显示，这种数据交换方法在真实数据发布中可以成功地保护数据所有者的敏感信息。

与 Dalenius 和 Reiss 提出的数据交换技术相比，美国人口普查局所使用的方法是在不同街区居住的个人或者户主之间进行数据交换，而且这些数据记录都匹配于一组预设的包含 k 个变量的集合。这样就使基于预设变量的 $k+1$ 维边缘值和街区内的统计值保持不变。然而，如果边缘表涉及其他的变量，那么相应的边缘值就会有一定程度的改变。数据交换主要影响交换变量和未交换变量之间的联合分布，因此，一种可行的方法就是尽量选择那些与其他变量近似条件独立(approximate conditional independence)的变量作为交换过程中的匹配变量。

由于上述数据交换是发生在街区之间的，这看起来与 Dalenius 和 Reiss 的交换模型是一致的，至少它们的目的都是保证交换变量的边缘值不变。另外，这一方法实际上是按照街区的划分交换一组指定的数据记录的，这就成为了发布边缘值的源数据库。然而,有些发布的边缘值在交换过程中被改变这一结果却超出了原始交换模型的理论依据范围。

有趣的是,在美国人口普查局对其数据交换方法的描述中并未提到 Dalenius 和 Reiss 的有关结果，尤其是涉及数据保护。就数据使用来说，美国人口普查局主要集中在从发布的边缘表中得到总计型的统计值，而不是那些在交换过程中没有改变的参数(如协方差系数)。

3. 排名交换

排名交换(rank swapping)算法是 Moore 于 1996 年提出的为连续型变量进行交换的原创性算法。该算法在选择交换记录的时候，保证这些记录都在一个指定的排名距离(rank-distance)中。因此，这种算法在保证多维变量统计值的不变性方面要远强于那些没有任何限制的交换(unconstrained swap)方法。

另外一种适合连续型或序数型变量的基于排名的数据交换算法由 Carlson 和 Salabasis 提出。令 X 是一个变量，考虑两个数据库分别包含 X 的独立抽样以及另外一个变量Y。假定这两个数据库$S_1=[X_1,Y_1]$和$S_2=[X_2,Y_2]$是按照X排序的，那么对于规模比较大的抽样，X_1和X_2对应的值应该基本相同。因此，就可以交换X_1和X_2的值来形成新的数据库，即$S_1^*=[X_1,Y_2]$和$S_2^*=[X_2,Y_1]$。同样的方法还适用于只有一个抽样但可以随机地将该数据库分成两个同样大小的部分，然后将其排序、交换，最后重新合成。

4. 数据洗牌

数据洗牌是一种特殊的数据交换方法。这种方法利用与原始数据具有同样分布特性的模拟数据来代替敏感数据。具体来说，假定X是敏感变量，H是非敏感变量，那么数据洗牌分为两个步骤来实现。

(1) 在给定H的情况下，利用X的条件分布$f(X|H)$，构建一个新的数据Y来代替X，使得$f(Y|H)=f(X|H)$。

(2) 用Y中的变量值来代替相应排序X中的值。这一过程与排名交换相类似。

5. 基于模型的统计方法

可通过两种途径来定义基于模型的统计方法。
(1) 利用一种指定的模型来扰动或变换数据以达到保护敏感数据的目的。
(2) 在使用某种扰动或变换的方法保护敏感数据的同时，保证指定模型最基本的统计属性，从而满足使用者在该模型下的数据使用需求。

前一种方式可以用后随机方法(post randomization method, PRAM)作为示例，后一种方式可以用从列联表中发布边缘值或者利用条件分布来扰动数据表等方法作为示例。这里介绍后随机方法。

后随机方法是一种针对分类型数据库的扰动方法。假设一个敏感随机变量有标记为$1\sim m$的分类。在PRAM中，这个变量的每个值都按照预定的变换概率矩阵改变，即该变量的每个值都被赋予$1\sim m$的某个值。因此，原始的数据记录在已知的概率下要么保持不变，要么改变成另外一种可能的值。PRAM对数据的保护程度依赖于变换矩阵中的概率以及原始数据库中数据记录出现的频率。这一方法对频数表的影响甚微。在给定变换矩阵的情况下，可以很容易地估计原始数据库中的单变量频数以及由该方法引起的额外的方差。但是，对于更复杂的分析(如回归建模)，这种方法的影响比较难检验。

4.4 差分隐私技术

差分隐私源于统计数据库，即"从需要访问数据库才能学习的信息中，不能学习到个人的任何信息"，差分隐私机制根据最大散度界定对于查询函数输出分布的最大差距，旨在要求无论某个个体用户是否在该数据库中，输出的概率分布都不会有太大变化。它提供了严格的数学证明与隐私保护度量，且具备可组合的灵活性，假如攻击者知道除某一行外的整个数据库，差分隐私机制仍可以保护这一行的隐私，因此差分隐私被广泛应用。

传统的中心化差分隐私(centralized differential privacy, CDP)基于可信的中心服务器的前提假设，但现实里中心服务器易被攻击，可信度较低。基于此，Kasiviswanathan 等学者提出本地差分隐私(local differential privacy, LDP)：在满足差分隐私的定义下，用户在本地端进行扰动，再上传到中心服务器。由于中心服务器可以获得所有个体的数据，它可以更好地控制噪声的量和分布，以平衡隐私保护和数据可用性之间的关系。而在 LDP 中，每个个体都只能处理自己的数据，无法获得整体数据的全局视图，这可能导致数据的可用性降低，但这也意味着 LDP 具有更高的隐私保护水平和更好的可扩展性。因此，CDP 和 LDP 的应用取决于不同场景的需求。

近年来，随着人们对非结构化数据隐私泄露的担忧日益增加，差分隐私的研究领域也从传统的结构化数据逐渐拓展到非结构化数据，如图像、文本、语音等多种模态的数据。进一步地，在用户粒度上，由于差分隐私机制给所有用户假设相同的隐私预算，这不符合用户对其数据隐私水平的个性化需求，因此可能会降低数据效用。也有研究表明当用户对其隐私享有控制权时，用户会更愿意提供自己的数据以供分析，因此有个性化差分隐私相关研究工作，其在用户层面与数据层面，允许用户有不同隐私预算或权重。

定义 4-4 差分隐私 对于值域为 $\mathbb{R}$ 的随机算法 $\mathcal{M}$，若对任意两个相邻输入 x、x' 和任意 $\mathcal{S} \subseteq \mathbb{R}$，满足以下关系：

$$\Pr[\mathcal{M}(x) \in \mathcal{S}] \leqslant e^{\epsilon}\Pr[\mathcal{M}(x') \in \mathcal{S}] + \delta \tag{4-23}$$

则称随机函数 $\mathcal{M}$ 是 (ϵ,δ)-差分隐私的，其中，$\Pr(\cdot)$ 表示概率；$\epsilon > 0$；$0 < \delta < 1$。

在实际应用差分隐私时，为了满足特定情境的需求，通常需要构建更为复杂的差分隐私机制。Dwork 等在先前的工作中揭示了差分隐私的串行组合性(sequential composition)，McSherry 则在其研究中阐明了差分隐私的并行组合性(parallel composition)。此外，Dwork 等还指出了差分隐私的后处理(post-processing)不变性。这些性质为设计和分析差分隐私机制提供了重要的理论基础。

定理 4-1 DP 的串行组合定理 给定 n 个相互独立的 DP 机制 $\{\mathcal{M}_i(\cdot)\}(1 \leqslant i \leqslant n)$，其中 $\mathcal{M}_i(\cdot)$ 满足 ϵ_i-DP。当它们按次序先后作用于同一个数据集 D 时，整体满足 $\left(\sum_{i=1}^{n}\epsilon_i\right)$-DP。

定理 4-2 DP 的并行组合定理 给定 n 个相互独立的 DP 机制 $\{\mathcal{M}_i(\cdot)\}(1 \leqslant i \leqslant n)$，其中 $\mathcal{M}_i(\cdot)$ 满足 ϵ_i-DP。当它们分别作用于数据集 D 不相交的子集上时，整体满足 $\max_{i \in \{1,\cdots,n\}} \epsilon_i$-DP。

定理 4-3 DP 的后处理不变性定理 假设存在一个满足 (ϵ,δ)-DP 的差分隐私机制 $\mathcal{M}(\cdot)$。若算法 $\mathcal{A}$ 的输入域与 $\mathcal{M}$ 的输出域相同，并且 $\mathcal{A}$ 与原始数据以及差分隐私机制 $\mathcal{M}$ 是独立的，那么它们的合成 $\mathcal{M}' = \mathcal{A} \circ \mathcal{M}$ 同样满足 (ϵ,δ)-DP。

4.4.1 中心化差分隐私与本地差分隐私

差分隐私基于对相邻输入的定义，可以分为中心化差分隐私与本地差分隐私。

1. 中心化差分隐私

限制 $\|D-D'\|_1 \leq 1$，两个数据库之间的汉明距离小于 1，即 D 和 D' 之间最多有一条记录不同，也称其为相邻数据库，记作 $D \sim D'$。这是最初的差分隐私定义，也称中心化差分隐私。

定义 4-5 中心化差分隐私 对于定义在 $N^{|x|}$ 上、值域为 $\mathbb{R}$ 的随机算法 $\mathcal{M}$，对任意两个相邻数据库 D、D'，$\|D-D'\|_1 \leq 1$，和任意 $\mathcal{S} \subseteq \mathbb{R}$，若满足以下关系：

$$\Pr[\mathcal{M}(D) \in \mathcal{S}] \leq e^{\epsilon} \Pr[\mathcal{M}(D') \in \mathcal{S}] \tag{4-24}$$

则称随机函数 $\mathcal{M}$ 是 ϵ-中心化差分隐私的，其保护原理如图 4-3 所示。当保护粒度作用于数据库时，假设数据库的每一条记录对应一个用户，则意味着已经收集了多个用户的记录，再统一地保护这个记录的集合(数据库)，这种情况适用于中心服务器的场景：其已掌握大量用户的原始数据。

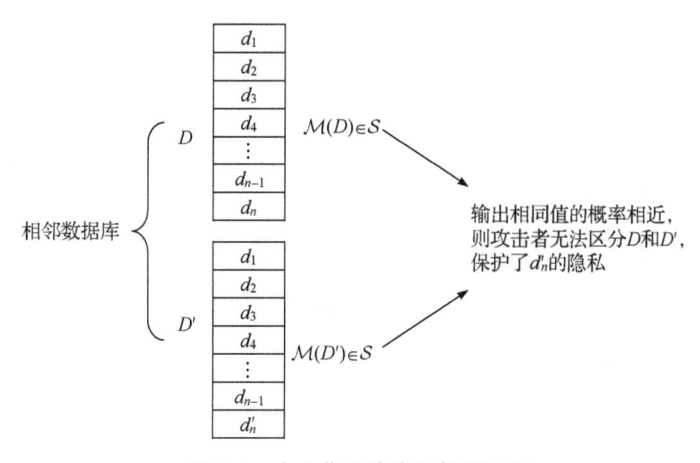

图 4-3 中心化差分隐私保护原理

从上述定义可见，满足 ϵ-中心化差分隐私的随机函数 $\mathcal{M}$，通过作用于相邻的输入 D、D'，其分别输出的概率分布的比值小于或等于 e^{ϵ} 来实现隐私保护。其中，ϵ 可以衡量两者输出的无法区分程度，即隐私保护力度，因此也称 ϵ 为隐私预算。隐私预算越大，$\mathcal{M}$ 对于相邻输入 D 和 D' 的输出概率区别越大，隐私保护力度越低，也意味着不需要太多扰动，数据可用性较高；相反，隐私预算越小，输出概率的差别越小，则更好地保护了隐私，同时数据可用性较低。

中心化差分隐私同样满足串行组合性、并行组合性和后处理不变性等性质。

2. 本地差分隐私

在中心化差分隐私框架中，如果服务器不可信，存在用户原始数据被服务器窃取的风险。为解决这一问题，本地差分隐私的概念被提了出来。图 4-4 展示了本地差分隐私的基本框架。在本地差分隐私中，用户在将原始数据上传至中心服务器之前，在本地对上传的数据进行扰动，再由中心服务器对扰动后的数据聚合后完成相应的统计分析任务，并将结果发布出去。由于上传的是扰动后的数据，这能够有效避免中心服务器直接获取原始数据。

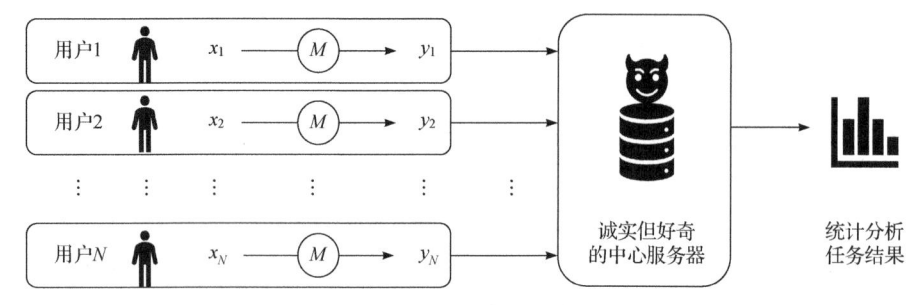

图 4-4 本地差分隐私基本框架

定义 4-6 ϵ-**LDP** 对于值域为 $\mathbb{R}$ 的随机算法 $\mathcal{M}$，对定义域内的任意两个输入 x、x' 和任意 $\mathcal{S} \subseteq \mathbb{R}$，若满足以下关系：

$$\Pr[\mathcal{M}(x) \in \mathcal{S}] \leqslant e^{\epsilon} \Pr[\mathcal{M}(x') \in \mathcal{S}] \tag{4-25}$$

则称随机函数 $\mathcal{M}$ 是 ϵ-本地差分隐私的。

本地差分隐私同样满足串行组合性和后处理不变性等性质。

4.4.2 差分隐私的实现机制

在差分隐私的理论基础上，为了实际应用，需要了解其具体的实现机制。下面将介绍中心化差分隐私和本地差分隐私的常见实现机制。

1. CDP 的常见实现机制

在具体实现上，针对连续数据，常见的中心化差分隐私的实现机制有拉普拉斯(Laplace)机制和高斯(Gauss)机制，也有针对离散数据的指数机制。其中，拉普拉斯机制以及高斯机制对连续数据添加相应分布的噪声，以使其符合中心化差分隐私，而指数机制通过概率化选择离散数据。

中心化差分隐私的具体实现与查询函数有关，对于传统的结构化数据来说，查询函数即在数据库上的统计查询，如查询符合某些条件的人数、员工的平均工资、年龄的直方图分布等。对于连续数据，一种直观的思想是在原数据的基础上添加满足某个分布的合适噪声，使得查询结果概率化。拉普拉斯机制便是这样的一种符合中心化差分隐私的具体实现机制，首先介绍实现拉普拉斯机制的基础——拉普拉斯分布与敏感度(sensitivity)。

记位置参数为 0、尺度参数为 λ 的拉普拉斯分布概率密度函数为

$$\text{Lap}(x;\lambda) = \frac{1}{2\lambda} e^{-\frac{|x|}{\lambda}} \tag{4-26}$$

为满足 ϵ-中心化差分隐私，在查询函数上添加的噪声大小应当与查询函数的输出有关。例如，查询函数 1 的输出范围为 1~10，查询函数 2 的输出为 10~1000。在同样的隐私保护力度内，它们应该添加的噪声的尺度不同，需要对查询函数的原始输出范围加

以衡量，因此有了敏感度的概念。定义查询函数 $f:N^{|x|} \to R^k$ 的全局 L_1 敏感度 $S(f)$ 为

$$S(f) = \max_{D \sim D'} \| f(D) - f(D') \|_1 \tag{4-27}$$

全局 L_1 敏感度 $S(f)$ 描述了数据库中增加或减少一条记录时，对查询函数 f 的输出所能产生的最大影响。例如，做统计查询时，即查询数据库中满足给定条件的记录数量，此时全局 L_1 敏感度为 1。对于直方图查询也同样如此，由于所有数据划分为等宽的直方图，增加或减少一条记录，最多只会影响其中一个方格。若查询函数作用于记录中的某个属性，则此时全局 L_1 敏感度是改变该属性的值对查询函数的输出能产生的最大影响。

拉普拉斯机制即对查询的输出添加满足拉普拉斯分布的噪声，其定义如下。

定义 4-7 拉普拉斯机制 $\mathcal{M}_\mathcal{L}(f,\epsilon) = f(x) + (Y_1, Y_2, \cdots, Y_k)$，其中拉普拉斯分布的尺度参数为 $\dfrac{S(f)}{\epsilon}$，独立同分布变量 $Y_i \sim \text{Lap}\left(\dfrac{S(f)}{\epsilon}\right)$，$\mathcal{M}_\mathcal{L}$ 满足 ϵ-CDP。

定义 4-8 指数机制 一种适用于离散且有限输出空间的差分隐私机制，特别适用于选择最大概率的情况。指数机制通过引入指数分布的噪声来保护隐私。为了计算最终的查询结果，需要定义一个打分函数 $\mu: \mathcal{D} \times \mathcal{R} \to \mathbb{R}$，用于评估每个可能的输出值的合理性，其中 $\mathcal{D}$ 表示数据集的域，$\mathbb{R}$ 表示打分的域。设 $\Delta\mu$ 为 $\mu(\mathcal{D}, \mathcal{R})$ 的全局敏感度，给定一个输入 D，对于任意查询结果 $r \in \mathcal{R}$，以正比于 $\exp\left(\dfrac{\epsilon\mu(D,r)}{2\Delta\mu}\right)$ 的概率输出 r，从而满足 ϵ-CDP。这一机制引入基于指数分布的噪声，使得查询结果的发布在一定程度上具有随机性，从而保护隐私。

高斯机制是代替添加拉普拉斯噪声的另一种方法，但是使用全局 L_2 敏感度 $S(f)$：

$$S(f) = \max_{D \sim D'} \| f(D) - f(D') \|_2 \tag{4-28}$$

定义 4-9 高斯机制 $\mathcal{M}_G(f,\epsilon) = f(x) + (Y_1, Y_2, \cdots, Y_k)$，其中高斯分布的尺度参数为 $\dfrac{S(f)}{\epsilon}$，独立同分布变量 $Y_i \sim \mathcal{N}\left(0, \left(\dfrac{S(f)}{\epsilon}\right)^2 C^2\right)$，$C^2 > 2\ln\left(\dfrac{1.25}{\delta}\right)$。$\mathcal{M}_G$ 满足 (ϵ,δ)-CDP。

2. LDP 的常见实现机制

本地差分隐私能够防止不可信的服务器获取用户的真实数据，在各种数据类型和统计分析任务中得到了广泛的应用。大部分本地差分隐私机制都采用随机响应(randomized response, RR)的原理，该方法由 Warner 等学者提出，旨在消除调查中回避性答案偏差。

定义 4-10 随机响应 设 x 为用户原始的二进制值，y 为随机响应机制的输出，那么对于任意给定的 x，都满足：

$$\Pr[y=i] = \begin{cases} \dfrac{e^\epsilon}{e^\epsilon + 1}, & i = x \\ \dfrac{1}{e^\epsilon + 1}, & i \neq x \end{cases} \tag{4-29}$$

随机响应机制以概率 $\dfrac{e^\epsilon}{e^\epsilon + 1}$ 输出真值，同时以概率 $\dfrac{1}{e^\epsilon + 1}$ 输出相反值。Holohan 等学

者指出，在输出概率遵循上述概率关系的情况下，随机响应机制能够最小化估计误差。然而，随机响应机制主要关注二值数据，为了拓展其适用性至多值数据，Kairouz 等学者提出了一种称为 k-RR 的机制，Wang 等学者将其概括为广义随机响应(generalized randomized response, GRR)机制。

定义 4-11 广义随机响应　设 $x \in \mathcal{X}$ 为用户的原始值，其中 $\mathcal{X}$ 是大小为 d 的数据域，y 为 GRR 机制的输出，那么对于任意给定的 x，都满足：

$$\Pr[y=i] = \begin{cases} \dfrac{e^{\epsilon}}{e^{\epsilon}+d-1}, & i=x \\ \dfrac{1}{e^{\epsilon}+d-1}, & i \neq x \end{cases} \tag{4-30}$$

当数据域大小 $d=2$ 时，GRR 机制等价于随机响应机制。

受到基础 RAPPOR(basic RAPPOR)机制的启发，Wang 等学者提出并总结了一元编码(unary encoding, UE)机制。该方法首先对原始数据进行独热编码，生成一个与数据域大小相同的向量，其中，原始数据对应的位为 1，其他位为 0。随后，根据不同的概率，对向量中的 0 元素和 1 元素进行翻转。

定义 4-12 一元编码　设 $x \in \mathcal{X}$ 为用户的原始值，其中 $\mathcal{X}$ 是大小为 d 的数据域。UE 机制首先对 x 进行编码，生成一个长度为 d 的向量 $\boldsymbol{B}=(0,\cdots,0,1,0,\cdots,0)$，其中仅第 x 位为 1。若 $\boldsymbol{B}'$ 为 UE 机制的输出，则满足以下概率关系：

$$\Pr[\boldsymbol{B}'[i]=1] = \begin{cases} p, & \boldsymbol{B}[i]=1 \\ q, & \boldsymbol{B}[i]=0 \end{cases} \tag{4-31}$$

UE 机制满足 ϵ-LDP 的定义，其中 $\epsilon = \ln\left(\dfrac{p(1-q)}{(1-p)q}\right)$。在扰动概率 p 和 q 的选择上，有两种主要方式，其中之一是令 $p+q=1$，这种方式称为对称一元编码(symmetric unary encoding，SUE)机制。

定义 4-13 对称一元编码　在 UE 机制的基础上，SUE 机制满足以下概率关系：

$$\Pr[\boldsymbol{B}'[i]=1] = \begin{cases} p = \dfrac{e^{\epsilon/2}}{e^{\epsilon/2}+1}, & \boldsymbol{B}[i]=0 \\ q = \dfrac{1}{e^{\epsilon/2}+1}, & \boldsymbol{B}[i]=0 \end{cases} \tag{4-32}$$

另一种扰动概率 p 和 q 的选择方式是使得 UE 机制的估计方差最小化，这一方式称为优化一元编码(optimized unary encoding, OUE)机制。

定义 4-14 优化一元编码　在 UE 机制的基础上，OUE 机制满足以下概率关系：

$$\Pr[\boldsymbol{B}'[i]=1] = \begin{cases} p = \dfrac{1}{2}, & \boldsymbol{B}[i]=1 \\ q = \dfrac{1}{e^{\epsilon}+1}, & \boldsymbol{B}[i]=0 \end{cases} \tag{4-33}$$

图 4-5 展示了三种 LDP 实现机制。

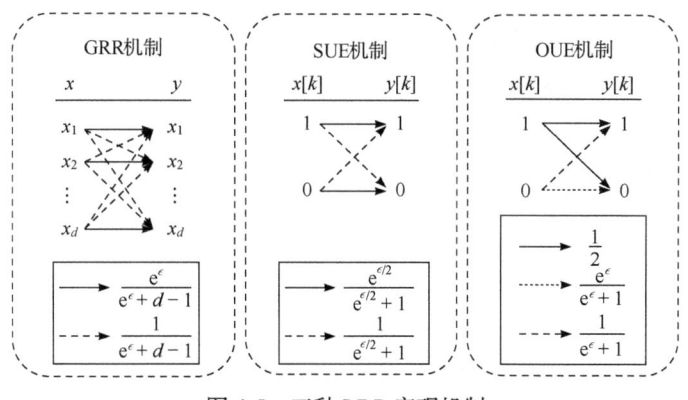

图 4-5 三种 LDP 实现机制

4.4.3 差分隐私的领域应用

差分隐私作为一种强大的隐私保护工具，在多个领域得到了广泛的应用。以下将介绍差分隐私在数据挖掘、地理位置隐私保护和深度学习等领域的具体应用。

1. 差分隐私在数据挖掘领域的应用：效用优化的本地差分隐私

在本地差分隐私框架中，用户对需要保护的原始数据按照相同的方式进行扰动，这里存在着一些不足之处。在实际情况中，原始数据客观上存在一定的敏感性差异，例如，在调查用户所患疾病时，"癌症"要比"感冒"更加敏感。如果对所有的数据按照相同的方式进行扰动，可能存在敏感数据保护力度不足的问题，还容易对非敏感数据进行过度的混淆，导致数据的效用降低。基于原始数据的敏感性差异，Murakami 等学者提出了效用优化本地差分隐私(utility-optimized local differential privacy, ULDP)。

如图 4-6 所示，ULDP 与 LDP 有所不同，它将原始数据集 $\mathcal{X}$ 分为敏感数据集 $\mathcal{X}_S$ 和非敏感数据集 $\mathcal{X}_N$，同时将扰动后的数据集 $\mathcal{Y}$ 分为保护数据集 $\mathcal{Y}_P$ 和可逆数据集 $\mathcal{Y}_I$。在整体隐私预算为 ϵ 的 ULDP 框架下，对于敏感数据集 $\mathcal{X}_S$，其对应的输出集限制为 $\mathcal{Y}_P$，为每个 $y \in \mathcal{Y}_P$ 提供了与 ϵ-LDP 等效的隐私保证。同时，可逆数据集 $\mathcal{Y}_I$ 中的每个输出都能在非敏感数据集 $\mathcal{X}_N$ 中找到唯一的对应输入。ULDP 的形式化定义如下。

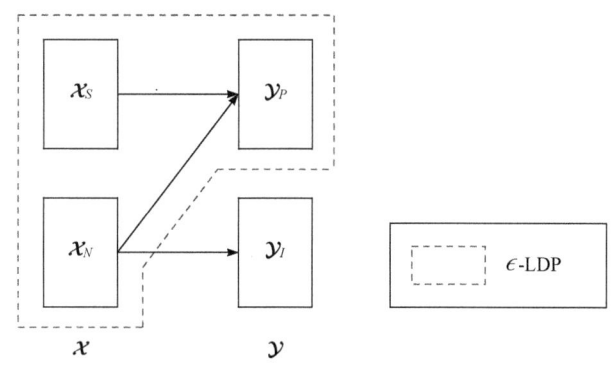

图 4-6 ULDP 示意图

定义 4-15 ($\mathcal{X}_S, \mathcal{Y}_P, \epsilon$)-ULDP 考虑输入域为 $\mathcal{X}$,输出域为 $\mathcal{Y}$,对于一个给定的 $\epsilon \in \mathbb{R}^+$,同时 $\mathcal{X}_S \subseteq \mathcal{X}$,$\mathcal{Y}_P \subseteq \mathcal{Y}$,随机化机制 $\mathcal{M}(\cdot)$ 满足 ($\mathcal{X}_S, \mathcal{Y}_P, \epsilon$)-ULDP,当且仅当满足以下性质:

对于任意的 $y \in \mathcal{Y}_I$,存在一个 $x \in \mathcal{X}_N$,使得 $\Pr[\mathcal{M}(x) = y] > 0$,且对于任意的 $x' \neq x$,都有 $\Pr[\mathcal{M}(x') = y] = 0$。

对于任意的 x、$x' \in \mathcal{X}$ 以及任意的 $y \in \mathcal{Y}_P$,都有

$$\frac{\Pr[\mathcal{M}(x) = y]}{\Pr[\mathcal{M}(x') = y]} \leqslant e^\epsilon \tag{4-34}$$

Murakami 等学者在 LDP 框架下经典的 GRR 机制和 RAPPOR 机制的基础上,设计了满足 ULDP 效用优化的随机响应(utility-optimized randomized response, uRR)机制和效用优化的 RAPPOR(utility-optimized RAPPOR, uRAP)机制。同 GRR 机制和 RAPPOR 机制相比,当存在大量非敏感数据时,uRR 机制和 uRAP 机制能够表现出更高的效用。

定义 4-16 ($\mathcal{X}_S, \epsilon$)-uRR 设 $\mathcal{X}_S \subseteq \mathcal{X}$,$\epsilon \in \mathbb{R}^+$。($\mathcal{X}_S, \epsilon$)-uRR 是一种将 $x \in \mathcal{X}$ 映射到 $y \in \mathcal{Y}(=\mathcal{X})$ 的扰动机制,其扰动概率满足以下条件:

$$\Pr[y|x] = \begin{cases} \dfrac{e^\epsilon}{|x_S| + e^\epsilon - 1}, & x \in \mathcal{X}_S \land y = x \\ \dfrac{1}{|x_S| + e^\epsilon - 1}, & x \in \mathcal{X}_S \land y \in \mathcal{X}_S \setminus \{x\} \\ \dfrac{1}{|x_S| + e^\epsilon - 1}, & x \in \mathcal{X}_N \land y \in \mathcal{X}_S \\ \dfrac{e^\epsilon - 1}{|x_S| + e^\epsilon - 1}, & x \in \mathcal{X}_N \land y = x \\ 0, & \text{其他} \end{cases} \tag{4-35}$$

($\mathcal{X}_S, \epsilon$)-uRR 满足 ($\mathcal{X}_S, \mathcal{Y}_P, \epsilon$)-ULDP 的定义。

定义 4-17 ($\mathcal{X}_S, \theta, \epsilon$)-uRAP 设 $\mathcal{X}_S \subseteq \mathcal{X}$,$\theta \in [0,1]$,$\epsilon \in \mathbb{R}^+$。令 $d_1 = \dfrac{\theta}{(1-\theta)e^\epsilon + \theta}$,$d_2 = \dfrac{(1-\theta)e^\epsilon + \theta}{e^\epsilon}$,那么 ($\mathcal{X}_S, \theta, \epsilon$)-uRAP 是一种将 $x \in \mathcal{X}$ 映射到 $y \in \mathcal{Y} = \{0,1\}^{|\mathcal{X}|}$ 的扰动机制,其扰动概率满足以下条件:

$$\Pr[y|x_i] = \prod_{1 \leqslant j \leqslant |\mathcal{X}|} \Pr[y_j|x_i] \tag{4-36}$$

其中,$\Pr[y_j|x_i]$ 的表达式如下。

如果 $1 \leqslant j \leqslant |\mathcal{X}_S|$,那么有

$$\Pr[y_j|x_i] = \begin{cases} 1-\theta, & i = j \land y_j = 0 \\ \theta, & i = j \land y_j = 1 \\ 1-d_1, & i \neq j \land y_j = 0 \\ d_1, & i \neq j \land y_j = 1 \end{cases} \tag{4-37}$$

如果 $|\mathcal{X}_S|+1 \leqslant j \leqslant |\mathcal{X}|$，那么有

$$\Pr[y_j | x_i] = \begin{cases} d_2, & i = j \land y_j = 0 \\ 1-d_2, & i = j \land y_j = 1 \\ 1, & i \neq j \land y_j = 0 \\ 0, & i \neq j \land y_j = 1 \end{cases} \tag{4-38}$$

$(\mathcal{X}_S, \theta, \epsilon)$-uRAP 满足 $(\mathcal{X}_S, \mathcal{Y}_P, \epsilon)$-ULDP 的定义，这里的保护数据集 $\mathcal{Y}_P$ 定义为 $\{(y_1, \cdots, y_{|\mathcal{X}_S|}, 0, \cdots, 0) | y_1, \cdots, y_{|\mathcal{X}_S|} \in \{0,1\}\}$。考虑 uRR 机制与基础 RAPPOR 机制的差异，Murakami 等学者将 uRR 机制中的参数 θ 设置为 $\dfrac{e^{\epsilon/2}}{e^{\epsilon/2}+1}$，取得了良好的效果。因此，$(\mathcal{X}_S, \theta, \epsilon)$-uRAP 可以简记为 $(\mathcal{X}_S, \epsilon)$-uRAP。

定理 4-4 ULDP 的顺序组合定理 设有两个随机化机制 $\mathcal{M}_0(\cdot)$ 和 $\mathcal{M}_1(\cdot)$。若 $\mathcal{M}_0(\cdot)$ 满足 $(\mathcal{X}_S, \mathcal{Y}_{0P}, \epsilon_0)$-ULDP，且对于每一个 $y \in \mathcal{Y}_0$，$\mathcal{M}_1(\cdot)$ 满足 $(\mathcal{X}_S, \mathcal{Y}_{1P}, \epsilon_1)$-ULDP，那么 $\mathcal{M}_0(\cdot)$ 和 $\mathcal{M}_1(\cdot)$ 的顺序组合满足 $(\mathcal{X}_S, (\mathcal{Y}_{0P} \times \mathcal{Y}_{1P}), \epsilon_0 + \epsilon_1)$-ULDP。

定理 4-5 ULDP 的后处理不变性定理 给定保护数据集合 $\mathcal{Z}_P$ 和可逆数据集合 $\mathcal{Z}_I$，以及随机化算法 $\mathcal{A}(\cdot)$，其输入域为 $\mathcal{Y}$，输出域为 $\mathcal{Z}$，其中 $\mathcal{Z} = \mathcal{Z}_P \bigcup \mathcal{Z}_I$。假设存在一个输入域为 $\mathcal{X}$、输出域为 $\mathcal{Y}$ 的随机化机制 $\mathcal{M}(\cdot)$，满足 $(\mathcal{X}_S, \mathcal{Y}_P, \epsilon)$-ULDP，那么，对于 $\mathcal{M}' = \mathcal{A} \circ \mathcal{M}$，其满足 $(\mathcal{X}_S, \mathcal{Z}_P, \epsilon)$-ULDP。

2. 差分隐私在数据挖掘领域的应用：地理位置隐私保护

计算机科学领域对于位置轨迹的研究涉及处理和分析移动对象在空间上的轨迹数据，这在如地理信息系统、社交网络分析、智能交通系统等众多应用中都具有重要意义。通过对轨迹数据的挖掘，可以发现移动对象的行为模式、关联规律等信息。在移动互联时代，大量位置数据的生成和应用使得对用户位置隐私的保护变得至关重要。位置轨迹隐私保护的核心挑战在于在充分利用位置信息的同时，有效防范潜在的隐私泄露风险。传统的匿名化、脱敏等手段可以有效保护用户的隐私，但也可能影响数据的可用性和应用场景。因此，研究者致力于开发更加先进的技术，如差分隐私技术，通过在位置轨迹数据中引入噪声，以达到在数据可用性和隐私保护之间的平衡。

k-匿名模型在轨迹隐私保护领域有许多应用。例如，Nergiz 等学者提出了一种将轨迹分割成具有 k-匿名性的点组的算法，然后使用一种随机重建算法重建轨迹，实现了对原始轨迹的隐私保护。k-匿名模型往往是在假设攻击者掌握了特定背景知识的基础上，提出的针对性的保护方案；而在无法确定攻击者背景知识的情况下，它很难提供足够的隐私保证。

Andrés 等学者在地理不可区分的概念下，对差分隐私进行了位置隐私方面的拓展，提出了地理不可区分性(geo-indistinguishability)算法。地理不可区分性算法是差分隐私在位置保护领域的拓展。在地理不可区分性算法中，并无相邻数据集这一概念。如果一种机制 K 满足地理不可区分性算法，那么对所有的 x 和 x'，都有

$$K(x)(Z) \leqslant e^{\epsilon d(x,x')}K(x')(Z) \tag{4-39}$$

其中，x、$x' \in \mathcal{X}$，表示两个不同的位置；$Z \in \mathcal{Z}$；$K(x)(Z)$ 表示将地点 x 映射成 Z 的概率；$d(\cdot,\cdot)$ 表示两点之间的欧氏距离，且 $d(x,x') \leqslant r$；r 表示机制 K 的保护范围；ϵ 表示隐私预算。

在前面提到的拉普拉斯机制中，使用的拉普拉斯分布只适用于一维空间，可以采用将 $|x-\mu|$ 替换为 $d(x,\mu)$ 的方式得到较高维度的拉普拉斯分布的定义。根据此定义绘制出的平面拉普拉斯分布如图4-7所示，其中，μ 为坐标(5,3)，且隐私预算 ϵ 的值为0.2。

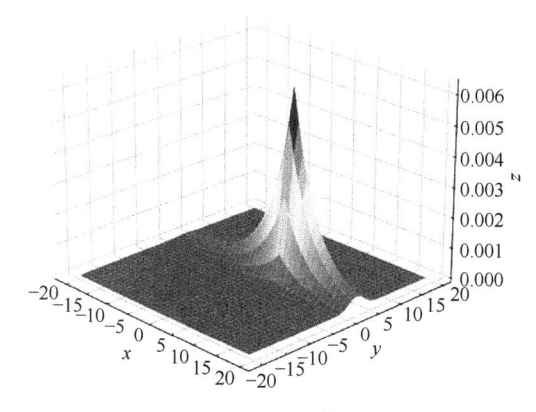

图 4-7 平面拉普拉斯图

据此，可以得到二元拉普拉斯分布的联合分布概率密度函数的极坐标形式：

$$D_\epsilon(r,\theta) = \frac{\epsilon^2}{2\pi} r e^{-\epsilon r} \tag{4-40}$$

其中，$\dfrac{\epsilon^2}{2\pi}$ 是归一化因子。因为代表半径和角度的两个随机变量是独立的，所以概率密度函数可以表示为两个边缘分布的乘积。可以用 r（半径）和 θ（角度）分别表示这两个随机变量，两个边缘分布分别是

$$D_{\epsilon,R}(r) = \int_0^{2\pi} D_\epsilon(r,\theta) \mathrm{d}\theta = \epsilon^2 r e^{-\epsilon r} \tag{4-41}$$

$$D_{\epsilon,\Theta}(\theta) = \int_0^\infty D_\epsilon(r,\theta) \mathrm{d}r = \frac{1}{2\pi} \tag{4-42}$$

其中，$D_{\epsilon,R}(r)$ 符合形状参数为2、尺度参数为 $1/\epsilon$ 的伽马分布。

之后就可以开始绘制随机点。由于 $D_{\epsilon,\Theta}(\theta)$ 是常量，因此只要在均匀分布的区间 $[0,2\pi)$ 中生成 θ 作为随机数就足够了。对 r 进行绘制时可以应用反分布函数：

$$C_\epsilon(r) = \int_0^r D_{\epsilon,R}(\rho) \mathrm{d}\rho = 1-(1+\epsilon r)e^{\epsilon r} \tag{4-43}$$

$C_\epsilon(r)$ 它表示随机点的半径落在 $0 \sim r$ 的累积概率。最后，以均等概率在区间 $[0,1)$ 中生成随机数 p，并令 $r = C_\epsilon^{-1}(p)$：

$$C_\epsilon^{-1}(p) = -\frac{1}{\epsilon}\left(W_{-1}\left(\frac{p-1}{e}\right)+1\right) \tag{4-44}$$

其中，W_{-1} 为朗伯 W 函数(Lambert W function)，又称欧米伽函数或乘积对数函数，是复变函数 $f(x)=xe^x$ 的反函数。

对经纬度坐标 (x,y) 注入噪声，得到的经纬度坐标为 $(x+r\cos(\theta), y+r\sin(\theta))$。

综上所述，基于地理不可区分性的位置隐私保护算法步骤如下。

(1) 遍历轨迹数据集，查找未标记为噪声点的数据，令需要保护的坐标点为 (x,y)。

(2) 在均匀分布的区间 $[0, 2\pi)$ 中生成 θ 作为随机数。

(3) 以均等概率在区间 $[0,1)$ 中生成随机数 p，并令 $r=-\frac{1}{\epsilon}\left(W_{-1}\left(\frac{p-1}{e}\right)+1\right)$，得到 r 的取值。

(4) 对经纬度坐标 (x,y) 注入噪声，得到的经纬度坐标为 $(x+r\cos(\theta), y+r\sin(\theta))$。

(5) 将真实位置替换为生成的近似位置。

需要注意的是，当采用地理不可区分性算法对同一地点或者附近地点进行查询时，将会降低隐私保证。当用户连续报告的是同一地点时，在其附近会生成多个不同的模糊位置，攻击者可能结合背景知识寻找到用户的确切位置。

3. 差分隐私在深度学习领域的应用：随机梯度下降扰动机制

基于差分隐私的随机梯度下降(differentially private stochastic gradient descent, DP-SGD)的思想可应用于深度学习领域中的隐私保护，它最初由 Song 等提出，后来被 Abadi 等进一步扩展到深度学习领域。它的主要做法是在神经网络模型训练过程中，梯度更新参数之前应用差分隐私的高斯机制对梯度进行扰动，在扰动之前还需要先对梯度进行裁剪。训练结束后可将神经网络模型公开给他人使用，训练使用的数据集不需要公开。基于差分隐私保护原理，攻击者即使看到公开的网络模型参数，也无法推测训练数据集。

在基于梯度下降的机器学习中，可以推导得到损失函数的 L_2-函数敏感度与训练过程中每一步的梯度之间的关系为

$$S_f = \max_{x_i \in X} \nabla_\theta \text{Loss}(x_i, \theta)_2 \tag{4-45}$$

如果要应用高斯机制对梯度进行随机扰动，需要求出梯度 L_2 范数的上限，但是，直接求梯度 L_2 范数的上限是不切实际的。因此，在梯度参数更新之前，需要先对梯度进行裁剪，即让梯度的 L_2 范数的上限限制为预先设置好的超参数 C。梯度裁剪的形式化表示为

$$\nabla_\theta \text{Loss}(x,\theta)_2 = \begin{cases} \nabla_\theta \text{Loss}(x,\theta)_2, & \nabla_\theta \text{Loss}(x,\theta)_2 \leq C \\ C, & \nabla_\theta \text{Loss}(x,\theta)_2 > C \end{cases} \tag{4-46}$$

梯度裁剪对于机器学习训练来说只导致其收敛减速，但对于隐私保护而言意义重大。有了梯度裁剪才可以保证 $S_f = C$，从而可以应用高斯机制扰动剪切后的梯度 $\overline{g}$，使得随机梯度下降的过程满足 (ϵ, δ)-差分隐私。具体做法为

$$\tilde{g} = \bar{g} + \mathcal{N}(0, \sigma^2 C^2 \boldsymbol{I}) \tag{4-47}$$

其中，$\tilde{g}$ 代表高斯机制扰动后的梯度；$\bar{g}$ 代表剪切后的梯度；$\mathcal{N}(0, \sigma^2 C^2 \boldsymbol{I})$ 则代表均值为 0、方差为 $\sigma^2 C^2$ 的独立同分布高斯噪声。

在机器学习里的差分隐私有一项重要的任务是整体隐私损失统计。在隐私预算一样的情况下，即事先设置的隐私保护力度一样的情况下，整体隐私损失的统计会影响模型训练的次数，从而影响模型的精度。对于随机梯度下降扰动机制，矩统计(moments accountant)能提供比朴素组合定理和强组合定理更精确的隐私损失统计。

定理 4-6 朴素组合定理 满足 (ϵ, δ)-差分隐私的机制，在经过 K 轮自适应组合后，可满足 $(K\epsilon, K\delta)$-差分隐私。

由此可见，朴素组合定理直接应用了差分隐私里的串行组合性原理。

定理 4-7 强组合定理 对于所有 $\epsilon, \delta, \delta' \geqslant 0$，满足 (ϵ, δ)-差分隐私的机制在经过 K 轮自适应组合后，可满足 $(\epsilon', k\delta + \delta')$-差分隐私，其中，$\epsilon'$、$\delta'$ 满足下列关系：

$$\epsilon' = \sqrt{2k\ln(1/\delta')}\epsilon + k\epsilon(\mathrm{e}^\epsilon - 1) \tag{4-48}$$

对于数据集 X，假设随机化机制 $\mathcal{A}: X \to R'$ 满足 (ϵ, δ)-差分隐私，设 x_{aux} 为辅助输入，矩统计机制将 β-阶矩的隐私损失定义为

$$\alpha_{\mathcal{A}}(\beta) \xlongequal{\mathrm{def}} \max_{x_{\mathrm{aux}}, x, x'} \alpha_{\mathcal{A}}(\beta; x_{\mathrm{aux}}, x, x') \tag{4-49}$$

其中，β-阶矩的隐私损失可看作矩母函数的最大值，即矩母函数在所有 x_{aux}, x, x' 上取的最大值。β-阶矩的隐私损失的矩母函数为

$$\alpha_{\mathcal{A}}(\beta; x_{\mathrm{aux}}, x, x') \xlongequal{\mathrm{def}} \log \mathbb{E}[\exp(\beta c(y; \mathcal{A}, x_{\mathrm{aux}}, x, x'))] \tag{4-50}$$

函数 c 则为两个分布差异：

$$c(y; \mathcal{A}, x_{\mathrm{aux}}, x, x') \xlongequal{\mathrm{def}} \log \frac{\Pr[\mathcal{A}(x_{\mathrm{aux}}, x) = y]}{\Pr[\mathcal{A}(x_{\mathrm{aux}}, x') = y]} \tag{4-51}$$

矩统计的相关理论证明已由 Abadi 等研究人员做出。在基于高斯机制的梯度扰动中，假设每步参数更新符合 (ϵ, δ)-差分隐私，加入的高斯噪声的标准差为 $\sigma = \dfrac{\sqrt{2\ln(1/\delta)}}{\epsilon}$，那么 T 次参数更新后，应用朴素组合定理可知该过程符合 $(T \cdot \epsilon, T \cdot \delta)$-差分隐私，应用强组合定理可知该过程符合 $(\epsilon\sqrt{T\ln(1/\delta)}, T\delta)$-差分隐私，应用矩统计可知该过程符合 $(2\epsilon\sqrt{T}, \delta)$-差分隐私。对比分析上面结果可知，应用矩统计能更精准地统计训练过程中的隐私损失，从而在相同的情况下能提供更好的隐私保护和模型性能。

从表 4-6 可以看出，当针对特定数据实现隐私保护且对计算开销要求比较高时，基于数据失真的隐私保护技术更加适合；当更关注于对隐私的保护甚至要求实现完美保护时，则应该考虑基于数据加密的隐私保护技术，但代价是较高的计算开销(在分布式环境下，还会增加通信开销)；差分隐私技术在各方面都比较平衡，能以较低的计算开销和信息缺损实现隐私保护。

表 4-6 隐私保护技术的性能评估

技术	隐私保护度	计算开销	数据缺损	数据依赖性	通信开销
基于数据失真的隐私保护	中	低	高	高	低
基于数据加密的隐私保护	高	高	低	低	高
数据匿名化	高	中	中	低	低
差分隐私	高	低	低	高	低

本 章 小 结

本章对隐私保护技术的研究现状进行综述。首先给出了隐私及其度量的定义，然后在对已有的隐私保护技术进行分类的基础上，介绍了基于随机化、匿名化、变换、差分隐私等隐私保护技术。每类隐私保护技术特点不一，在不同应用需求下，它们的适用范围、性能表现等不尽相同。

习 题

1. 选择一种基于随机化的数据隐私保护技术，编程实现并评测其隐私保护性能。
2. 数据匿名化技术中的 k-匿名、l-多样性、t-相似性定义分别是什么？它们的区别是什么？
3. 基于傅里叶变换和小波变换的数据干扰技术主要应用场合分别是什么？
4. 中心化差分隐私和本地差分隐私的定义分别是什么？它们有什么区别？
5. 基于随机梯度下降扰动机制，编程实现任一机器学习算法的隐私保护。

第 5 章 联 邦 学 习

联邦学习(federated learning)是一种创新的分布式机器学习框架,这一学习范式在近年来经历了显著的发展,成功地吸引了学术和工业界的广泛关注。通过其独特的处理方式,联邦学习不仅解决了传统集中式学习方法中的隐私和数据安全问题,同时也展示了其在处理分布式数据集时的强大潜力。本章将深入探讨联邦学习的概念、算法框架、关键技术和未来发展方向。

5.1 基 本 概 念

5.1.1 起源与定义

为了全面理解联邦学习,首先需要了解其诞生的背景和定义。联邦学习的出现是为了解决传统集中式机器学习所面临的隐私和数据安全的问题。

1. 联邦学习的起源

在联邦学习的概念提出之前,传统的机器学习和数据挖掘方法普遍采用将数据集中到单一服务器或数据中心进行存储和处理的方式。这种集中式数据处理模式在处理大规模数据集、执行复杂计算任务方面虽然有不错的性能,但也伴随着一系列不容忽视的隐私和安全问题。一旦数据中心遭受攻击,可能会导致大规模的数据泄露。这种风险在金融、医疗和个人隐私数据等领域尤为突出。此外,中心化的数据处理还需要大量的数据传输,这不仅增加了网络带宽的负担,也提高了在传输过程中数据被截获或滥用的风险。

随着社会对数据隐私和安全的意识不断提升,传统的数据处理模式开始受到广泛质疑。人们越来越关注自己的个人信息和数据如何被收集、存储和使用,尤其当这些信息涉及个人隐私时。数据隐私法规,如欧盟的《通用数据保护条例》(GDPR),也对数据的收集和处理提出了更严格的要求。因此,急需一种既能充分利用分布式数据,又能保护用户隐私的新型机器学习方法。

正是在这样的背景下,谷歌在 2016 年提出了联邦学习这一概念。在联邦学习中,数据不会离开用户的设备;相反,模型的训练是在用户设备上进行的,数据不出本地,模型参数或更新会发送到中心服务器上,从根本上改变了数据处理的方式。然后,服务器汇聚这些更新以改进全局模型,再将改进后的模型发送回用户设备。这种方法在确保数据隐私的同时,还能有效降低数据传输量,提升处理效率,是对传统集中式数据处理模式的重要补充和改进。

谷歌提出的联邦学习概念在学术和工业界迅速引起了广泛的兴趣和深入的探讨。联邦学习的引入,标志着一个重要的转折点,它在保护个人隐私的同时,实现了跨设备和跨平台的协同学习，这在传统的集中式数据处理模式中是难以实现的。随着技术的不断成熟和应用领域的拓展，联邦学习逐渐成为多个行业的研究热点。在医疗健康领域，联邦学习使得不同医疗机构能够在不直接共享患者数据的情况下，共同训练和优化诊断模型，从而提高疾病诊断的准确性和治疗的个性化水平。在金融科技领域，联邦学习用于欺诈检测和风险管理，同时确保客户数据的安全性和合规性。在物联网领域，联邦学习使得大量分散的设备能够有效地协同工作，实现智能化决策和服务，而无须将数据传输到云端。

此外，联邦学习还推动了新的研究方向和技术创新。例如，为了解决在不同设备上训练产生的数据不均匀性和模型偏差问题，研究人员开发了多种策略和算法。这包括改进的模型聚合技术、针对非独立同分布(non-independent and identically distributed, non-IID)数据的优化方法以及结合差分隐私和安全多方计算的隐私增强技术。这些创新不仅提高了联邦学习的效率和准确性，而且加强了其在数据隐私保护方面的能力。

2. 联邦学习的定义

联邦学习是一种创新的分布式机器学习框架，旨在保护数据隐私的前提下，实现跨多个节点的协同模型训练。联邦学习的核心概念是在不共享原始数据的前提下，通过多个设备或数据中心协同训练一种共享的机器学习模型。这种方法的主要优势是能够保护数据隐私、减少数据传输，并充分利用分布式数据。式(5-1)给出了 n 个设备下联邦学习的目标函数：

$$\min_{\omega \in \mathbb{R}^d} f(\omega) \text{ where } f(\omega) = \frac{1}{n}\sum_{i=1}^{n} f_i(\omega) \tag{5-1}$$

其中，ω 是共享的机器学习模型的模型参数；$f_i(\omega)$ 是 ω 在设备 i 上的本地损失函数。

5.1.2 基本原理和训练流程

联邦学习的基本原理是在不共享原始数据的前提下，通过多个参与者(如智能手机或其他设备)协作训练一个共同的机器学习模型，避免了将数据集中存储于单一位置的必要性。如图 5-1 所示，联邦学习的模型训练流程主要包含以下几个步骤。

(1) 初始化和分发：中心服务器初始化一个全局模型，并将其分发给参与训练的各个节点。

(2) 本地训练：每个节点使用自己的数据独立训练模型，并根据本地数据更新模型参数。这一步骤是联邦学习的关键，因为它允许每个节点根据自己的特定数据集来调整模型参数，而不需要共享其数据。

(3) 上传模型更新：训练完成后，各节点将其模型更新(如权重和偏差的变化)上传到中心服务器。为了保护隐私，这些更新可以通过加密或差分隐私技术进行处理。

(4) 聚合和更新：中心服务器聚合来自所有节点的更新，通常是通过计算它们的平均值来更新全局模型，然后将更新后的模型分发给各节点。

(5) 迭代循环：重复上述步骤，直到模型达到预定的性能标准或进行足够的迭代次数。

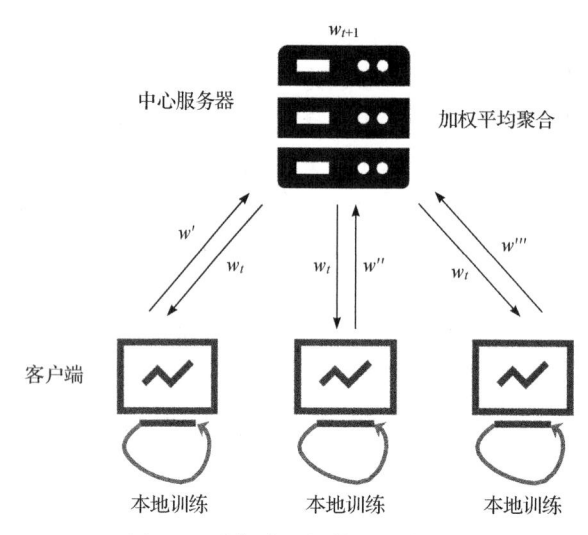

图 5-1 联邦学习的模型训练流程

5.1.3 与传统机器学习的比较

联邦学习作为传统机器学习的一种改进，对比传统机器学习，有以下优点。

1) 隐私保护

联邦学习的一个显著优势是其对隐私的重视。由于数据在本地进行处理，只有模型的更新信息(而不是原始数据)传输到中心服务器，因此个人隐私得到了更好的保护。相比之下，在传统机器学习中，通常需要将大量敏感数据传输到中心服务器或云中心进行处理和分析，这不仅增加了数据泄露的风险，而且可能触犯数据隐私法律和规定。

2) 数据安全性

联邦学习还提供了更高的数据安全性。在联邦学习框架下，数据不需要离开其原始环境，因此降低了在数据传输过程中遭受黑客攻击的可能性。在传统机器学习中，数据在传输和存储过程中面临较高的安全风险。

3) 效率与成本

联邦学习通过在各个设备上进行计算，减少了对大量中心化计算资源的依赖，可以提高效率并减少成本。在传统机器学习中，需要大量计算资源来处理集中存储的大规模数据集，这不仅成本高昂，而且在数据传输方面也可能非常低效。

4) 可扩展性

联邦学习在可扩展性方面表现出色，特别是在大规模、地理分布广泛的设备网络中。它使得成千上万的设备可以协作训练模型，而无须集中数据。在传统机器学习中，随着数据规模的增大，所需的计算资源和存储容量也成比例增加，这限制了其扩展性。

5) 适用场景更广泛

联邦学习具有更广泛的适应场景。这主要是因为联邦学习具有分布式学习和数据隐私保护的核心特性，其能够应用于传统机器学习方法难以触及的领域。首先，联邦学习在处理涉及敏感信息的数据时尤为有效，如医疗健康、金融服务和个性化服务等领域。在这些领域，数据的隐私性至关重要，联邦学习允许在不泄露个人信息的情况下进行模型训练，这一点对于遵守严格的数据保护法规尤为重要。其次，联邦学习适用于那些由于地理分布、网络带宽限制或数据存储问题而难以集中处理数据的场景。例如，在物联网环境中，大量分散的设备可以各自利用其生成的数据进行本地学习，无须将大量数据发送到远程服务器。最后，联邦学习还适用于需要跨多个组织或机构协作的情况。由于它不要求共享原始数据，因此可以跨越组织边界，促进跨行业或跨部门的协作，这在传统的集中式机器学习中是难以实现的。

5.2 联邦学习的关键技术

在联邦学习的实现过程中，有许多关键技术需要深入研究和理解。

5.2.1 数据分布和模型聚合技术

首先介绍联邦学习中的关键技术领域：数据分布和模型聚合技术。

1. 数据分布

在联邦学习中，数据分布是指数据在不同参与者之间的分布方式。不同参与者之间的数据分布通常是异构的，即非独立同分布。这意味着它们可能有不同的分布特征，如不同的样本量、特征分布或标签分布。对于不同的客户端，可能会出现以下两大类的数据分布问题。

1) 违反独立性

(1) 客户端内相关联。如果客户端内的数据以一种不够随机的顺序处理，如按收集设备/时间排序，那么独立性就会被破坏。例如，即使摄像机在移动，视频中的连续帧也是高度相关的。

(2) 客户端间相关联。共享共同特性的客户端可以拥有相关数据。例如，相邻的地理位置具有相同的光照影响(日光)和相关的天气模式(大风暴)，并且可以见证相同的天文现象(日食)。

2) 违反同一性

(1) 数量倾斜。不同的客户端可以容纳大量不同的数据。例如，某些客户端可能从较少的用户处收集数据，或者从产生较少数据的设备处收集数据。

(2) 标签分布倾斜。由于客户端绑定到特定的地理区域，因此标签的分布在不同客户端之间是不同的。例如，专科医院在统计某几种特定疾病患者时，其比例会比一般医院要高。

(3) 相同的标签，不同的特征。相同的标签在不同的客户端中可能有非常不同的"特征向量"。例如，由于文化差异、天气影响、生活水平等因素的影响，世界各地的家庭形象可能会有很大的不同，衣服的种类也有很大的不同。即使在中国国内，也只有在部分地区，才会出现冬季停车被白雪覆盖的景象。同一个品牌在不同的时间、不同的时间尺度上看起来也会有很大的不同：白天与夜晚、季节影响、自然灾害、时尚和设计趋势等。

(4) 相同的特征，不同的标签。由于个人偏好，训练数据项中相同的特征向量可能具有不同的标签。例如，反映情绪或下一个单词预测器的标签具有个人或区域偏见。

数据分布的异构性给联邦学习带来了独特的挑战。首先，由于每个节点可能只能访问一个数据子集，因此在局部节点上训练的模型可能无法准确地代表全局数据分布。其次，不同节点间数据的不平衡(如某些节点拥有更多样本)可能导致模型偏向于数据量较大的节点。此外，由于每个节点的数据特性可能不同，因此需要确保全局模型在各个节点上都能表现良好，而不仅仅是在某一类型或某一分布的节点上表现良好。

2. 模型聚合技术

针对数据异构问题，如何有效地将分布在不同节点上的模型训练结果聚合以形成一种强大且健壮的全局模型也是联邦学习中的一种重要挑战，下面介绍联邦学习现有研究中常见的几种模型聚合技术。

1) FedAvg

联邦平均算法(FedAvg)是联邦学习中最常用的模型聚合技术之一，由谷歌的研究人员在 2016 年提出。FedAvg 的基本思想是，各个节点首先在本地数据上独立训练模型，然后将其模型参数(如权重和偏差)发送到中心服务器。服务器计算这些参数的平均值，得到更新后的全局模型，然后将这个全局模型发送回各个节点进行下一轮训练。这个过程不断重复，直到全局模型的性能达到预定的标准。尽管联邦平均算法在许多应用中表现出色，但它在处理非独立同分布数据和大规模设备网络时面临挑战。

2) FedProx

FedProx 是为了解决联邦学习中设备异构和数据异构问题而提出的。FedProx 在 FedAvg 的基础上，在本地客户端的目标函数上加入近端项。近端项的主要作用是拉近本地更新的本地模型和上一轮全局模型的距离，使本地更新不会过分偏离全局模型。通过加入近端项，缓解数据异构性，提高全局模型收敛的稳定性。另外，相比于 FedAvg 对所有设备在每轮本地更新采用相同的本地迭代轮数，FedProx 允许根据设备的可用系统资源在不同设备中使用不同的本地迭代轮数，从而缓解设备异构性。

3) MOON

MOON 利用对比学习来解决联邦学习中的数据异构问题。MOON 在 FedAvg 的基础上，在本地客户端的目标函数上加入模型对比损失，从两方面影响本地模型的更新：一方面使本地模型能够学习到接近全局模型的表征，另一方面使本地模型能够学习到比上一轮本地模型更好的表征。

4) SCAFFOLD

SCAFFOLD 通过引入控制变量来校正客户端的本地更新，从而解决数据异构带来的问题。SCAFFOLD 维护全局控制变量和每个客户端的本地控制变量，控制变量中含有模型的更新方向信息，通过在本地客户端的目标函数上添加修正项来调整梯度更新、克服梯度差异，有效缓解客户端漂移。与其他联邦学习算法相比，SCAFFOLD 可提供更快的收敛速度和更高的模型精度。

5) 自适应聚合

在某些联邦学习场景中，不同客户端的数据质量、数量或其他因素存在差异，FedAvg

的简单平均聚合可能不足以处理这类问题,而自适应聚合通过更加智能的方式来聚合这些更新。自适应聚合的核心思想是根据每个节点的数据或模型性能来调整其在总体聚合中的权重。这意味着,不是所有节点的更新都以相同的方式贡献到全局模型中,某些节点的更新可能因为更高的质量或更具代表性的数据而被赋予更大的权重。这种方法能更有效地处理数据异构问题,提升模型在各种数据分布下的性能。

5.2.2 联邦学习相关的优化策略

在现实场景下,联邦学习面临多种挑战,包括数据异构性、通信效率、隐私保护和安全、模型效率、模型鲁棒性以及设备参与度和可靠性等。现有相关研究通过采用针对性的优化策略,可以有效地解决这些问题,推动联邦学习在各种实际应用中的发展。对上述的六种挑战,现有研究均开发了多种优化策略。

1. 数据异构性

联邦学习系统通常涉及大量分布式的节点,每个节点的数据分布可能不同。这种数据的异构性可能导致训练出的全局模型在不同节点上的性能有显著差异。例如,某些节点可能拥有异常数据或非代表性样本,这可能导致模型偏见或过拟合。常见的解决方案有以下几点。

1) 客户端权重调整

根据每个客户端的数据量或数据质量给予不同的权重,以平衡不同客户端的贡献,解决数据异构性和通信效率问题,如 5.2.1 节讲到的自适应聚合技术。

2) 多任务联邦学习

多任务联邦学习允许不同的节点训练特定于其数据分布的定制模型,同时保持一部分共享参数。这种方法有助于提高模型在各种数据源上的性能,如 MOCHA,其核心思想是采用一种共享的底层模型结构,使不同的任务可以学习到通用的特征,每个任务都有自己的分类头,使分类头适配下游任务。

3) 元学习和迁移学习

使用元学习和迁移学习技术帮助模型快速适应新的或不常见的数据分布。例如,Per-FedAvg 利用元学习初始化一种共享的全局模型,然后每个客户端本地进行少数轮的微调,从而获取每个客户端的个性化模型。

2. 通信效率

在联邦学习中,每个参与节点需要将更新后的模型发送到中心服务器,服务器则需要将聚合后的全局模型发送回节点,这导致当模型较大或者参与节点数量很多时,每轮联邦学习的数据传输量会很大,造成通信效率降低。另外,不同设备因为连接不同网络,其带宽会各不相同,这种不均匀的带宽分布可能导致数据传输过程中的瓶颈,造成通信效率降低。对于通信效率问题,分别从数据传输量和带宽限制这两点解决。

1) 数据传输量

(1) 模型压缩和梯度量化。采用模型压缩和梯度量化等技术减小模型大小、降低通信开销。这些技术包括参数剪枝、量化和知识蒸馏等。参数剪枝去除了模型中不重要的权重；量化通过减少表示每个权重所需的位数来减小模型大小；知识蒸馏则是通过训练一个较小的模型来模仿大模型的行为。这些技术能够减少在联邦学习过程中需要传输的数据量，从而提高通信效率。

(2) 梯度聚合。在某些情况下，直接聚合模型的参数可能不是最高效的方法。梯度聚合策略允许每个节点计算并上传模型的梯度(即模型参数的更新)，而不是模型参数本身。中心服务器将收到的梯度进行聚合，并用它们来更新全局模型。梯度聚合可以减少通信开销，因为梯度通常比完整的模型参数更加紧凑。此外，它还有助于模型更快地收敛，特别是在处理大型模型时。然而，这种方法在每个节点的数据量和质量差异较大时也可能面临梯度稀疏性或不平衡的问题。

(3) 节点选择。每轮训练中，只选择一部分代表性客户端参与训练，而不是所有客户端，从而减少通信负担。

(4) 本地更新。允许节点在上传更新前在本地执行多个训练周期，这样可以减少与中心服务器之间的通信频率，同时利用更多的本地数据进行学习。

2) 带宽限制

(1) 异步更新。在传统的联邦学习模型中，必须所有节点完成其训练并上传更新后，模型才进行聚合。异步更新允许节点在完成训练后立即上传更新，不必等待其他节点。这减少了服务器的闲置时间和网络的峰值负载，从而更有效地利用可用带宽。

(2) 分层聚合。在分层聚合方法中，节点分组，并在每个组内先进行局部聚合，然后将这些局部聚合的结果发送到中心服务器。这可减少直接与中心服务器通信的节点数量，从而降低总体带宽需求。

(3) 带宽感知的节点选择。在这种策略中，系统会根据每个节点的带宽状况来选择参与训练的节点。例如，当带宽资源有限时，优先选择拥有更高带宽的节点参与模型更新的上传。

(4) 网络流量调度。通过智能调度算法优化数据传输的时间点，例如，在网络流量较低的时段进行大规模数据传输，可以有效减轻网络拥堵，提高带宽的利用效率。这种调度策略特别适用于大型联邦学习系统，其中数据传输可能跨越不同的时间区域和网络条件。

3. 隐私保护和安全

联邦学习虽然通过只共享更新信息来增强用户数据的隐私保护，但仍然存在一些隐私保护和安全问题。潜在的攻击者可能能够通过分析模型参数或更新，推断出一些关于原始数据的信息，而且在通信过程中，传输的数据也可能被截获，导致隐私泄露。常见的解决方案如下。

差分隐私：在模型汇聚过程中应用差分隐私，通常涉及向每个节点的模型更新中添加一定量的噪声。这样，即使攻击者能够访问汇聚的模型更新，也难以准确推断出任何单个节点的数据信息。

安全多方计算：一种隐私计算方法，它允许多个参与方在不暴露各自原始数据的情况下，共同计算某个函数的结果。在联邦学习中，安全多方计算可以用于安全地聚合来自各个节点的模型更新，特别是在处理隐私敏感数据时。通过这种方式，即使中心服务器或其他参与者被攻击，数据隐私也能得到有效保护。具体来说，安全多方计算可以通过同态加密来实现。同态加密允许对加密数据进行运算，如加法和乘法，而无须解密，使得安全多方计算能够保证数据在计算过程中的隐私性和安全性，即使计算环境受到攻击，攻击者也无法从加密的数据中获取完整的敏感信息。

区块链：近年来，区块链技术因其不可篡改性和透明度在联邦学习中得到广泛探索。区块链技术是一种分布式账本技术，它利用加密方法将数据块链接在一起，确保数据的不可篡改和永久记录。在联邦学习中，区块链通过记录每个节点的模型更新，不仅确保了整个学习过程的可追溯性和透明度，还增加了审计能力，使模型训练的每一步都可验证。此外，利用区块链实现去中心化的模型聚合，可以减少对单一中心服务器的依赖，从而提高系统的安全性和抗攻击能力。通过这种方式，区块链技术提升了联邦学习的数据隐私保护和整体系统的鲁棒性。

4. 模型效率

在联邦学习环境中，设计和优化模型时必须考虑设备的计算能力和存储空间的限制。这些限制要求联邦学习中的模型不仅要高效，还要轻量化，以适应各种设备的性能差异。例如，智能手机和其他边缘设备相比于服务器或云环境，具有较低的处理能力和有限的内存。常见的解决方案如下。

轻量化模型设计：通过简化模型架构或采用有效的模型压缩技术来减小模型的大小和复杂度，如神经网络剪枝、知识蒸馏和模型量化等技术。

异构计算：为了适应不同设备的计算能力，可能需要实施自适应的模型，这样模型可以根据设备的能力动态调整复杂度。

5. 模型鲁棒性

实际应用中的数据可能包含噪声或异常，进一步影响模型的稳定性和准确性。另外，联邦学习中还存在拜占庭攻击和投毒攻击等攻击手段。因此，在联邦学习中提高模型的鲁棒性成为一种重要任务。常见的解决方案如下。

聚合算法改进：使用鲁棒的聚合算法，如中位数聚合、均值剪辑或者基于机器学习的异常检测，在联邦学习环境中有效提高系统对拜占庭攻击的防御能力。

多重检验和冗余：通过多个独立节点重复计算并验证同一任务，比较分析各节点结果的一致性，从而识别和排除潜在的拜占庭节点。

数据清洗：在模型训练前对数据进行验证和清洗，移除明显的噪声和不一致数据，防止攻击者对数据进行投毒。

异常检测：利用统计方法或机器学习模型来识别和过滤异常的模型更新。这些技术可以根据模型更新的分布特性来识别不正常的模式，以提高系统对投毒攻击的防御能力。

6. 设备参与度和可靠性

联邦学习中，不同设备可能因为网络问题、电量限制或个人选择而导致参与度不一致。另外，一些不可靠的设备可能会拖慢整个训练过程，甚至导致训练结果不准确。常见的解决方案如下。

激励机制：引入激励机制来鼓励更多的设备参与训练过程，如奖励或优化资源分配，鼓励更多设备稳定参与。

动态参与策略：采用动态参与策略，允许设备根据自身情况选择是否参与，使设备可以在最佳状态下参与训练，提高效率和性能。

容错机制：实施容错机制，确保即使个别设备出现故障，整个系统也能稳定运行，如使用冗余计算、数据备份和恢复策略等。

5.3 联邦学习的架构和设计

联邦学习的架构和设计在实际应用中扮演着至关重要的角色，不同的架构模式和设计策略直接影响联邦学习的效率、安全性和适用范围。下面将详细探讨联邦学习的不同架构和设计方法。

5.3.1 集中式与去中心化架构

联邦学习可以根据其架构分为集中式和去中心化两种方式，如图 5-2 所示，理解这两种架构的差异对于选择合适的联邦学习方案至关重要。

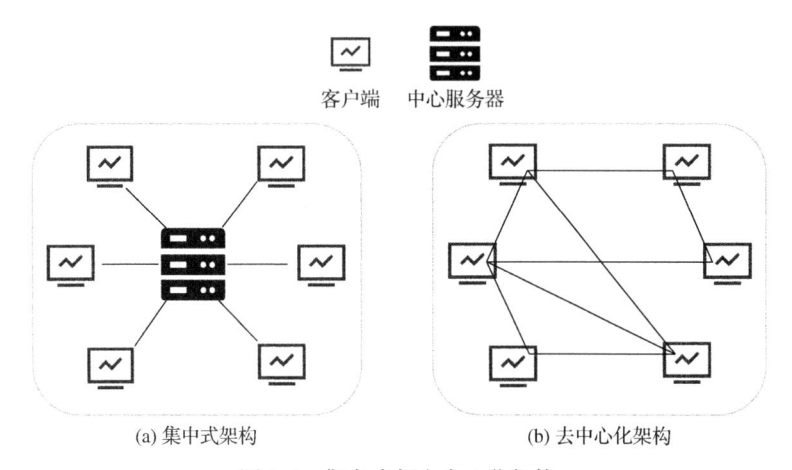

(a) 集中式架构　　(b) 去中心化架构

图 5-2　集中式与去中心化架构

1. 集中式联邦学习架构存在的问题

传统的联邦学习通常采用的是集中式的架构，即每个节点将模型更新都上传到一个中心服务器上进行处理，但是集中式架构存在以下几方面的问题。

1) 数据安全

集中式架构中的中心服务器成为显著的安全弱点。黑客攻击或数据泄露会影响所有集中存储的数据。相比之下，去中心化的联邦学习架构将风险分散，即使某些节点受到攻击，也不会影响整个网络。

2) 适应性和可扩展性

随着参与者数量的增加，集中式架构可能会遇到性能瓶颈。去中心化架构通过分散计算和存储任务，可提高系统的适应性和可扩展性，使得联邦学习可以更好地应对大规模网络。

3) 抗干扰性

集中式架构由于其所有计算和数据处理活动都集中在单一的服务器上，因此特别容易受到网络问题或单点故障的影响。去中心化架构由于其分布式特性，不仅提高了系统的抗干扰性和容错能力，还增强了网络的整体弹性和稳定性。

4) 合规性

随着各国对数据隐私和安全法规的加强，如欧盟的 GDPR，去中心化的联邦学习架构更容易符合这些法规的要求。

5) 恶意中心服务器

当中心服务器受到恶意攻击或被恶意操作者控制时，可能导致一系列严重的问题。例如，恶意中心服务器可能篡改学习过程，导致训练出的模型有偏差或功能不全。另外，恶意中心服务器可能滥用存储在服务器上的数据。

2. 去中心化联邦学习架构的示例

下面介绍一个去中心化联邦学习架构的示例。

在去中心化的联邦学习架构中，没有中心服务器来协调训练，客户端基于本地数据训练自己的模型，并遵循通信协议与其他客户端通信，即随机地与其他客户端通信自己的模型参数。在每轮联邦学习中，客户端将本地模型与随机选择的相邻客户端的模型进行平均聚合，得到该轮的聚合模型。但这种随机算法存在一个问题，即如果具有不同数据分布的两个客户端进行通信，当它们的模型聚合时，模型的性能通常会变差。因此为了解决这个问题，引入了基于性能的邻居选择算法，客户端接收到来自其他客户端的模型时，基于本地数据集对模型进行评估。若模型的训练损失较低，则具有相似数据分布，客户端选择其作为自己的潜在邻居。若训练损失较高，则具有不同的数据分布，客户端放弃选择其作为邻居。通过此算法，客户端只跟其具有相似数据分布的客户端进行聚合，从而提高性能。

3. 集中式与去中心化联邦学习架构的对比

集中式联邦学习架构和去中心化联邦学习架构是当前联邦学习中两种不同的架构。这两种方法各有优缺点，适用于不同的场景。下面对这两种架构进行了对比。

1) 集中式联邦学习架构

(1) 优点。

① 高效的资源管理。集中式架构可以有效管理和分配资源。

② 简化的协调和通信。所有的通信都通过中心服务器进行，这简化了协调和通信的过程。

(2) 缺点。

① 隐私和安全风险。集中式架构可能增加数据泄露和安全攻击的风险。

② 单点故障风险。集中式架构存在单点故障的风险，一旦中心服务器出现问题，整个系统可能受到影响。

③ 可扩展性限制。对于大规模的用户数量，中心服务器可能成为瓶颈，限制系统的可扩展性。

(3) 适用场景。

集中式架构适用于对隐私保护要求较低的场景以及需要快速迭代和更新全局模型的场景，如中小型企业或机构内部的数据分析。

2) 去中心化联邦学习架构

(1) 优点。

① 隐私和安全性增强。更新信息分散在各个客户端，因此降低了数据泄露的风险。

② 高度的可扩展性。去中心化架构易于扩展，能够适应大量节点的加入。

③ 抗干扰和容错能力强。去中心化架构不易受单点故障的影响，具有更好的抗干扰和容错能力。

(2) 缺点。

① 通信效率低。不同的节点网络带宽不同，在节点间共享模型更新可能导致高通信成本和低效率。

② 模型融合挑战。不同节点的模型更新融合可能复杂，需要精细的算法来协调。

(3) 适用场景。

去中心化架构适用于对数据隐私要求极高的应用和分布式的、地理位置分散的环境，如跨国公司或大型网络设备。

5.3.2 客户端参与和资源管理

在联邦学习中，客户端参与和资源管理是密切相关且相互依赖的两个方面。参与联邦学习的客户端通常存在显著的设备异构问题，即不同客户端在计算能力、存储空间和网络连接质量方面可能存在较大差异。因此，对客户端资源的有效管理成为联邦学习成功实施的一个核心要素。

1. 客户端设备异构性的挑战

客户端设备的异构性是联邦学习中资源管理的一大挑战。在联邦学习中，客户端通常由各种类型的设备组成，包括智能手机、笔记本电脑、台式机甚至是更高级的计算设备。这些设备在硬件配置和网络能力上的差异带来了一系列挑战。

首先，不同设备的处理器性能和内存大小存在显著差异。例如，一台高端台式机可能拥有多核心高速处理器和大容量 RAM，一部老旧的智能手机则可能只有有限的处理能力和较小的内存。这意味着每个设备处理同样计算任务的能力不同，影响联邦学习模型的训练效率和效果。

其次，网络带宽和连接稳定性在不同设备和地理位置之间也大相径庭。一些设备可能具有高速稳定的互联网连接，其他设备则可能经常面临网络不稳定或带宽限制的问题。此外，设备的地理位置也可能影响其网络连接的质量，例如，偏远地区的设备可能无法访问高速互联网。

最后，客户端设备的可用性也是一个重要因素。不是所有设备都能全天候在线参与联邦学习。一些设备可能由于电池电量限制、用户使用模式或其他原因，在特定时间才能参与联邦学习过程。例如，智能手机用户可能在夜间充电时才允许其设备参与数据处理。

这种计算能力、存储空间和网络连接质量等方面的差异，不仅给联邦学习系统的设计和实施带来复杂性，也要求开发者在策略的制定上具有高度的灵活性和创新性。因此，联邦学习系统需要设计高效的资源管理策略和智能的客户端选择算法，以最大化利用各种类型设备的潜力，同时确保整个学习过程的高效性和公平性。此外，还须考虑设备的能源效率和用户隐私保护，确保联邦学习的可持续性和安全性。

2. 资源管理策略

为了解决客户端设备异构性带来的问题，联邦学习通常采用以下的资源管理策略，以确保联邦学习系统在面对设备异构性时，仍能高效、公平且节能地运行。

1) 客户端选择

联邦学习通过以下几个因素来对客户端进行选择，每轮训练只选择部分客户端参与。

(1) 客户端可用性。考虑客户端是否在线以及它的空闲时间。

(2) 计算能力。考虑客户端的处理器性能和可用内存。

(3) 数据质量。考虑设备上数据的丰富性和多样性。

(4) 网络条件。考虑设备的网络连接稳定性和带宽。

2) 计算任务优化

联邦学习还可以通过优化各客户端的计算任务，来适应它们的硬件和网络限制。

(1) 模型轻量化。对于计算能力较弱的客户端，可以采用更轻量级的模型。

(2) 减少模型更新频率。对于网络连接不稳定的客户端，可以通过减少模型更新的频率来解决。

3) 能源管理

在涉及移动设备的联邦学习中，能源管理也非常重要。

(1) 调度策略。根据设备的电池状态调整其训练任务。

(2) 低能耗模式。当设备电量低时，自动减少计算量或暂停训练任务。

5.3.3 联邦学习系统的安全性

虽然联邦学习的核心优势在于增强数据隐私和降低中心化的数据存储风险，但它也引入了新的安全挑战。这些挑战来自联邦学习的分布式本质和对多个客户端的依赖。

下面总结了目前联邦学习遇到的安全挑战。

(1) 数据泄露：尽管联邦学习不共享原始数据，但恶意客户端可能仅通过模型更新，就能够重构或推断出敏感信息。

(2) 模型投毒攻击：联邦学习中可能存在某些恶意客户端，其通过上传有毒的模型更新来破坏全局模型的准确性。

(3) 中间人攻击：在模型更新的通信过程中，攻击者可能截取客户端上传的梯度更新，并通过修改梯度更新信息来干扰联邦学习。

为了应对上述的安全挑战，现有研究通常采取以下措施。

1. 加密技术

(1) 同态加密。它是一种先进的加密技术，允许数据在保持加密状态的同时进行计算。因此，它适用于保护模型更新过程中的数据隐私。

(2) 安全多方计算。通过将计算任务分解成多个部分，并在各个客户端之间分配这些任务，来确保单个客户端无法访问全部数据，从而保护数据隐私。

(3) 差分隐私。通过在模型更新过程中引入一定量的随机噪声，能够有效地掩盖个体数据点，防止敏感信息的推断。

2. 异常检测和行为分析

在联邦学习中，实施有效的异常检测和行为分析是确保数据安全和模型完整性的关键。下面列举出几种常用的方法。

(1) 行为分析和实时监控。通过持续监控客户端的活动，如数据上传频率和模型更新规律，可以检测与正常行为模式的偏差。这有助于及时发现并阻止数据篡改或系统攻击。

(2) 机器学习算法。应用机器学习算法来识别异常行为。例如，使用聚类分析来识别模型更新中的异常群体；利用监督学习模型预测潜在的恶意节点。

(3) 数据一致性检查。在服务器端，通过比较来自不同节点的模型更新的一致性，可以识别出异常的节点。不一致的模型更新可能表明节点上的数据被修改或者节点行为异常。

3. 安全通信协议

1) TLS/SSL

TLS/SSL 通过加密客户端与服务器间的通信，确保数据在传输过程中的保密性和完整性。TLS/SSL 的使用能有效防止中间人攻击，确保恶意方无法截获、篡改或伪造传输的数据，从而保障参与者之间的信息交换既安全又可靠。

2) 端到端加密

端到端加密是一种强化通信安全的关键技术，它通过对数据进行加密确保信息在发送端和接收端之间的传输过程中免受窃听和篡改。在联邦学习中，这意味着从客户端发出的数据在到达服务器之前，任何中间网络节点都无法解读其内容。这种加密方法不仅防止了潜在的数据泄露，还保护了数据的完整性，是保障联邦学习中敏感信息安全的重要手段。

5.3.4 横向联邦学习与纵向联邦学习

根据数据的特征和样本分布，联邦学习可以分为横向联邦学习和纵向联邦学习，两者适用于不同的应用场景。

1. 横向联邦学习

横向联邦学习，也称为水平联邦学习，主要适用于数据具有相同特征但样本不同的场景。这种模式常见于数据分布广泛但特征集相似的不同机构，如金融、医疗机构等。例如，各地区的银行可能需要在没有直接交换客户信息的情况下共同开发信用评分模型。各地的医疗机构拥有不同患者的医疗记录，通过横向联邦学习可以在不共享患者具体数据的前提下，共同训练出更准确的预测模型。

2. 纵向联邦学习

纵向联邦学习，也称为垂直联邦学习，适用于数据拥有相同样本但特征不同的情况。在这种模式中，不同机构持有同一批客户的不同方面数据，这些机构可以合作使用各自的数据片段来构建一个更全面的数据视图。例如，银行拥有客户的信用信息，电商平台拥有同一客户的购物行为数据。通过纵向联邦学习，不同领域的企业可以在保护数据隐私的基础上，整合各自的数据优势，共同开发出更全面的风险评估模型或个性化营销策略。

5.3.5 cross-silo 联邦学习与 cross-device 联邦学习

根据参与方的数量和设备类型，联邦学习还可以分为 cross-silo 联邦学习和 cross-device 联邦学习。

1. cross-silo 联邦学习

cross-silo 联邦学习通常在较少数量的大型机构或组织之间进行，这些参与者拥有丰富的数据资源。这种模式适用于需要高度隐私保护的场景，如金融机构、医疗机构等。通过 cross-silo 联邦学习，这些机构能够在保持数据本地化的同时合作训练模型，这不仅提高了模型的性能，还保证了数据的隐私和安全。

2. cross-device 联邦学习

cross-device 联邦学习则适用于大量的小型终端设备，如智能手机或物联网设备，这些设备通常资源有限但数量巨大且分布广泛。这种模式适用于需要从大量分散的数据中学习通用模式的应用，例如，智能手机应用可以通过分析来自成千上万个用户的使用数据来个性化推荐内容。这种大规模的数据分布和处理通常需要高效的算法来确保计算和通信的节省。

5.4 面临的挑战和未来方向

联邦学习作为一项新兴的技术，虽然展现出了巨大的潜力，但仍有许多问题需要解决。

5.4.1 技术挑战：规模、效率和准确性

目前，尽管联邦学习已经在保护数据隐私和解决数据孤岛问题方面展现出巨大潜力，然而，这项技术在实际应用中仍面临着一系列技术挑战，这些挑战主要集中在三个方面：规模、效率和准确性。

随着参与节点数量的增加，联邦学习系统的规模变得越来越大，在这种大规模落地的情况下，有效地管理和协调这些联邦学习节点成为一个关键问题。这一问题涉及多个方面。

1. 节点参与管理

在大规模的联邦学习系统中，参与节点可能会频繁地加入或离开。因此，需要一种高效的机制来管理这些动态变化。目前的做法通常是通过一个中心服务器来负责维护参与节点的列表，并处理节点的加入请求和离开请求。为了保证系统的安全性，这一过程通常需要节点通过身份验证和授权。

2. 模型更新同步

在联邦学习中，各个节点需要定期向服务器报告其本地模型更新，服务器则负责聚合这些更新并将全局模型同步给各个节点。在大规模系统中，这一过程需要高度的协调。目前一种常见的做法是采用异步通信机制，允许节点在不同的时间点发送和接收模型更新，从而减少等待时间和网络拥塞。

3. 可扩展性

在大规模场景下，联邦学习系统需要具备良好的可扩展性。这意味着系统应该能够适应参与节点数量的增加。目前一种实现可扩展性的方法是采用分层的架构，将参与节点划分为不同的组，并在每个组内进行局部模型聚合，从而减少中心服务器的负载和通信开销。

其次，规模扩大导致通信开销增大，联邦学习系统的效率方面也遇到了挑战。目前，通常采取一系列加密和压缩技术来保护联邦学习系统中的数据隐私并提高通信效率。联邦学习系统为了保护用户本地数据不外泄，仅传输模型更新，而且会对要上传的模型更新参数进行严格的加密处理后再传输。这种加密机制可以防止中间人攻击，确保传输过程中数据的安全性。但是，对于复杂的加密系统，就意味着信息回传也需要更多的资源和时间去解密，这就需要在数据保护和系统效率之间找到平衡点。因此，目前的做法是采用轻量级加密算法，尽可能减少加密和解密所需的资源和时间，同时保证足够的安全性。此外，还可以通过压缩模型更新数据、使用差分隐私技术等方法来进一步降低通信

开销和保护数据隐私。从长远的角度看,随着攻击手段的升级和法律法规的完善,数据保护的要求一定会越来越严格。因此,未来的联邦学习系统必须能够在保护数据隐私和提高效率之间找到更好的平衡。这可能需要从系统层面进行创新,如采用更先进的加密技术、开发更高效的通信协议等。

最后,随着规模的扩大,联邦学习系统中的参与方可能会变得越来越异质。这意味着不同参与方的数据分布可能差异很大,对联邦学习系统模型的准确性提出了挑战,可能会导致模型训练的偏差和不公平问题。这种数据异质问题在现实应用中非常常见,例如,在医疗领域的联邦学习中,不同医院患者的疾病分布可能完全不同,这会导致各方训练出的模型差异较大,从而影响最终聚合模型的准确性和泛化能力。为了解决这一问题,目前提出了多种方法,如基于元学习的联邦学习方法、基于迁移学习的联邦学习方法等,这些方法旨在减少数据分布差异对模型训练的影响,提高全局模型的泛化能力。还有一些方法称为个性化联邦学习方法,这些方法旨在为每个参与方定制一种个性化模型,以适应不同参与方的不同数据分布。

5.4.2 法律和伦理问题

目前联邦学习领域在法律和伦理方面也存在诸多问题。

1. 数据所有权和使用权

在联邦学习中,各个参与方提供各自的数据进行协同训练,这涉及数据所有权和使用权的问题。每个参与方可能对其数据拥有不同的所有权和使用权要求,在保护个体数据所有权的同时实现数据的有效共享和利用,成为需要深入探讨的法律和伦理难题。

首先,明确数据所有权对于确保数据使用的合法性至关重要。在联邦学习中,每个参与方都应明确拥有其数据的所有权。这意味着参与方有权决定其数据如何使用,以及在什么条件下可以用于训练共享模型。

其次,数据使用权的界定也至关重要。建立明确的数据使用协议至关重要,协议应详细规定各方的权利和义务,包括数据的使用范围、目的以及对数据的处理方式等。通过这种方式,可以确保数据的使用不仅符合法律法规,而且符合各方的利益和要求。

再次,考虑到数据提供方可能对其数据的使用持有敏感态度,制定相应的补偿机制是保护其利益的有效方式。这种补偿机制可以是经济补偿,也可以是在模型训练中赋予数据提供方更多的权重,以体现其数据贡献的价值。

最后,为了增强各方对数据使用过程的信任,加强数据使用的可追溯性和透明性也非常重要。这一点可以通过区块链技术实现,每次数据使用和模型更新都记录在一个不可篡改的分布式账本中,所有参与方都可以查看数据使用的历史和模型训练的过程,从而增强信任和透明度。

2. 参与方责任和问责机制

在联邦学习中,由于多个参与方共同参与模型的训练和使用,因此建立明确的参与方责任和问责机制显得尤为重要。这不仅涉及明确各参与方在数据提供、模型训练和应用过程中的责任，还包括在发生数据泄露等问题时实施有效的问责。

首先，制定明确的合作协议和规范是建立责任和问责机制的基础。协议应详细规定各方的责任范围和义务，包括数据的提供、处理和保护，模型的训练、更新和使用，以及在出现问题时的应对措施等。通过明确的规范，可以确保各方在参与联邦学习过程中的权利和责任得到清晰界定，从而避免在发生争议时产生不必要的纠纷。

其次，建立独立的监督和审查机构对联邦学习过程进行监督和评估至关重要。机构可以由第三方专家组成，负责定期审查联邦学习项目的合规性和效果，及时发现问题并提出改进建议。通过独立监督，可以增强联邦学习系统的透明度和公信力，保证参与各方遵守协议和规范。

最后，建立完善的纠纷解决机制是确保参与方责任得到落实的关键。当发生数据泄露等问题时，应有明确的流程和机制来处理纠纷，包括调查原因、评估责任、提供补偿等。这种机制应该是公正、高效和透明的，确保所有参与方都能在发生问题时得到及时而公正的处理。

3. 知识产权

在联邦学习中，全局模型知识产权的归属也是一个关键问题。明确和保护知识产权不仅有助于激励参与方积极贡献数据和模型，也是确保联邦学习能够顺利进行的关键因素。

首先，协议中应明确规定各参与方对模型的贡献以及相应的权益。例如，可以根据各方提供的数据量、数据质量、模型质量等因素来确定其在全局模型知识产权中的份额。此外，还应考虑如何处理模型训练过程中产生的新知识，以及如何界定和保护这些知识产权。

其次，随着模型的不断迭代和优化，知识产权的界定和保护将变得更加复杂。模型的每次更新都可能涉及新的数据，这要求参与方在每次迭代中重新评估和协商知识产权的归属和分配。为了应对这一挑战，可以建立动态的知识产权管理机制，例如，设立专门的知识产权委员会，负责监督和协调模型迭代过程中的知识产权问题。

随着各行各业对知识产权的注重，知识产权分配在联邦学习中的重要性将不断提高。在合作协议中明确知识产权的归属和分配、建立动态的知识产权管理机制，是未来需要解决的问题。

5.4.3 未来发展趋势

随着人工智能技术的不断发展和人们对人工智能需求的增加，联邦学习的应用前景广阔，目前联邦学习的发展趋势可以从以下几个方面进行探讨。

1. 技术创新与优化

从近几年的发展动向看，联邦学习研究的重点集中在同时兼顾数据隐私保护和模型性能、效率等目标，即可信联邦学习的核心问题上。随着未来对联邦学习研究的深入，将出现更多技术创新与优化方法，以解决可信联邦学习的核心问题。例如，研究更优质的加密算法来更好地保护数据隐私；研究更高效的联邦学习框架，减少通信开销的同时保证模型性能；研究结合其他深度学习技术以提高联邦学习模型的泛化性和鲁棒性。

2. 应用领域的扩充

目前联邦学习已经在医疗、金融、物联网等领域展现出巨大潜力并投入使用。未来，随着技术的成熟和社会对数据隐私保护意识的提高，联邦学习将在更多领域得到应用，如智能制造、智慧城市、自动驾驶、数字经济等。在这些领域中，联邦学习不仅可以提升数据利用率，还可以促进跨机构、跨地域的协同合作，推动行业创新。

3. 法律法规的完善

随着联邦学习的广泛应用，与其相关的法律法规也将逐渐完善和标准化，以解决数据共享、模型训练等过程中的法律问题。国家和国际组织可能会制定更加严格的数据保护法规，为联邦学习的实施提供法律框架。法律法规的完善将促进不同行业、不同国家之间的合作。通过制定统一的法律框架和技术标准，可以降低合作的门槛，加快联邦学习技术的推广和应用。

本 章 小 结

本章全面介绍了联邦学习这一领域的各个方面，涵盖了其起源、定义、基本原理、关键技术、架构设计以及实际应用和未来发展方向。

首先，介绍了联邦学习的起源、定义、基本原理和训练流程。联邦学习是一种分布式机器学习方法，它允许多个客户端在不共享数据的情况下训练模型，以保护数据隐私。5.1节还对联邦学习与传统集中式机器学习方法进行了比较，强调了其在隐私保护和数据安全方面的优势。

其次，探讨了联邦学习的关键技术。这部分内容包括处理数据分布的异构性问题以及联邦学习相关的优化策略，如模型压缩、梯度量化和差分隐私等，以提高通信效率、模型性能和隐私保护水平。

再次，描述了联邦学习的架构和设计，重点分析了集中式和去中心化架构的适用场景和优缺点。此外，还讨论了客户端在联邦学习中的角色及其管理方法，并探讨了联邦学习系统在实际应用中面临的安全性挑战及相应的解决方案。

最后，分析了联邦学习面临的技术挑战、法律和伦理问题以及未来的发展趋势。这部分内容讨论了联邦学习在隐私、安全、效率和准确性等方面的技术挑战，并展望了其未来的发展方向，包括技术创新与优化、应用领域的扩充和法律法规的完善。

本章系统地介绍了联邦学习的基本概念、技术细节、实际应用及未来的发展方向，使读者对这一领域有了全面的了解，为进一步的研究和实践提供了理论基础和参考。

习 题

1. 联邦学习是什么？联邦学习的适用场景有哪些？联邦学习的训练流程是什么？
2. 列举出联邦学习可处理的数据分布场景。
3. 联邦学习如何解决客户端设备异构性带来的问题？
4. 联邦学习存在哪些安全性挑战？
5. 请列举联邦学习相关的隐私保护和安全技术。

第6章 可信执行环境

随着 5G、互联网和云计算技术的飞速发展，人们开始大量转向在云环境中存储、共享和处理数据。这种转变在提供前所未有的便利和效率的同时，也带来了与数据安全和隐私相关的重大挑战。当前阶段，为了实现隐私保护，主要采用密码算法和协议，如安全多方计算和同态加密。这些技术在实践中确保了较高的安全性和可靠性。然而，这些隐私保护技术的实际应用面临着一些挑战。其中一个主要问题是依赖于复杂计算，如在乘法循环群上的乘法、指数运算、配对运算以及格的运算等。这导致了性能瓶颈，难以在实际场景中进行大规模应用。

为了克服这些困难，可信执行环境(trusted execution environment, TEE)应运而生。TEE 基于硬件安全的 CPU，实现了基于内存隔离的安全计算。它能够在保障计算效率的同时，完成对隐私的有效保护，因而看作基于密码学的隐私保护技术的一种高效替代方案。TEE 的出现为云环境下数据安全和隐私保护提供了一种更加可行的解决方案，为信息安全领域注入了新的活力。

本章将介绍可信执行环境的基本概念、架构与原理概述、关键技术、实现方案、其他可信执行环境方案、方案对比与优缺点分析及其应用场景。

6.1 基本概念

随着现代系统变得越来越复杂、开放和互联，系统架构沿着复杂但安全的趋势发展，用户对安全性的要求越来越高，新的挑战也随之而来。传统的安全技术已经不能满足这种复杂架构的安全需求，这解释了近年来将可信计算概念融入不同系统(如嵌入式系统)的趋势。可信计算的目标是帮助系统实现安全计算、隐私和数据保护。最初，可信计算依赖于一个单独的硬件模块，该模块为平台安全性提供功能接口。可信平台模块(trusted platform module, TPM)允许系统提供其完整性的证据，并保护防篡改硬件模块内的加密密钥。可信平台模块的主要缺点是不为第三方提供隔离的执行环境，从而将其功能减少为一组预定义的应用程序接口(application program interface, API)。解决可信计算问题的一种新方法是允许在受限环境中执行任意代码，从而为其应用程序提供防篡改的执行。

可信执行环境是一种与原始设备的操作系统分离的安全操作系统。此外，硬件组件支持它来提供应用程序所需的功能，这些功能在可信执行环境中执行。可信执行环境提供的特性取决于各个实现。最常见的是，可信执行环境提供了设备正常操作系统中运行的任何进程以及可信执行环境内其他进程之间的某种隔离。此外，它们允许对执行的代码和数据进行验证。

从广义来说，可信执行环境是一种安全的、受完整性保护的处理环境，是由内存和存储能力组成的安全操作系统。出于商业目的，芯片厂商和平台提供商的广告曾经大量使用"可信执行环境"一词。然而到目前为止，人们还没有建立对这个术语的共同和精确的理解，也没有提出任何框架来评估和比较可信执行环境的解决方案。这里给出可信执行环境的四种经典定义。

(1) 可信执行环境旨在启用可信执行的功能集如下：隔离执行、安全存储、远程认证、安全供应和可信路径。

(2) 可信执行环境是与平台其余部分隔离的专用且封闭的虚拟机。通过硬件内存保护和存储加密保护，保护其内容不被未授权方观察和篡改。

(3) 可信执行环境是一种与设备主操作系统一起运行但与之隔离的执行环境。它保护其资产免受一般软件攻击。它可以使用多种技术实现，其安全级别也相应不同。

(4) 可信执行环境可以抵御一组定义的威胁，并满足与隔离属性、生命周期管理、安全存储、加密密钥和应用程序代码保护相关的许多需求。

这些定义中，隔离执行和安全存储是共同提到的关键概念。不过，定义(2)和(3)对安全存储的要求并不明确。定义(2)将隔离描述为保护可信执行环境运行的完整性和机密性，而定义(3)试图将安全存储概括为"资产保护"。关于所需的安全级别，定义之间存在很大差异。定义(1)和(2)没有指定可信执行环境的威胁模型；定义(3)模糊地将所有软件攻击都纳入威胁模型；定义(4)则明确规定了可信执行环境必须抵御的威胁。定义(2)将可信执行环境描述为"专用且封闭的虚拟机"，而其他定义没有提供有关可信执行环境性质的任何细节。有些定义与特定的属性有关。例如，定义(1)和(4)涉及内容管理，指出可信执行环境应该以安全的方式远程管理和更新其数据(安全供应)。此外，定义(1)特定于人机界面设备的上下文，因此它包括可信执行环境和最终用户(可信路径)之间的交互需求。

根据以上分析，目前对可信执行环境的定义未能以清晰和明确的方式捕捉该术语的核心方面，甚至在某些部分是矛盾的。为了解决这个问题，在本书中，考虑可信执行环境的核心方面和"分离核"可信模型，从而提出可信执行环境的准确定义。在此之前，需要先了解与可信执行环境相关的重要概念——分离核。

分离核是可信执行环境的基础组件。它是确保隔离执行属性的元素，是一种用于模拟分布式系统的安全内核，其主要设计目的是使需要不同安全级别的不同系统能够在同一平台上共存。基本上，它将系统划分为几个分区，并保证它们之间的强隔离，除了用于分区间通信的精心控制的接口。分离核保护配置文件描述了分离核的安全要求，它将分离核定义为硬件/固件/软件机制，其主要功能是建立、隔离和控制某些分区之间的信息流。与传统的安全核(如操作系统、微内核和管理程序)不同，分离核非常简单，同时提供时间和空间分区。分离核的安全要求包括四个主要的安全策略：①数据(空间)分离，一个分区内的数据不能被其他分区读取或修改；②消毒(暂时分离)，共享资源不能用于将信息泄露到其他分区；③信息流控制，除非明确允许，否则分区之间不能进行通信；④故障隔离，一个分区中的安全漏洞不能扩展到其他分区。

可信执行环境的确切定义是运行在独立内核上的防篡改处理环境，其核心职责包括确保执行代码的真实性，运行时状态的完整性(如 CPU 寄存器、内存和敏感的 I/O)以及存储在持久内存上的代码、数据和运行时状态的机密性。一个关键的特征是其能够通过远程认证向第三方提供可信度的证明。TEE 的内容并非静态固定的，而是可以进行安全更新的。这种设计使得 TEE 能够抵抗各种软件攻击以及物理攻击，因为它运行在系统主内存中，不受后门安全漏洞的影响。我们将 TEE 定义为一种保护其运行时状态和存储资产的执行环境，因此对隔离和安全存储有严格要求。与专用硬件协处理器不同，TEE 可以通过安装或更新其代码和数据轻松管理其内部内容。此外，TEE 必须明确定义机制，以向第三方提供安全证明及可信性。威胁模型涵盖了所有可能的软件攻击和来自强大对手的物理攻击对主存储器及其非易失性存储器的威胁。我们的定义扩展了以往对 TEE 的定义，包括安全执行、公开性和信任作为其主要组成部分。从概念上讲，我们的定义强调不受信任的代码不应该能够导致、启用或阻止 TEE 中的任何事件。这里的事件不仅包括指令的执行，还包括陷阱、异常和中断。这种全面而严格的定义确保 TEE 在保护其内部环境的同时，维持对外部攻击的高度抵抗力。

如上所述，"信任"是可信执行环境中至关重要的概念，其关键在于只有在能够通过客观指标进行量化的情况下，才能直接比较两个系统的 TEE。然而，信任是一种主观属性，因此非常难以测量，尤其在计算机系统领域更显微妙。在现实生活中，实体的行为若符合预期，那么它视为可信。在计算机领域，信任遵循着类似的原则。信任要么是静态的，要么是动态的。静态信任是基于对一组特定安全需求的综合评估的信任。在这种情况下，系统的可信度只在部署之前进行一次测量。相反，动态信任是完全不同的，它基于运行系统的状态，因此是时刻变化的。系统不断改变其"信任状态"，在其整个生命周期中不断测量可信度。动态信任的概念建立在存在安全可靠手段的基础上，这种手段提供了关于给定系统信任状态的证据。在这种情况下，信任可定义为对系统状态的期望，因为认为该状态是安全的。这一定义涉及一个关键实体，称为信任根(root of trust, RoT)。RoT 的作用分为两部分：首先，它执行计算信任分数的函数；其次，它本身具备可信度。系统的可信度，即生成的分数，取决于信任度量的可靠性。若恶意实体能够影响信任度量，那么生成的可信度分数就失去了价值。因此，RoT 必须是一个防篡改的硬件模块。RoT 有时也称为信任锚，其实现可以借助多种技术，具体取决于用于保证分离核中隔离属性的硬件平台。例如，基于 TrustZone 的系统依赖于 SecureROM 或 eFuse 技术作为信任锚。

6.2 可信执行环境架构与原理概述

可信执行环境的架构旨在为计算机系统提供一种安全、隔离的执行环境。该架构包括各种组件和机制，可确保敏感操作的完整性、保密性和安全执行。TEE 架构结合了安全启动(secure boot)、安全调度(secure scheduling)、安全存储(secure storage)、跨环境通信(cross-environment communication)和可信 I/O 路径(trusted I/O path)等，是建立可信计算基础的关键组件。TEE 的典型系统架构如图 6-1 所示。

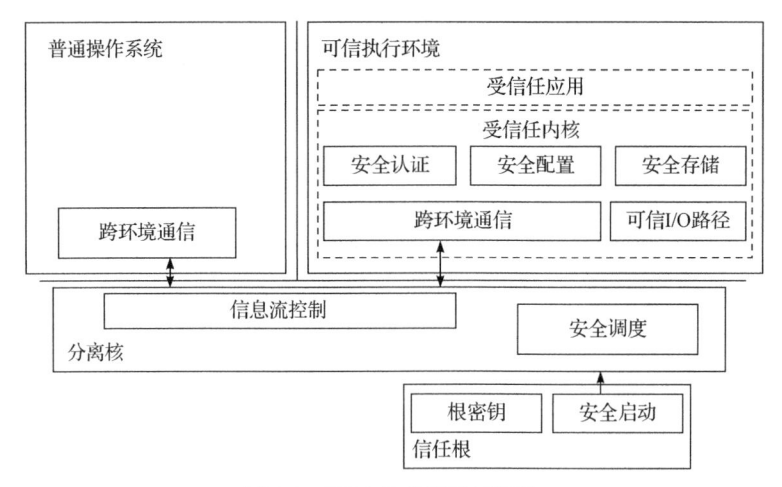

图 6-1 TEE 的典型系统架构

6.2.1 安全启动

安全启动的目的：保障系统启动过程的安全性，防止恶意软件或未授权修改；确保只能加载特定属性的代码；如果检测到修改，则启动过程中断。具体来说：①保障系统完整性，这包括引导加载程序、内核以及其他关键组件的完整性。②属性验证，安全启动不仅验证组件的完整性，还限制只能加载具有特定属性的代码。③检测和中断，实时监测系统启动过程中每个组件的完整性。如果检测到任何组件被修改或篡改，安全启动能够立即做出响应。

实现：使用数字签名和证书验证引导加载程序、内核等组件的完整性。只有由信任的实体发布且未篡改的代码才能加载。具体来说：①通过运用数字签名和证书，对引导加载程序、内核以及其他关键组件进行验证。②安全启动的实现由多个阶段组成，因此形成了递归式的信任链，每个阶段都负责验证下一个阶段将要加载的组件的完整性。③硬件模块的防篡改保护，为了保护初始引导代码，安全启动依赖于防篡改硬件模块。④多层次验证，安全启动的实现通常分为多个层次，每个层次负责验证特定的组件。

6.2.2 安全调度

安全调度的目的：在 TEE 中管理和执行任务，确保只有经过授权的应用程序能够运行，同时维护任务的隔离性。确保 TEE 和系统其余部分之间的平衡和有效协调，即确保在 TEE 中运行的任务不会影响主操作系统的响应性。因此，调度程序通常设计为抢占式的，并考虑实时约束。

实现：实施安全调度算法，验证应用程序的身份，隔离任务以防止干扰，并分配系统资源以提高执行效率。具体来说：①任务授权与隔离，安全调度确保只有得到明确授权的应用程序才能在 TEE 中执行，这通过有效的身份验证和授权机制实现，以防止未经授权的任务进入 TEE。②平衡与协调，有效地协调 TEE 内任务与主操作系统之间的关系，这包括避免在 TEE 中运行的任务对主操作系统的响应性产生负面影响，确保系统各部分协同工作。③抢占式设计与实时约束，通常采用抢占式设计，允许高优先级任务在需要时抢占低优先级任务的执行,有助于确保紧急任务能够及时得到处理。

6.2.3 安全存储

安全存储的目的:存储数据的保密性、完整性和新鲜度(即防止重放攻击和强制状态连续性),同时只允许经过授权的实体访问数据。安全存储的主要任务是保护存储在 TEE 内的数据,有效地防范未经授权的访问或篡改。

实现:使用加密技术对敏感信息进行加密,确保数据对外部攻击者不可读。实施安全的存储机制,防止数据泄露或篡改。具体来说:①数据保密性、完整性和新鲜度,采用强大的加密算法,确保存储的敏感数据在存储介质上保持机密性。②访问控制与授权机制,实施强大的访问控制策略,仅允许事先获得授权的实体访问存储的数据。③防御未经授权的访问和修改,安全存储要求访问数据的实体进行有效身份验证,以验证其合法性。④应对威胁和攻击,实施威胁检测机制,及时发现任何可能的威胁或攻击,并采取相应的反制措施,以维护数据的安全性。

6.2.4 跨环境通信

跨环境通信的目的:跨环境通信在可信执行环境中具有关键意义,其主要目标是规定一个接口,以确保 TEE 与其他系统组件之间的通信是安全可靠的,包括与普通操作系统或其他 TEE 的交互。

实现:采用安全通信协议,确保在不同执行环境之间传输的数据不被窃听或篡改。建立安全的通信通道,维护跨环境通信的机密性和完整性。跨环境通信存在多种实现,每种实现都应该满足三个关键属性:可靠性(内存/时间隔离)、最小开销(不必要的数据复制和上下文切换)以及通信结构的保护。具体来说:①安全接口定义。定义明确而规范的通信接口,实施安全通信通道,并采用加密和认证机制。②互操作性。TEE 提供充分的互操作性,允许 TEE 与普通操作系统进行安全通信。③身份验证与授权机制。实施细粒度的授权机制,确保只有具备足够权限的实体可以发起或接收跨环境通信。④数据完整性和可靠性。通过数字签名等机制保障通信中传输的数据完整性,防范任何形式的篡改。⑤实时性与性能考虑。对于需要实时通信的场景,跨环境通信提供相应的机制,确保通信延迟低且及时。⑥日志与审计。记录跨环境通信的相关事件日志,以进行事后审计,追踪通信过程中的异常或潜在威胁。

6.2.5 可信 I/O 路径

可信 I/O 路径的目的:确保输入和输出操作在 TEE 中进行,以防止对敏感信息的侧信道攻击,是可信执行环境关注的关键问题之一。可信 I/O 路径的设计旨在保护 TEE 与外部设备(如键盘或传感器)之间的通信,确保其真实性和在需要时的机密性。这一机制的实施有效地防范了对输入和输出数据的恶意嗅探和篡改。可信 I/O 路径的功能扩展远不止于此。它不仅能够防御常见的攻击手段,还可提供更深层次的保护,包括但不限于屏幕捕获攻击、密钥日志攻击和网络钓鱼攻击。具体来说:①屏幕捕获攻击,可信 I/O 路径通过确保屏幕输出仅在 TEE 内部可见,防止对屏幕内容未经授权的捕获。②密钥日志攻击，通过安全的输入通道，可信 I/O 路径能够防止恶意应用程序记录或嗅探用户输入，包括密码、账户信息等。③网络钓鱼攻击，可信 I/O 路径提供对用户界面的可信路径，确保用户直接与在 TEE 中运行的应用程序进行交互。

实现：建立可信的输入和输出通道，防止信息泄露或未经授权的数据访问，确保用户与 TEE 进行交互时的安全性。具体来说：①建立安全通道，采用强加密算法，确保输入和输出通道上的所有数据都以加密形式传输。②防止信息泄露，实施屏幕输出和输入的隔离，以防范侧信道攻击。③用户与 TEE 的安全交互，提供可信的用户界面，允许用户直接与 TEE 内运行的应用程序进行交互。④应对攻击场景，采用防屏幕捕获技术，防范攻击者通过截屏工具等手段尝试捕获屏幕输出。

6.2.6 根密钥

根密钥(root key)的目的：信任根中的根密钥具有关键的安全功能，其主要目的是确保整个系统的安全性和可信度。具体来说：①根密钥是整个信任体系的起点，通过其生成的信任链将信任传递到下层组件。②根密钥通常用于签署或生成数字证书，用于验证其他实体的身份和完整性。③用于生成和分发其他密钥，确保密钥的生成和传递过程是安全的，从而保障系统中的加密和解密操作。④在一些系统中，根密钥可能用于安全启动过程，验证引导加载程序和操作系统的完整性，防止未经授权的修改。⑤根密钥生成的数字证书用于证明系统或实体的可信度，有助于建立可信的计算环境。

实现：根密钥的有效实现对于整个系统的稳健安全性至关重要。作为信任体系的起点，根密钥通过信任链建立、数字签名验证、密钥生成与分发等方式，确保系统中每个组件经过授权和验证。具体来说：①将根密钥存储在专门的硬件安全模块中，提供硬件级别的保护，防止根密钥泄露。②使用安全的密钥生成协议确保根密钥的生成过程是随机、安全的，并能够抵抗各种攻击。③使用强大的数字签名算法，如 RSA、DSA、ECDSA 等，对证书和其他实体进行数字签名。④定期轮换根密钥，以增加系统的安全性，防止根密钥长期滥用。⑤通过物理隔离手段确保根密钥的安全存储和使用，以抵御物理攻击。⑥建立审计和监控机制，对根密钥的使用进行记录和监测，及时检测潜在的安全问题。

6.2.7 信息流控制

信息流控制(information flow control)的目的：确保系统内的敏感信息能够受到适当的保护，防止未经授权的泄露或篡改，具体如下。

(1) 将敏感数据与非敏感数据隔离，确保只有经过授权的实体可以访问和处理敏感信息。

(2) 防止未经授权的实体对敏感数据进行篡改，以确保数据的完整性和可信度。

(3) 控制信息在系统中的传递路径，以防止敏感信息通过未经授权的通道泄露给外部或其他不受信任的组件。

(4) 确保敏感信息仅在经过授权的环境中流动，避免在不安全的上下文中传递。

实现：①使用标签或标记对数据进行分类，确保系统能够识别和管理不同级别的敏感数据，从而进行适当的控制。②使用安全的通信协议确保信息在系统组件之间传递时受到保护，如 TLS/SSL 等。③实施细粒度的访问控制策略，确保只有授权的实体能够访问和修改敏感信息。④实时监控信息流，记录和审计数据的访问和传递情况，以便及时检测潜在的安全问题。⑤将敏感信息存储在受保护的存储区域，防止未经授权的访问。

通过以上详细描述，TEE 架构中的各个组件在目的和实现方面可能有相似之处，但都是为了追求更高的安全性和可信度，为执行隐私和安全敏感的任务提供全面的保障。这些安全组件共同工作，确保 TEE 在复杂的计算环境中保持高度的可信性。

6.3 可信执行环境关键技术

为了应对日益复杂的网络威胁和安全风险，可信执行环境通过采用一系列先进的关键技术，构建了强大的安全基础，以确保在计算设备中执行的关键任务不受到潜在的威胁和攻击。以下介绍一些常用的关键技术。

6.3.1 安全隔离区

安全隔离区(secure enclav)的实现为保护敏感信息、执行关键任务和确保系统的可信度提供了强大的安全基础。这种隔离机制是 TEE 中的核心，为各种应用场景提供高度安全的执行环境。安全隔离区的关键特性和具体实现方式如下：①硬件隔离。安全隔离区依赖硬件隔离技术，确保其中的代码和数据在物理上与系统的其他部分隔离。②加密和解密。安全隔离区使用加密技术来保护其中的数据，确保即使在物理攻击或侧信道攻击的情况下，数据也不会泄露。③完整性保护。安全隔离区不仅提供对数据的保护，还包括对代码的完整性保护。④动态创建和销毁。安全隔离区通常具有动态创建和销毁的能力，使得在需要时可以创建多个独立的隔离区。

6.3.2 内存隔离

内存隔离(memory isolation)旨在确保在 TEE 内的不同组件之间以及 TEE 与其他系统部分之间的内存空间是隔离的。这种隔离性是保护数据完整性和保密性的基础，有效地防止信息泄露和非法访问。它通过硬件和软件的协同作用，为关键任务提供可信的执行环境，为用户和系统提供更高层次的安全保障。内存隔离的关键特性和具体实现方式如下：①内存空间划分。内存隔离通过将内存空间划分为不同的区域，确保 TEE 内的组件之间以及 TEE 与其他系统部分之间的数据不会发生冲突。②数据完整性。内存隔离保证在 TEE 中的组件只能访问其分配的内存区域，防止非授权的组件对数据进行修改。③保密性。隔离的内存区域确保不同组件的敏感数据不会被非授权的组件访问。④内存加密。部分 TEE 实现可能采用内存加密技术，确保内存中的数据在物理层面上是加密的。⑤防范攻击。内存隔离有助于防范一系列攻击，包括缓冲区溢出、指针越界、数据注入等。

6.3.3 远程认证

远程认证(remote attestation)是一种确保计算设备在网络上的身份和状态的机制。在可信执行环境中，远程认证通常用于验证 TEE 的真实性、完整性和安全性，以确保与

TEE 进行通信的对方是合法的，并且 TEE 没有受到未经授权的修改。

远程认证的关键特性包括：①完整性保护。保证 TEE 的代码和数据在运行时没有篡改，使用哈希函数或其他完整性保护机制生成证明。②身份验证。通常通过使用数字签名或公钥加密等技术验证 TEE 的身份，确保通信对方与 TEE 是合法和可信的。③安全硬件支持。通过硬件安全模块提供可信的执行环境和生成证明的安全性。④隔离与保护。在 TEE 内部，隔离证明生成过程，确保证明只能由可信的 TEE 生成，并保护证明的敏感信息免受未经授权的访问。⑤远程验证协议。使用安全的协议(如 TLS 或其他定制的远程验证协议)确保在 TEE 和验证方之间的安全通信。

远程认证的实现方式包括：①证明生成。TEE 内部的安全硬件生成包含 TEE 状态信息的证明，这可以包括 TEE 当前运行代码的哈希、TEE 配置信息、随机数等。②报告结构。证明通常封装在称为"报告"的数据结构中，该结构包括 TEE 的状态信息和签名。③数字签名。使用 TEE 内部的密钥对报告进行数字签名，远程方使用预共享的 TEE 公钥或其他安全手段验证签名的有效性。④远程验证协议。通过使用安全的远程验证协议，如 DAA-RAP 或者其他定制的远程验证协议，确保远程方能够验证 TEE 生成的证明。⑤公钥基础设施(PKI)。使用 PKI 体系结构，确保 TEE 的公钥能够被信任的证书颁发机构签名，以便验证方能够建立信任链。⑥证书链验证。验证 TEE 生成的证书链，以确保证书链中的每个证书都是合法和可信的。

6.3.4 安全通道

安全通道(secure channel)是一种用于在不同设备或系统之间安全传输数据的通信通道，其目标是确保机密性、完整性和认证性，防止数据在传输过程中被窃听、篡改或伪造。

安全通道的关键特性包括：①加密。安全通道使用加密算法对传输的数据进行加密，确保数据即使被截获，也无法被未经授权的用户解读。②认证。确保通信的两端是合法的，并且没有被冒充。③完整性保护。通过使用消息验证码或哈希函数来实现，防止数据在传输过程中被篡改，确保接收方能够验证数据的完整性。④前向保密。即使长期密钥泄露，之前的通信数据仍然是安全的。实现方式包括使用临时密钥或定期更新密钥。⑤回滚保护。防止重放攻击，确保通信中的消息不会被恶意方多次使用。通常通过使用时间戳和随机数等机制来防范重放攻击。⑥安全参数协商。在建立通道时，通信双方需要协商使用的安全参数，如加密算法、密钥长度等。

安全通道的实现方式如下：①TLS/SSL 协议。TLS 或其前身 SSL 是一种常见的安全通道协议，广泛应用于 Web 浏览器和服务器之间的通信。它提供了加密、认证和完整性保护等功能。②互联网络层安全协议(internet protocol security, IPsec)协议。IPsec 提供了在 IP 层实现安全通道的机制，可以用于保护网络层通信，它支持加密、认证和安全参数协商。③安全外壳(secure shell, SSH)协议。SSH 是一种用于在网络上安全传输数据的协议。它通常用于远程登录和文件传输，提供了加密和认证功能。④虚拟专用网络(virtual private network, VPN)技术。VPN 通过在公共网络上创建加密隧道，实现安全通信。⑤双因素认证。引入双因素认证，如使用密码和硬件令牌、生物特征等，增强对通信终端的身份验证。

6.3.5 密钥管理

密钥管理(key management)是确保安全通信和数据保护的关键组成部分。密钥用于加密、解密、认证和生成数字签名等操作，因此其安全性至关重要。

密钥管理的关键特性包括：①生成安全的密钥对。TEE 需要能够生成安全的密钥对，包括对称密钥和非对称密钥。②密钥存储与保护。TEE 必须提供安全的存储机制，以防止密钥被未经授权地访问或泄露。硬件支持(如 Secure Enclave)和加密存储是保护密钥的常见方式。③安全的密钥交换。对于需要在通信中交换密钥的场景，TEE 应该提供一种安全的密钥交换协议，以有效防止中间人攻击和密钥泄露，确保通信双方能够安全地建立信任关系。④密钥生命周期管理。TEE 应具备完善的密钥生命周期管理机制，确保密钥在生成、存储、使用和销毁等各个阶段都得到妥善保护，从而降低密钥被滥用或泄露的风险。⑤访问控制和权限管理。确保只有经过授权的应用程序或用户可以访问和使用特定密钥。⑥支持多因素认证。在敏感操作中，可以支持多因素认证，以确保只有合法用户才能访问关键密钥。

密钥管理的实现方式如下：①硬件安全模块。使用硬件安全模块(如 TPM)来提供硬件级别的密钥管理。这样的硬件模块通常提供安全的随机数生成器、密钥存储和加密引擎。②TEE 内部密钥存储。TEE 可以提供受保护的内部存储区域用于存储密钥。这可以通过使用安全隔离和加密来确保密钥在 TEE 之外不可见。③密钥派生函数。使用密钥派生函数来生成派生密钥，从而降低对主密钥的依赖。④安全多方计算。在多方参与的场景中，可以考虑使用安全多方计算协议，确保多个参与方能够共同生成密钥而不泄露敏感信息。⑤密钥交换协议。使用安全的密钥交换协议，如 Diffie-Hellman 密钥交换，确保在通信中安全地协商密钥。

6.4 可信执行环境实现方案

可信执行环境通过多种关键技术构建了强大的安全基础，确保用户的隐私得到充分保护，关键任务不受到恶意攻击。硬件通常被认为是可信的基础，因为硬件攻击的成本和复杂性通常较高，这导致工业界专注于开发计算机体系结构，为由硬件维护的安全关键型应用程序开发可信的执行环境，而较少依赖甚至不依赖于操作系统和管理程序。下面将深入介绍几种主要的可信执行环境方案，如 Intel SGX、ARM TrustZone、AMD SEV、Aegis、TPM 和其他方案，以及它们的实现方式。

6.4.1 Intel SGX 方案

Intel SGX(software guard extensions)是对英特尔架构的一组扩展，是通用的硬件辅助 TEE，旨在为在对所有特权软件(内核、管理程序等)都有潜在恶意的计算机上执行的安全敏感计算提供完整性和机密性保证。典型的安全措施可以保护静态和传输中的数据，但往往无法保护内存中正在使用的数据。如图 6-2 所示，Intel SGX 通过应用隔离技术协助保护使用中的数据。通过保护选定的代码和数据不被修改，开发人员可以将其应用程序划分为加固的安全区或可信执行模块，以帮助提高应用程序的安全性。Intel SGX 是 x86

架构的扩展，具有新的安全相关指令集。安全关键型应用程序使用这些指令来构建硬件辅助的安全区(称为 enclave)。Intel SGX 安全区使用内存访问检查以及硬件维护的数据结构完整性来确保数据机密性，当数据和代码在 CPU 封装时进行加密。Intel SGX 是一种集中式安全模型，可信计算基础(trust computing base, TCB)认为是 CPU 包。

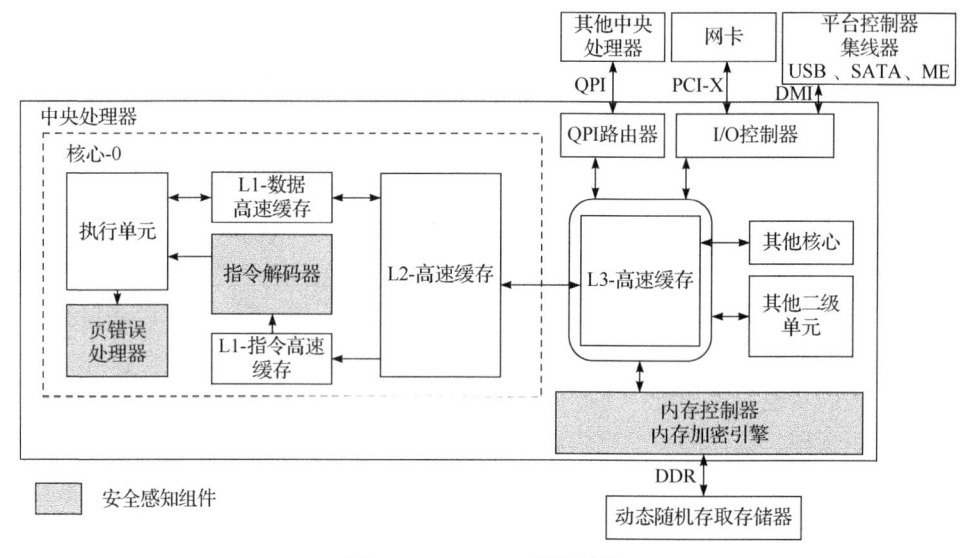

图 6-2 Intel SGX 系统结构

如图 6-3 所示，Intel SGX 允许应用程序在同一操作系统中执行，通过硬件管理的元数据匹配来实现安全性。与此同时，操作系统无法读取或写入这些关键的元数据。在 Intel SGX 的设计中，安全性是在不可信的操作系统上方的传统软件堆栈上实现的。这种决策考虑了过去的经验，即保持向后兼容性是确保 Intel 架构持续占据主导地位的一个关键因素。因此，通过在传统软件堆栈上引入安全性，Intel SGX 能够提供强大的安全保护而无须过度修改现有的应用程序代码。这种灵活性使得 Intel SGX 能够在不牺牲性能和生态系统稳定性的前提下，为现有和新兴的应用场景提供安全解决方案。

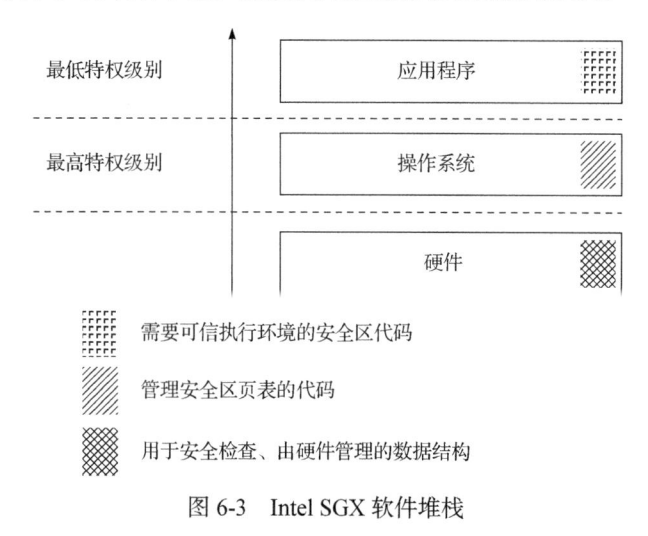

图 6-3 Intel SGX 软件堆栈

在概念上，Intel SGX 引入了一种创新的地址空间，称为处理器保留内存(processor reserved memory, PRM)，其独特性质如图 6-4 所示。PRM 地址空间包含了低权限级别的代码/数据，然而，这并不意味着它可以被操作系统和管理程序等高权限软件读写。与此相反，PRM 中的代码/数据并不赋予其比系统软件更高的权限，因为这些代码无法访问系统软件的地址空间。值得注意的是，处理器发现与元数据不一致时，会检查并覆盖操作系统所做的内存映射决策。这些元数据由处理器在没有操作系统协助的情况下管理，称为安全区缓存映射(enclave page cache map, EPCM)。EPCM 是关键的元数据组成部分，涵盖了访问安全区所需的虚拟地址以及对每个安全区的读、写和执行权限。这种设计使得 Intel SGX 在运行时能够实时监测和保护安全区的完整性。若处理器检测到任何元数据与实际情况不符，它会主动对操作系统的内存映射做出调整，确保安全区的安全性不受到威胁。

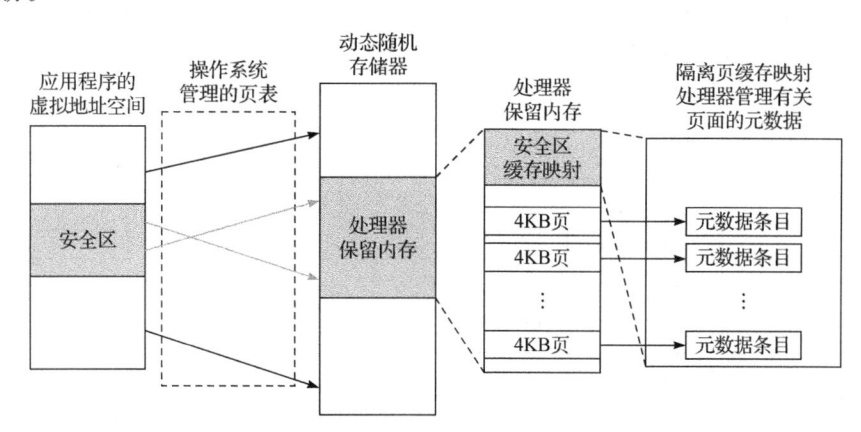

图 6-4 Intel SGX 可信存储

为了确保可信存储的实现，Intel SGX 通过对系统资源中的 CPU 组件进行修改来引入安全性，如图 6-2 所示。这样的设计决策基于每个内存和 I/O 访问请求都通过处理器传输的考量，因此在 CPU 层面进行检查就足以确保安全性。在 Intel SGX 中，对主要的硬件组件进行了一系列改变，主要涉及指令解码器、页面丢失处理程序和内存控制器三个方面。首先，在指令解码器方面，引入了 18 条新指令，其中包括 5 条用户指令用于应用程序的初始化和安全区构建，以及 13 条管理指令用于操作系统管理 enclave 页表。微码方面的变化涉及与内存访问检查相关的微码，这些微码由页面丢失处理程序触发，为 Intel SGX 的运行安全性提供关键支持。其次，针对 PMH 硬件的修改引入了一种新的能力。当逻辑处理器处于安全区模式时，或者当页漫步器生成的物理地址与 PRM 范围匹配时，触发所有地址转换的微码辅助。最后，在内存控制器方面，引入了新的寄存器，即处理器保留内存范围寄存器(processor reserved memory range register, PRMRR)。该寄存器定义了 PRM 的大小，以确保 Intel SGX 有足够的内存空间来存储关键数据。

总体而言，Intel SGX 通过硬件和软件协同工作，为创建、保护和销毁安全区提供了一套完整的工作方式。这种工作流程保障了关键任务在受保护的执行环境中进行，同时提供了强大的安全机制，抵御各种威胁和攻击。

6.4.2 ARM TrustZone 方案

ARM TrustZone 是专为 ARM 架构设计的硬件辅助可信执行环境，致力于为在存在潜在恶意软件的计算机上执行的安全敏感计算提供完整性和机密性保障。不同于 Intel SGX 的 x86 架构，ARM TrustZone 采用类似的思想，通过应用隔离技术来保护正在使用的数据，为计算设备提供额外的安全层面。在 ARM TrustZone 的实现中，特定的代码和数据划分为加固的安全区域，通常称为安全世界(secure world)。安全区域中的代码和数据受到硬件支持的保护，以防止未经授权的修改。为了实现这一目标，如图 6-5 所示，ARM TrustZone 引入新的安全相关指令集，为开发者提供构建硬件辅助的安全区域的工具。在设计上，ARM TrustZone 通过内存访问检查和硬件维护的数据结构和完整性来确保安全区域中的机密性。代码和数据在处理器内外传输时进行加密，提供对静态和传输中数据的全面保护。ARM TrustZone 采用分离的安全模型，将可信计算基础置于处理器内部，这一部分认为是处理器的一部分。一般而言，ARM TrustZone 将系统资源(CPU、内存和外设)划分为两类，即安全世界和正常世界，进一步增强系统对安全性的控制和保护。

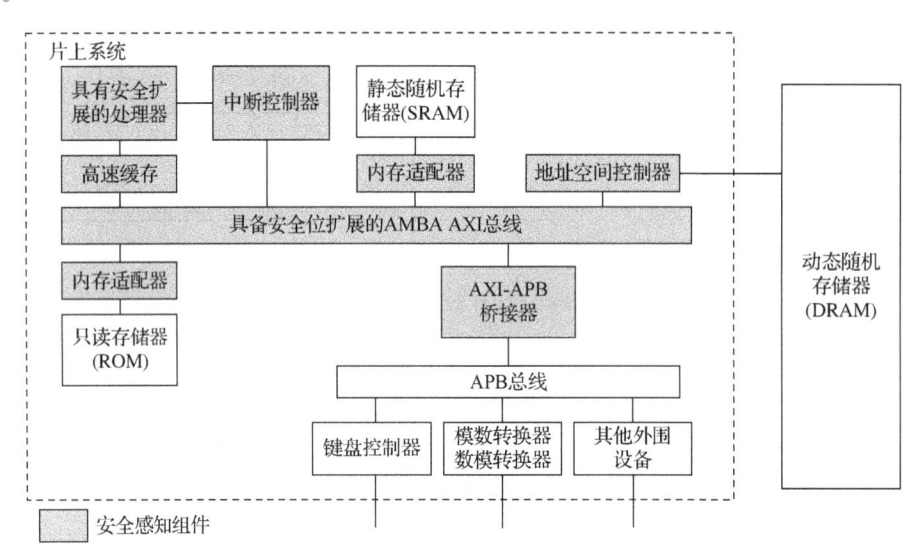

图 6-5 ARM TrustZone 系统结构

ARM TrustZone 引入处理器中的两种执行环境：安全世界和正常世界。这种划分允许在同一处理器上同时运行具有不同特权级别的软件。与正常世界相似，安全世界也具有多个特权级别，允许从用户级到系统级的全面可信软件堆栈开发。这样的设计使得整个系统能够在相同的硬件上支持两种独立的执行环境，如图 6-6 所示。每个世界都拥有自己的操作系统，并负责管理其世界空间中应用程序的资源。在 ARM TrustZone 中，上下文切换由监视器模式处理，该模式是安全世界的最高特权级别。监视器模式负责处理安全世界和正常世界之间的切换，具有访问两个世界系统资源的能力。为了在处理器的两个世界之间传递当前的安全状态，总线引入新的非安全(non-secure，NS)位。此外，高速缓存线路也扩展了 NS 位，该位指定了高速缓存线路的安全状态。通过在每个缓存线路中引入 NS 位，ARM TrustZone 消除了在安全世界和正常世界之间切换时刷新缓存线路的需要，从而降低上下文切换的开销。ARM TrustZone 处理器为安全世界和正常世界分别提供了独立的地址转换单元，实现了单独的页表。物理地址在页表项中也进行了扩展，以包含要在 AXI 总线上发出的 NS 位的值，如图 6-7 所示。在地址标签中添加安全位有效地为在不同世界中执行的软件创建了完全不同的内存空间视图。这种划分和内存管理机制确保了在安全世界和正常世界之间执行的软件能够拥有独立而安全的执行环境，提高了系统对于安全性和可信性的控制。

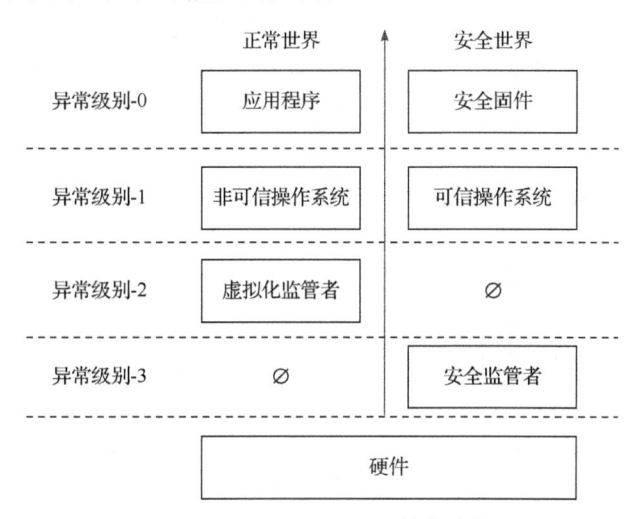

图 6-6　ARM TrustZone 软件堆栈

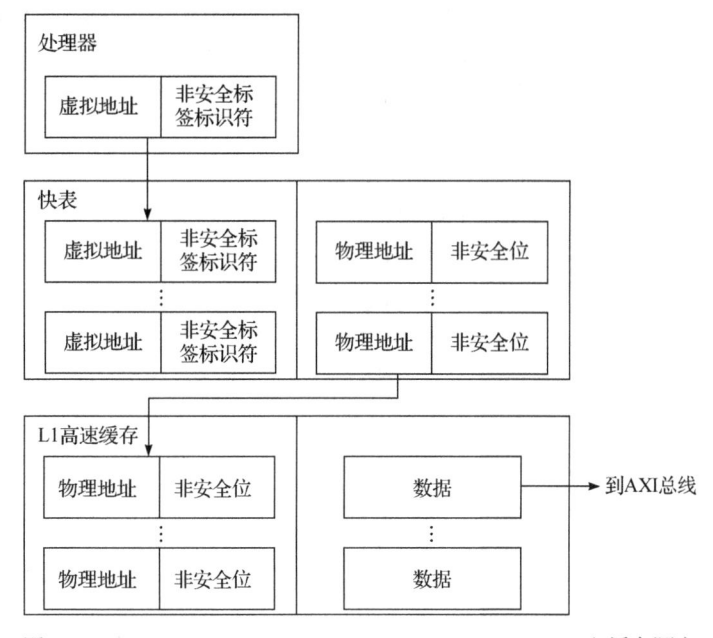

图 6-7　ARM TrustZone TLB(translation lookaside buffer)和缓存隔离

ARM TrustZone 没有遵循 AXI 总线扩展设计的内存模块，如 DRAM、SRAM 和 ROM，

可以通过适配器进行连接，如图 6-5 所示。在这个架构中，ARM TrustZone 引入了两个关键组件，即 TZMA(TrustZone memory adapter)和 TZASC(TrustZone address space controller)，用于灵活划分片上 ROM 或 SRAM 以及 DRAM 控制器提供的内存空间，形成安全区域和正常区域。TZMA 允许将片上 ROM 或 SRAM 划分为安全区域和正常区域，从而确保对存储在这些区域中的数据的访问受到 ARM TrustZone 的保护。TZASC 则负责将 DRAM 控制器提供的内存空间划分为安全区域和正常区域。这样的划分确保了对存储在 DRAM 中的数据的安全性，防止非授权的访问和修改。ARM TrustZone 的安全区域和正常区域的管理由 TZASC 进行，为系统提供了对内存访问的细粒度控制。

在 ARM TrustZone 系统中，多数外设都连接到 APB 总线，这是一种功耗较低的总线。然而，APB 协议本身并不携带非安全位信息。为了防范软件攻击，特别是那些试图从外设中提取信息的攻击，ARM TrustZone 引入了安全处理特性，即 AXI-APB 桥接器。该桥接器的目的是将高速 AXI 域与低功耗 APB 域相连接。具体而言，AXI-APB 桥接器包含一个地址解码器，该解码器会根据传入的 AXI 事务来选择适当的 APB 外设。这一设计有助于高性能和低功耗之间的权衡。此桥接器的一个关键特性是其对每个外设的单个比特输入的接收，用于确定该外设是否配置安全。通过此配置，桥接器能够有效拦截并拒绝对非安全外设地址范围的请求，以确保在处理器的安全世界和正常世界之间进行外设访问时的数据保护。

总体而言，ARM TrustZone 确保了安全性关键任务在受保护的执行环境中进行，同时提供了强大的安全机制，有效地抵御各种潜在威胁和攻击。ARM TrustZone 的设计允许系统在同一处理器上同时运行安全世界和正常世界，通过上下文切换来实现两者之间的动态切换。硬件级别的安全配置寄存器和中断处理机制确保了对系统资源的精细控制，同时提供了可靠的中断管理。这种全面而灵活的工作流程使得 ARM TrustZone 成为一种强大的可信执行环境，为系统提供了卓越的安全性和隐私保护。

6.4.3 AMD SEV 方案

AMD SEV(secure encrypted virtualization)是由 AMD 提供的一种虚拟化安全技术，旨在为云计算环境中的虚拟机提供更高级别的安全性和隐私保护。通过硬件支持，AMD SEV 允许在虚拟机中创建安全的、加密的执行环境，称为"SEV-encrypted"虚拟机。AMD SEV 的设计目标是在虚拟化环境中增强安全性，同时降低管理和维护的复杂性。在本小节中，将深入探讨 AMD SEV 技术的关键特性和工作原理，以及它提供对虚拟机的硬件级别保护，确保敏感数据在云环境中的安全性。

AMD SEV 的安全模型如图 6-8 所示。传统的计算系统采用基于环的安全模型，其中高特权代码具有对其级别和所有低特权级别资源的完全访问权。然而，AMD SEV 模型引入了新的层次结构，将不同级别(即超级监督者和用户)执行的代码相互隔离，使它们无法直接访问对方的资源。这种隔离通过加密技术得以实现，为较低特权级别的代码提供了额外的安全性，而无须信任在启动和执行过程中所依赖的高特权级别代码。尽管传统上管理程序级别相对于客户级别具有更高的特权，但是 AMD SEV 的创新之处在于通过加密隔离有效地解耦了这两个层次。超级监督者和用户之间的通信仍然是可能的，但是这些通信路径受到了严格的控制，确保安全性不受影响。因此，AMD SEV 技术是基于一种全面的威胁模型构建的，该模型假设攻击者不仅可以在目标机器上执行用户级别的特权代码，而且可能在更高特权级别上执行恶意软件。

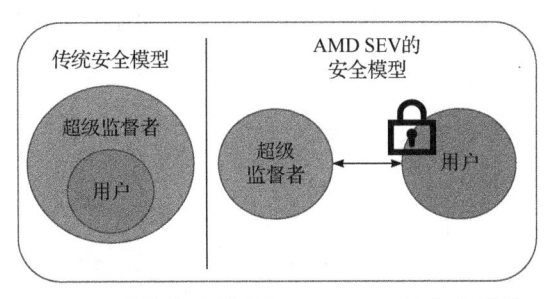

图 6-8　传统安全模型与 AMD SEV 的安全模型

如图 6-9 所示，AMD SEV 是 AMD-V 架构的一项扩展，专为支持在管理程序的监控下同时运行多个虚拟机而设计。启用 AMD SEV 后，AMD SEV 硬件通过其虚拟机地址空间标识符(VM ASID)为所有代码和数据打上标签，明确指示这些数据来自哪个虚拟机或用于哪个虚拟机。标签在 SOC 内部持续地与数据绑定，以防止数据被未经授权的使用者访问。除了在 SOC 内部进行标签保护外，AMD SEV 还使用 128 位 AES 加密机制保护 SOC 外部的数据。在数据离开或进入 SOC 时，硬件会使用基于相关标签的密钥进行加密或解密。每个虚拟机以及管理程序都与一个标签和相关的加密密钥相关联，确保数据仅对使用相同标签的虚拟机可见。

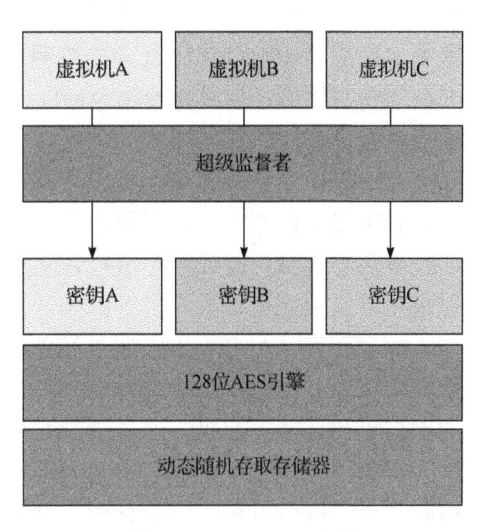

图 6-9　AMD SEV 架构

AMD SEV 的安全性在很大程度上取决于存储加密密钥的安全性，因为暴露给恶意实体(如恶意或有缺陷的管理程序)可能会危及受 AMD SEV 保护的客户机。尽管管理程序必须对访客及其资源进行管理，但管理程序绝不能获得内存加密密钥本身的知识。在 AMD-SP 内运行的 AMD SEV 固件提供了一个安全的密钥管理接口来完成这一任务。管理程序使用此接口为安全访客启用 AMD SEV，并执行常见的管理程序活动，如启动、运行、快照、迁移和调试访客。为了保护启用了 AMD SEV 的客户机，固件协助执行三种主要的安全属性：①平台真实性验证，防止恶意软件或流氓设备伪装成合法平台，通过身份密钥验证平台的真实性，该身份密钥由 AMD 签署，证明该平台是具有 AMD SEV 功能的正宗 AMD 平台；②客户启动认证，向访客所有者证明他们的客户在启用 AMD SEV 的情况下安全启动，与 AMD SEV 相关的客户机状态的各种组件的签名(包括内存的初始内容)由固件提供给客户机所有者，以验证客户机是否处于预期状态；③访客数据机密性，通过对加密密钥的安全管理，固件确保客户机的数据仅在具有相应密钥的受信任环境中可见，这一机制为客户机提供了加密隔离，保护其数据免受未经授权的访问。图 6-10 显示了这个过程的示例。最初，访客所有者向云系统提供客户映像。AMD SEV 固件帮助启动客户机并提供返回的度量访客的所有者。如果客户机所有者认为度量是正确的，那么他们将依次向正在运行的客户机提供额外的秘密(如磁盘解密密钥)，允许它继续启动。

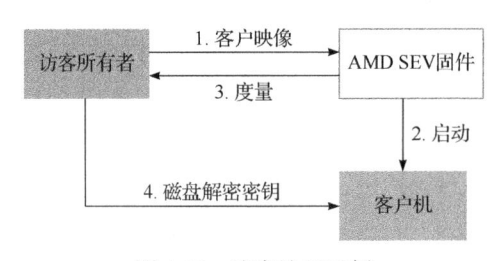

图 6-10 访客认证示例

客户机的机密性是通过使用只有 AMD SEV 固件知道的内存加密密钥对内存进行加密来实现的。AMD SEV 管理接口明确规定，不允许在没有正确验证接收方的情况下将内存加密密钥或任何其他秘密 AMD SEV 状态导出到固件外部。这一设计决策旨在防止虚拟机管理程序获取对密钥的访问权，从而有效地保护客户机的数据不受未经授权的访问。AMD SEV 管理接口还提供了一种机制，使得可以将来宾数据迁移到另一个同样支持 AMD SEV 的平台。在迁移过程中，客户机的内存内容在传输过程中保持加密。一旦远程平台经过身份验证，AMD SEV 固件就安全地发送客户机的内存加密密钥，以便远程平台可以独立运行客户机。

综合而言，AMD SEV 通过其独特的工作方式，为计算系统中执行的关键任务提供了安全保障。AMD SEV 设计的独特之处在于其能够在同一处理器上同时运行加密保护的虚拟机和普通虚拟机，通过硬件级别的上下文切换来实现这两种环境的动态转换。通过关键的硬件配置寄存器和中断处理机制，AMD SEV 确保对系统资源实现高度精准的控制，同时提供可靠的中断管理。这种灵活而可信赖的工作流程使得 AMD SEV 成为一种卓越的可信执行环境，为系统提供卓越的安全性和隐私保护。

6.4.4 Aegis 方案

本小节将介绍一种名为 Aegis 的单芯片安全处理器。除了支持验证平台和软件的机制外，Aegis 还集成了保护应用程序免受物理攻击和软件攻击的完整性和隐私的机制。因此，可以使用该处理器构建物理上安全的系统。两个关键的原语，即物理不可克隆函数(physical unclonable function, PUF)和片外存储器保护，使系统获得物理安全性。这些原语也可以很容易地应用于其他安全计算系统，以增强其安全性。

首先，深入了解物理不可克隆函数。为了实现 Aegis 处理器芯片的安全性，必须包含一个密钥，以供用户对与之交互的处理器进行身份验证。一种简单的解决方案是在芯片上使用非易失性存储器，如电可擦可编程只读存储器(EEPROM)或保险丝。制造商可以在非易失性存储器中写入选定的密钥(如私钥)，并向用户介绍相应的公钥。然而不幸的是，存储在非易失性存储器中的数字密钥容易受到物理攻击，有动机的攻击者可以在不破坏密码的情况下删除数据包并从芯片中提取数字密码。而且，即使对于物理安全性要求不太高的应用程序，将数字密钥存储在片上非易失性存储器中也可能增加制造成本和复杂性。与标准数字逻辑相比，片上 EEPROM 需要更复杂的制造工艺，保险丝则不需要更多制造步骤，但存在易读取永久密钥的风险。物理不可克隆函数是基于难以处理的复杂物理系统的原理的，通过将一组挑战映射到一组响应来实现。因此，这种静态映射实际上是一种随机分配。PUF 只能通过物理系统进行评估，并且对于每个物理实例都是独一无二的。因此，PUF 的输出可作为每个 Aegis 芯片的唯一秘密。即使采用相同的布局掩模，制造过程中的变化会导致不同 IC 之间存在显著的延迟差异。PUF 通过从复杂的物理系统中提取秘密而不是将其存储在非易失性存储器中，提供了更高的物理安全性。处理器可以根据导线和晶体管的独特延迟特性动态生成许多 PUF 密钥。

图 6-11 展示了 Aegis 的安全计算模型。基本上，所有可信组件都包含在一个单芯片安全处理器中，该处理器包含所有安全特性和密钥。该处理器在开机时受到保护，不受物理攻击，因此其内部状态不能被物理手段直接篡改或观察。另外，处理器芯片之外的所有组件，包括外部存储器和外设，都认为是不安全的，对手可以随意观察和篡改它们。

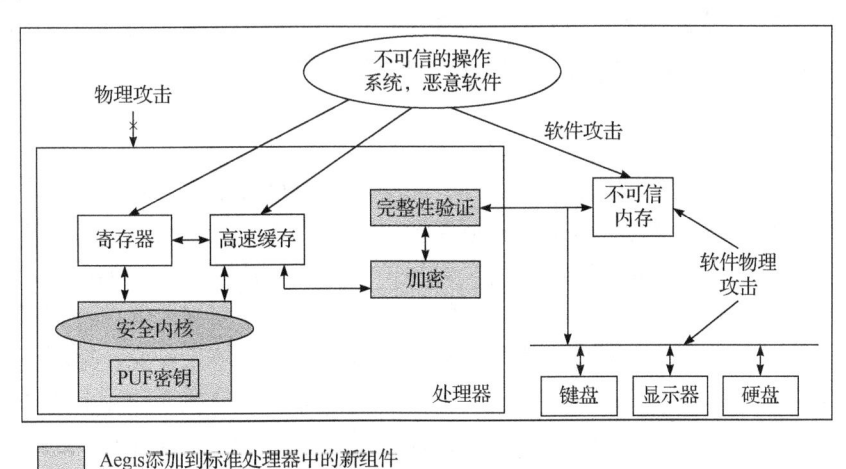

图 6-11 Aegis 的安全计算模型

在单个处理器中拥有所有可信组件可以让 Aegis 构建一个廉价且安全的计算平台。因为只有一个芯片在通电时需要保护，所以不需要昂贵的电池防篡改封装。事实上，即使没有额外的保护机制，对于大多数低预算的攻击者，在处理器运行时打开芯片并篡改芯片上的内存也是非常昂贵的。然而，与防篡改包不同的是，保护机制只需要在电源打开时激活。最后，与多芯片方法不同，在 Aegis 中，对外部总线的物理攻击不会危及系统安全性。另外，在处理器芯片中包含所有可信组件提出了新的挑战。首先，密钥必须安全地嵌入主处理器中，而不会显著增加处理器的成本。其次，片外存储器仍然容易受到物理攻击。因此，处理器必须检查从内存读取的值以确保执行状态的完整性，并且必须加密存储在片外内存中的私有数据值以确保隐私。

Aegis 处理器的主要性能开销来自两个片外存储器保护机制，这两个机制以不同方式影响性能：①总线争夺，完整性验证和内存加密机制共享相同的内存总线，用于存储元数据，如散列和时间戳，这可能导致总线争夺，影响数据传输效率；②内存延迟，由于加密的数据必须在处理器使用之前解密，内存加密机制引入了额外的延迟，性能开销受制于缓存块清除的速率，高缺失率将增加处理器发送到芯片的数据量，需要进行验证和加密。

Aegis 处理器架构设计旨在构建安全的计算系统，能够抵御物理和软件攻击，同时在典型嵌入式应用程序中保持最小的性能开销。然而，其存在一些改进的空间：①内存密集型应用程序，对于内存密集型应用程序，性能开销可能更为显著；②物理攻击防御，Aegis 假定处理器芯片是安全的，不容易受到物理攻击；③密钥基础设施，广泛部署安全处理器需要健全的密钥基础设施，该设施可以轻松地认证受信任处理器的公钥。

综合来看，Aegis 处理器通过其多重层次的安全策略和创新性安全特性，为构建物理上安全的计算系统提供了强有力的支持。通过集成物理不可克隆函数和片外存储器保护等关键原语，Aegis 不仅确保了程序的完整性和隐私，还有效地抵御了物理和软件攻击，其安全计算模型使得单芯片安全处理器成为构建廉价且安全的计算平台的理想选择。尽管 Aegis 在安全性和性能开销之间取得了平衡，但仍存在一些潜在的改进方向。未来的研究可以致力于提高内存密集型应用程序的性能，进一步加强对物理攻击的防御，并优化密钥基础设施以实现更便捷的受信任处理器的认证。

6.4.5　TPM 方案

可信平台模块(trusted platform module, TPM)是一种硬件安全芯片，嵌入在计算机主板上，以确保系统的完整性、认证和数据保护。TPM 致力于构建可信计算环境，通过提供硬件级别的安全支持，实现对系统的全面保护。在面临威胁和恶意攻击时，TPM 能够确保系统保持安全状态，为用户提供安全的计算体验。TPM 与智能卡设备有多种共同的特性，二者均是低成本、防篡改、占地面积小的设备，用于建立安全计算环境的基础。然而，TPM 在提供安全机制方面具有一些独特的特性，这些特性在智能卡上通常是不常见的。一个显著的区别在于"所有权"的概念，这是 TPM 和智能卡之间的主要区别之一。TPM 不仅提供了智能卡的基本功能，还引入了更强大的安全性措施，涵盖加密、认证和密钥管理等方面。这使得 TPM 成为构建安全系统、抵御各种威胁的关键组件。本小节将详细介绍 TPM 的设计原理，重点探讨 TPM 所提供的独特安全机制。

智能卡在提供广泛功能方面呈现多样性，从简单的存储介质到复杂的处理器，其设计目标之一是在安全硬件中实现某种程度的安全处理。类似于智能卡设备，TPM 是一种占地面积小、成本低的安全模块，通常以防篡改集成电路(IC)的形式实现。然而，TPM 专门设计为可信计算的构建块，其在许多方面与智能卡设备有所不同。尽管两者存在相似之处，但由于不同的设计目标，它们之间存在许多差异。一个显著的区别是，TPM 视为绑定到特定平台的固定令牌，智能卡则是与跨多个系统的特定用户关联的可移植令牌。这并非意味着这两种技术是相互排斥的，而是它们可以相互补充。可信计算组织(trusted computing group, TCG)致力于定义可信计算平台的含义，并制定了一系列标准用于设计可信计算平台。TCG 将信任定义为"对设备将为特定目的以特定方式行事的期望"，因此，TCG 对可信计算平台的定义是按照特定方式运行的平台。然而，提供预期行为的保证本身并不足以确保安全性。为了实现安全性，依赖这种保证的实体仍须确保对预期行为的依赖是安全的。例如，实体可能会确信系统不会泄露提供给它的数据，或者平台上没有运行恶意软件。这种对预期行为安全性的依赖仍然需要额外的验证和保障，以确保系统和实体的安全性。

图 6-12 呈现了可信平台模块的系统结构，接下来介绍其关键组件。TCG 对 TPM 定义了一系列接口序列化转换，以便数据能够通过几乎任何总线或互连传输。这在 I/O 模块中体现，该块负责管理各组件之间的信息流，并在 TPM 与外部总线之间进行协调。I/O 模块不仅管理数据流，还能够掌控对各 TPM 组件的访问，访问权限则由 Opt-In 块维护的标志来确定。

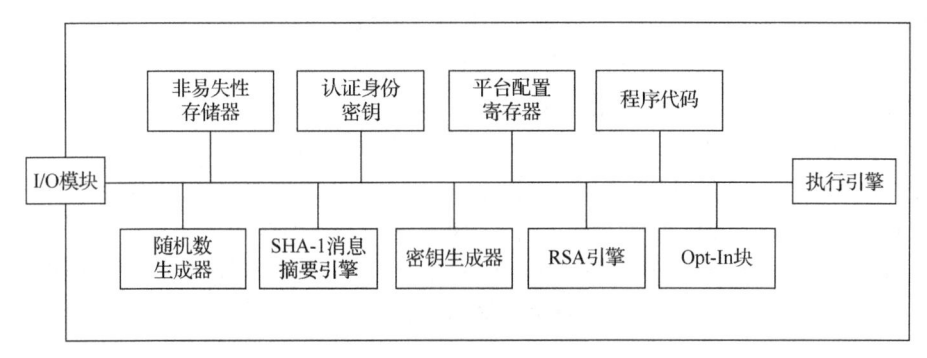

图 6-12　可信平台模块系统结构

与智能卡类似，TPM 使用非易失性存储器来保存长期密钥，其中包括背书密钥(EK)和存储根密钥(SRK)，SRK 构成了管理安全存储的密钥层次结构的基础。TPM 还利用非易失性存储器存储所有者授权数据，这实际上是所有者密码，其不是由制造商设定的，而是在获得 TPM 所有权的过程中设置的。一些与访问控制和 Opt-In 机制相关的持久标志也需要存储在非易失性存储器中。

背书密钥在 TPM 中扮演着关键角色，是 TPM 特有的组件，与智能卡设备不同。为了使 TPM 运行，必须嵌入背书密钥，即具备一对认可密钥，其中私钥嵌入 TPM 中并永不离开。公共 EK 包含在证书中，但只在有限数量的场景中使用，因为 EK 对于每个 TPM 都是唯一的，可用于识别设备并扩展到平台。为保护用户隐私，限制了 EK 的使用以及内部生成的别名，即认证身份密钥(AIK)，用于日常事务。制造商会提供认可密钥对，并在发货 TPM 之前将其存储在防篡改的非易失性存储器中。背书凭证由称为 TPME 或可信平台模块实体的证书颁发机构签名，用于证明证书中包含的密钥是公共 EK，其对应的私有 EK 存储在符合 TCG 标准的 TPM 中。

平台配置寄存器(platform configuration register, PCR)是 TPM 架构的独特功能，用于存储完整性指标。这些指标通常在代码执行之前测量任何代码的完整性，从 BIOS 到应用程序。PCR 可在易失性或非易失性存储器中实现，但在系统断电或重新启动时，这些寄存器必须重置。TPM 至少应该有 16 个 PCR，每个存储 20 字节。PCR0～PCR7 由 TPM 专用，其余的可供操作系统和应用程序自由使用。

与智能卡相似，TPM 需要存储用于初始化设备的固件。这一固件的代码若永久存储在防篡改的 TPM 上，就可以合理地视为值得信赖的。由于其受到物理保护，不容易篡改，因此不需要对其完整性进行检查，这使其成为存储在所有其他平台设备和代码上执行完整性检查的代码的理想位置。换言之，TPM 上的程序代码显然是完整性度量的"信任根"，被 TCG 称为 CRTM，即度量信任的核心根。尽管 TPM 程序代码是 CRTM 的明显选择，但实际实现的决策通常将 CRTM 放在其他固件中，如 BIOS 引导块中。无论 CRTM 驻留在何处，都应将其视为系统的可信组件，因为如果它失败，所有基于完整性度量的安全策略都将受到威胁。

TPM 另一个独特的功能是包含一个真正的随机比特流生成器。尽管具体的实现方法留给开发人员，使用真正的随机比特流生成器在任何安全应用程序中都是非常有价值的。在 TPM 中，它使用随机比特流作为随机数生成器的种子。由此产生的随机数可用于构建对称加密应用程序的密钥，并可提供用于提高口令熵的随机数，通过与用户输入混合，从而增强密码的安全性，降低被猜测或破解的风险。

TPM 还包含 SHA-1 消息摘要引擎，用于实现安全哈希算法 SHA-1。该算法对输入数据进行哈希运算，生成 20 字节的摘要。此外，SHA-1 构成了 HMAC（基于哈希的消息认证码）引擎的基础，并在 TPM 执行的多个加密过程中发挥作用。

生成适合与 RSA 算法一起使用的密钥可能是一项计算密集型任务，考虑在 TPM 中广泛使用这类密钥进行签名和提供安全存储，标准规定 TPM 应包含专门用于此任务的模块。标准要求 TPM 能够支持高达 2048 位模量的密钥。与 TPM 一起使用的某些密钥必须至少具有 2048 位模量。尽管有些密钥的模量可以较小，取决于其用途，但某些密钥必须具有 2048 位或更大的模量。这意味着所有的 TPM 实现都需要支持 2048 位的 RSA。如果模量大于 2048 位，则并非所有的 TPM 实现都保证支持，因为标准只要求 TPM 能够支持高达 2048 位模量的密钥。

由于 RSA 密钥的生成在计算上较为复杂，算法本身的执行也同样繁重。因此，标准要求 TPM 具备专用的 RSA 引擎，用于执行 RSA 算法，包括签名、加密和解密操作。在 TPM 中，密钥分离的原则得到遵循，使用专门的签名密钥进行数据签名，使用单独的存储密钥对进行加密和解密。值得注意的是，TPM 并没有强制要求使用对称加密引擎。

通过初始化、密钥管理、安全操作和度量完整性等关键步骤，TPM 建立了一种坚固的安全基础，有助于防范各种威胁，包括数据泄露、身份伪造和系统篡改等。其与智能卡等设备的区别在于，TPM 是一个固定令牌，致力于构建可信计算的基础，强调了安全、隐私和系统完整性的重要性。TPM 的存在不仅提高了系统的整体安全性，还为数字身份验证、加密通信和安全启动等领域提供了关键支持。通过在硬件层面引入可信计算的概念，TPM 为用户、组织和应用程序提供了更高级别的保护，确保计算平台在面对各种威胁时能够保持稳健和可信。总体而言，TPM 的实施有助于建立一种可信赖的计算环境，推动了数字安全的发展。在信息时代，TPM 的重要性将继续增长，为各种应用场景提供更强大的安全性和可信度，以确保用户和系统的数据得到最佳的保护。

6.4.6 其他方案

除了上述方案之外，还有一些其他的可信执行方案，如 Intel TXT、Sanctum、Microsoft

virtualization-based security (VBS)、RISC-V TrustZone extension、Google Asylo、Nuvoton NPCT family 等。一些不同厂商和组织提供的方案可能专注于特定的硬件架构或应用场景。本节将扩展介绍 Intel TXT 和 Sanctum 的工作原理。

1. Intel TXT 方案

Intel 可信执行技术(trusted execution technology, TXT)是一种硬件技术，旨在提供安全的可信执行环境。它的核心思想是在计算机系统启动时建立 TPM 的硬件信任根，并利用硬件扩展(CPU 中的特殊指令集)来确保系统启动过程的完整性和安全性。图 6-13 展示了 Intel TXT 的各个功能组件。

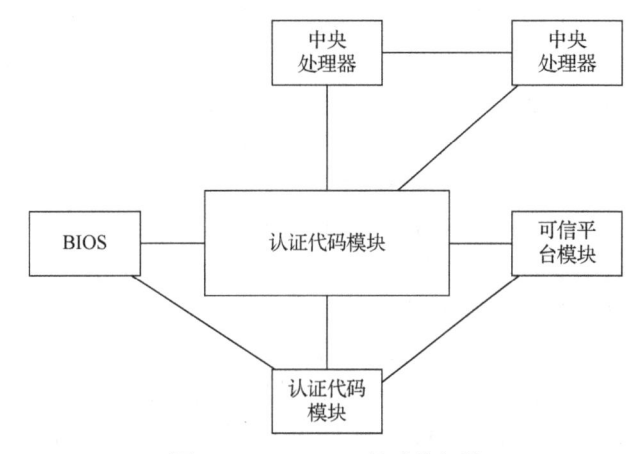

图 6-13　Intel TXT 的功能组件

ACM(authenticated code module，认证代码模块)是一个关键组件，负责启动可信计算的整个过程。ACM 包括多个部分，其中最为重要的是 SINIT ACM(secure initialization ACM)。它的功能包括引导 Intel TXT 启动过程和建立可信的执行环境，其中代码和数据受到硬件的保护。其工作原理包括：①验证和加载。SINIT ACM 本身是由 Intel 签名的固件，存储在系统的固件芯片中。在启动过程中，BIOS 负责将 SINIT ACM 加载到系统内存中。②CPU 验证。一旦加载到内存，SINIT ACM 会由 CPU 的 TXT 功能进行验证。CPU 使用内部的公钥对 ACM 进行验证，确保其真实性和完整性。③初始化启动环境。一旦验证通过，SINIT ACM 被执行，开始初始化可信计算环境。它会建立一系列的数据结构，用于存储度量值和其他关键信息。④度量和报告。通过度量值记录当前系统的状态，包括 BIOS、启动加载的其他固件和操作系统。这些度量值将存储在 TPM 中，用于后续验证系统的完整性。⑤启动其他可信组件。一旦初始化环境完成，SINIT ACM 负责启动其他可信组件，如操作系统。这样，整个系统都运行在建立在可信基础上的环境中。

IOH(I/O hub)或 PCH(platform controller hub)是指南桥或平台控制器枢纽的一部分，通过度量、建立信任根、与 TPM 的协作和集成硬件保护，它在系统中扮演关键角色，与 Intel TXT 一起工作以提供可信计算环境。其工作流程如下：①度量环节。在系统启动过程中，IOH/PCH 负责度量关键组件，包括 BIOS 和其他固件。这些度量值将作为启动环境的基础，用于后续的验证。②度量值传递给 TPM。通过与 TPM 的通信通道将度量值传递给 TPM，由 TPM 负责存储这些度量值。③信任根建立。参与建立信任根，确保系统启动的关键组件是未篡改的。④安全启动支持。在支持 Intel TXT 的系统中，IOH/PCH 支持安全启动，确保在启动时建立可信的执行环境，随后的代码和数据受到保护。

BIOS 在 Intel TXT 中充当建立可信计算环境的关键角色。通过在系统启动时初始化硬件、加载操作系统，并与 Intel TXT 一起协作以建立可信计算环境，BIOS 有助于确保系统在启动时和运行时都能够保持完整、可信和安全。其工作流程如下：①在系统启动过程中，Intel TXT 通过度量链的方式对各个关键组件进行度量，包括 BIOS、固件、操作系统等。度量链记录了这些组件的哈希值，形成不可篡改的记录。这确保了系统启动过程的完整性，预防了对关键代码的篡改。②信任根建立。BIOS 是建立信任根的一部分。信任根是可信计算环境的基石，确保系统启动的关键组件没有篡改。在建立信任根的过程中，度量值将传递给 TPM。③启动环境度量。BIOS 不仅度量自身，还度量系统启动过程中的其他关键组件，如操作系统、引导加载程序等。④安全启动支持。在 Intel TXT 环境中支持安全启动功能。安全启动确保在启动时建立一种可信的执行环境，以防范各种攻击。⑤与其他组件的通信。与 Intel TXT 的其他组件，如 IOH/PCH 等协同工作，确保度量值的传递、信任根的建立以及可信计算环境的初始化。

总体而言，Intel TXT 通过硬件支持的度量、信任根建立、与 TPM 的协同工作和安全启动等功能，为系统提供了综合的安全性保护，其综合安全性架构为系统提供了强大的支持，使得用户和企业能够在可信的计算环境中进行操作，确保计算环境的可信度和完整性。这种安全性的综合性质使得 Intel TXT 成为处理安全挑战的有效工具。

2. Sanctum 方案

Sanctum 与 Intel SGX 共享类似的功能，即对并发运行和共享资源的软件模块进行强大的可证明隔离。然而，Sanctum 在防范特定类型的软件攻击方面更具优势，这些攻击可能通过程序的内存访问模式推断出私有信息。相较于 Intel SGX，Sanctum 通过避免不必要的复杂性简化了安全性分析，采用一种有原则的方法，通过隔离来从根本上消除整个攻击面。Sanctum 的设计思想主要体现在可信软件中，其大部分逻辑都在此部分实现。与 Intel SGX 不同，Sanctum 不使用密钥执行加密操作，这有助于提高系统的透明度，并使其更易于进行安全性分析。

图 6-14 为 Sanctum 软件栈，其中点划线方框中的组件表示 Sanctum 额外需要的组件，粗体表示存在于可信计算模块的组件。

Sanctum 软件栈与 Intel SGX 软件栈相似，但存在一个显著的区别：Intel SGX 中的微码被受信任的软件组件(安全监视器)替代，该组件在最高特权级别上运行，有效地防止了系统软件受到损害。Sanctum 采用了一种独特的方法，将计算资源(如 DRAM 和执行核心)的管理委托给不受信任的系统软件。在这里，将负责资源管理的软件称为 OS(操作系统)，尽管实际上它可能是管理程序和用户操作系统内核的组合。在 Sanctum 中，安全监视器的主要职责是审查系统软件的资源分配决策，确保其正确性，并将这些决策提交到硬件配置寄存器中。安全区是 Sanctum 中的可信执行环境，其中的代码和私有数据存储在由操作系统专门分配给安全区的部分 DRAM 中，这些部分称为安全区内存。相应地，未分配给任何安全区的 DRAM 区域称为 OS 内存。安全监视器负责跟踪 DRAM 的所有权，确保没有一块 DRAM 同时被多个安全区分配使用，从而维护隔离的完整性。

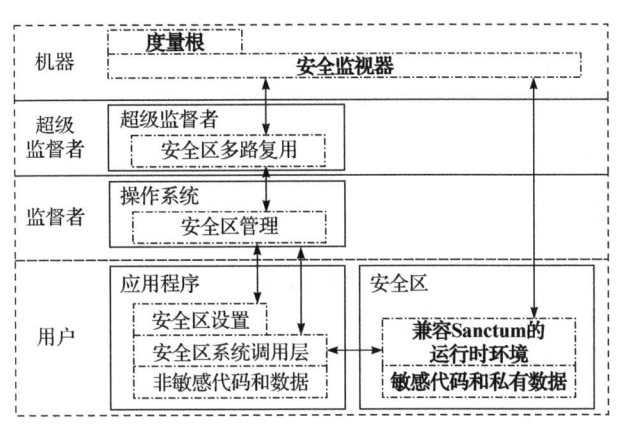

图 6-14 Sanctum 软件栈

每个 Sanctum 安全区都使用一系列虚拟内存地址(EVRANGE)来访问其内存。安全区内存的管理是通过安全区自身的页面映射表完成的，这些信息存储在安全区的内存中。这一设计决策使得页表的脏位和被访问位成为私有信息，进而在页粒度上揭示了内存访问模式。这种隐私保护机制非常关键，因为将安全区的页表暴露给不受信任的操作系统可能使安全区容易受到攻击。对于 EVRANGE 之外的虚拟地址空间，安全区采用了一种独特的设计，通过由操作系统设置的页表访问其主机应用程序的内存。Sanctum 的硬件扩展实现了双页表查找，并确保安全区的页表只能指向安全区的内存，OS 页表则只能指向 OS 内存。Sanctum 支持多线程安全区，每个安全区必须适当地提供线程状态数据结构。安全区线程与 Intel SGX 线程类似，都在最低权限级别上运行，这意味着恶意安全区无法危及操作系统。

每个 Sanctum 安全区使用的元数据存储在专用的 DRAM 区域，通常称为元数据区域。操作系统在页面级别进行管理，为每个安全区分配一个区域，并在其中包含一个页映射。这个映射的作用类似于 Intel SGX 中的 EPC(enclave page cache)和 EPCM(enclave page cache map)，用于存储安全区和线程的元数据信息。与 Intel SGX 的 EPC 不同，Sanctum 的元数据区域的页面仅存储安全区和线程元数据，使得安全监视器更容易管理。元数据区域的设计与 Intel SGX 的 EPC 和 EPCM 的类比有助于理解其作用。安全监视器对元数据的管理包括验证操作系统的决策，确保每个安全区和线程都得到正确的分配和保护。Sanctum 将系统软件视为不可信任的，并负责管理进入和退出安全区代码的转换。在完成任务后，安全区代码通过请求安全监视器解锁线程的状态区域并将控制权转移回主机应用程序，从而完成安全区的退出。

在 Sanctum 中，安全监视器是中断的第一响应者，负责处理在安全区执行期间接收到的中断。当安全区收到中断时，会触发异步安全区退出 asynchronous enclave exit(AEX)

操作，将控制权从安全区转移到安全监视器。AEX 操作是一种异步的出口机制，确保安全区在面临中断或其他异步事件时能够及时做出响应。安全监视器在 AEX 时负责保存当前线程的内核寄存器状态，将寄存器置零，退出当前安全区，并类似于进入安全区的代码一样，分发中断。与 Intel SGX 不同的是，在 Sanctum 中，AEX 之后的安全区执行需要通过正常的入口点重新进入，并通过请求安全监视器来恢复 AEX 之前的执行状态。

总体而言，Sanctum 通过硬件支持的启动过程、根密钥建立、安全执行环境创建和隐私保护等关键步骤，确保了系统在运行时能够建立和维护一种可信的计算环境，从而有效地防范各种安全威胁。

6.4.7 方案对比与优缺点分析

上述内容阐述了 Intel SGX、ARM TrustZone、AMD SEV、Aegis、TPM、Intel TXT 和 Sanctum 等可信执行环境方案的工作流程，以及它们各自关键组件的工作原理。接下来，对这些方案的关键特性进行比较分析，以深入了解它们在可信计算领域的异同。

1. Intel SGX 的优缺点

1) Intel SGX 的优点

(1) 硬件级别隔离。提供硬件级别的隔离，将代码和数据存储在安全区中，防止操作系统和其他应用程序访问敏感信息。

(2) 内存加密。使用内存加密来保护安全区内的数据，即使物理内存被直接访问，也难以获取安全区中的敏感信息。

(3) 灵活的安全区生命周期管理。允许动态创建和销毁安全区，使开发者能够在运行时灵活地管理安全区的生命周期。

(4) 远程验证。支持远程验证，使得用户可以验证运行安全区的平台的真实性，这对于构建可信任的云服务和远程计算环境至关重要。

(5) 多线程支持。允许在同一安全区中运行多个线程，提供更灵活的并发执行和资源利用。

(6) 不透明性和唯一标识符。确保每个安全区都有唯一的标识符，且安全区的内部结构对外部不可见，增加攻击者对安全区的逆向工程难度。

2) Intel SGX 的缺点

(1) 依赖硬件支持。Intel SGX 的实现依赖于支持 Intel SGX 技术的硬件，这限制了其在不支持 Intel SGX 的旧硬件上的可用性。

(2) 性能开销。安全区的创建和销毁、数据的加密和解密等操作会引入一些性能开销。特别是在频繁进出安全区的场景下，性能影响可能更为显著。

(3) 依赖信任的操作系统。Intel SGX 依赖于操作系统的支持，特别是在安全区的创建和管理方面。如果操作系统本身不可信，则 Intel SGX 的安全性也可能受到威胁。

(4) 存储限制。Intel SGX 安全区的大小受到硬件实现的限制，这可能对某些需要大量内存的应用程序构成挑战。

(5) 未解决的侧信道攻击。Intel SGX 仍然面临一些未解决的侧信道攻击问题。

2. ARM TrustZone 的优缺点

1) ARM TrustZone 的优点

(1) 硬件级别隔离。提供硬件级别的隔离，将系统分为一个安全区域和一个普通区域。这种硬件隔离有助于保护敏感信息免受未经授权的访问。

(2) 低功耗设计。针对低功耗设备进行设计，适用于嵌入式系统和移动设备等资源有限的环境。

(3) 应用广泛。TrustZone 技术广泛应用于 ARM 架构的处理器中，覆盖了许多移动设备和嵌入式系统。这种广泛的支持使其成为在多个设备上实现安全功能的理想选择。

(4) 灵活性强。允许开发者定义自己的安全策略和安全应用，提供了一定的灵活性，适应不同的安全需求。

(5) 支持双操作系统。允许在同一设备上运行两个操作系统，一个在安全区域，另一个在普通区域。这使得在同一设备上同时运行安全和一般的应用成为可能。

(6) 提供硬件信任根。通过硬件保护安全环境的完整性，防止恶意软件攻击。

2) ARM TrustZone 的缺点

(1) 依赖于合作操作系统。需要合作操作系统的支持，特别是在安全世界中运行的安全内核。

(2) 受限的硬件资源。ARM TrustZone 的安全区域的硬件资源有限，包括内存和处理器资源。

(3) 缺少远程验证机制。与一些其他可信执行环境方案相比，ARM TrustZone 缺乏直接支持远程验证的机制。

(4) 侧信道攻击存在潜在风险。与其他可信执行环境方案一样，ARM TrustZone 仍然面临侧信道攻击的潜在风险，需要额外的保护措施来缓解这些风险。

(5) 不适用于所有应用。ARM TrustZone 主要设计用于移动设备和嵌入式系统，对于一些需要更高安全性的场景，可能需要其他更强大的可信执行环境方案。

3. AMD SEV 的优缺点

1) AMD SEV 的优点

(1) 硬件级别虚拟机隔离。提供硬件级别的虚拟机隔离，允许在共享硬件上运行多个虚拟机，同时确保它们之间的内存和资源是加密的和隔离的。

(2) 保护虚拟机内存。用内存加密技术，可以保护虚拟机内存免受物理攻击和侧信道攻击。即使在共享物理服务器上运行多个虚拟机，它们的内存也能够保持隔离和保密性。

(3) 支持云环境。可以有效地在云服务器中提供安全的虚拟化服务，同时保护不同租户之间的隐私和数据安全。

(4) 无须修改客户操作系统。AMD SEV 的实施无须修改客户操作系统，这使得现有的虚拟化环境能够比较容易地采用这一技术，而不需要对现有系统进行大规模更改。

(5) 对云服务提供商透明。用户可以在虚拟化环境中享受更高的安全性，不需要深度参与底层的实现和管理。

2) AMD SEV 的缺点

(1) 性能开销。AMD SEV 的加密和隔离功能会引入一定的性能开销，尤其是在需要频繁访问内存的应用场景下。虽然硬件正在不断改进，但性能问题仍是需要关注的方面。

(2) 限制于特定硬件。需要特定的硬件支持，只能在支持 SEV 的 AMD 处理器上运行。

(3) 有限的生态系统支持。在整个虚拟化生态系统中，AMD SEV 的应用和支持相对有限。

(4) 需要虚拟机监视器的支持。AMD SEV 的部署需要虚拟机监视器的支持，这可能需要在虚拟化软件中进行相应的更新和改进，以确保 AMD SEV 的有效运行。

4. Aegis 的优缺点

1) Aegis 的优点

(1) 物理安全性强。Aegis 引入了物理不可克隆函数和片外存储器保护等机制，以确保处理器在物理层面上免受攻击，提供了强大的物理安全性。

(2) 提供完整性和隐私保护。通过对程序进行完整性验证、内存加密和访问权限检查等多种安全执行方式，保护了程序的完整性和隐私，防范了软件攻击。

(3) 集成度高。在单芯片中集成了多种可信组件，包括物理安全特性和密钥，使其在开机时得到保护，减少了对外部总线物理攻击的威胁。

(4) 安全执行模式灵活。提供多种安全执行模式，包括防篡改模式、私有防篡改模式和暂停安全处理模式，使得用户可以根据需求选择适当的安全级别。

2) Aegis 的缺点

(1) 性能开销高。Aegis 处理器的主要性能开销来自于内存加密和总线争夺，这可能在内存密集型应用程序中产生显著的影响，需要更有效的加密和验证机制。

(2) 物理攻击防御待提升。虽然 Aegis 假定处理器芯片是安全的，但对于更高级的物理攻击可能需要进一步的防御措施，这是未来研究的重点。

(3) 密钥基础设施待健全。广泛部署 Aegis 需要健全的密钥基础设施。

5. TPM 的优缺点

1) TPM 的优点

(1) 硬件级别安全。TPM 是硬件级别的安全解决方案，集成在计算机主板上。这使得攻击者更难以绕过或破坏其安全功能。

(2) 支持安全启动和测量。TPM 支持安全启动，确保系统启动时的代码完整性和可信性。通过平台配置寄存器记录启动过程中的测量值，可以追溯系统启动的完整性。

(3) 提供密钥管理。提供安全的密钥存储和管理，包括长期密钥(如背书密钥)和短期密钥(如认证身份密钥)。

(4) 真随机数生成。包含一个真正的随机比特流生成器，可用于生成安全的随机数，提供额外的安全性。

(5) 可信计算。通过建立可信的执行环境，确保计算过程在预期的条件下运行。

2) TPM 的缺点

(1) 存在标准化差异。不同厂商的 TPM 可能存在一些标准化上的差异，这可能导致在跨平台应用时的一些兼容性问题。

(2) 性能开销高。某些操作，如密钥生成和加密，可能在使用 TPM 时引入一定的性能开销，特别是在资源有限的环境中。

(3) 依赖厂商支持。TPM 的功能和安全性高度依赖于制造商的实现。

6. Intel TXT 的优缺点

1) Intel TXT 的优点

(1) 硬件级别隔离。提供硬件级别的可信执行环境，通过硬件支持确保敏感信息和代码受到强大的隔离。

(2) 完整性测量。允许系统在启动时度量整个软件栈的完整性，确保系统启动时没有篡改的代码或组件。

(3) 安全启动。确保系统启动过程中的可信性，减少对于恶意软件的威胁。

(4) 可与 TPM 的结合。可以与 TPM 配合使用，增强密钥管理、身份验证和安全存储等方面的功能。

(5) 动态信任根测量。可以实现动态信任根测量，使得系统在运行时对软件组件进行动态测量并记录到平台配置寄存器中。

2) Intel TXT 的缺点

(1) 性能开销高。Intel TXT 的实现可能引入一定的性能开销，特别是在系统启动和动态测量时。这取决于硬件实现和软件配置。

(2) 复杂性高。Intel TXT 的实现相对较为复杂，需要 BIOS、操作系统和硬件层面的支持。

(3) 限制于 Intel 平台。TXT 是 Intel 平台上的技术，不具备跨硬件平台的通用性。

7. Sanctum 的优缺点

1) Sanctum 的优点

(1) 隔离性强。提供了与 Intel SGX 相媲美的隔离性，可以有效地隔离并发运行的软件模块，防止信息泄露。

(2) 可防范内存访问模式攻击。相比于其他技术，Sanctum 能够有效防范从内存访问模式中推断私有信息的攻击。

(3) 简化的安全性分析。避免不必要的复杂性，通过隔离来消除整个攻击面，简化了安全性分析。

(4) 提供透明性。Sanctum 的逻辑大部分实现在可信软件中，不使用不透明微码，这使得其更易于分析和理解。

2) Sanctum 的缺点

(1) 硬件需求高。需要硬件支持，这可能限制了其在不同硬件平台上的可用性。

(2) 限制于特定应用场景。Sanctum 的设计可能更适合特定的应用场景，而不是适用于所有类型的应用程序。这可能使其在广泛应用时受到限制。

(3) 依赖安全策略实施。Sanctum 需要实现安全策略来处理异步出口和确保安全区的安全性，这需要仔细的设计和测试。

根据上述内容，对这些可信执行环境方案的关键特性进行异同分析。它们具有三个共同点。

(1) 同样依赖硬件。所有这些技术都依赖硬件层面的支持，以提供安全隔离和执行环境。

(2) 同样提供安全隔离。各项技术均致力于提供安全隔离，以保护关键数据和代码免受未经授权的访问。

(3) 同样应对攻击设计防护方案。它们都是为了应对不同形式的攻击而设计的，包括物理攻击、软件攻击、侧信道攻击等。

但它们也在一些方面体现出不同之处。

(1) 隔离级别。Intel SGX 和 AMD SEV 提供硬件级别的内存隔离；ARM TrustZone 提供不同的处理器模式，但隔离性相对较弱，不如 Intel SGX 和 AMD SEV 提供的硬隔离；TPM 和 Intel TXT 侧重于度量和建立信任，而不提供像 Intel SGX 和 AMD SEV 那样的硬隔离。

(2) 应用领域。Intel SGX 和 AMD SEV 主要面向需要运行敏感代码的应用程序，如加密算法或关键业务逻辑；ARM TrustZone 在移动设备领域广泛应用，用于隔离安全应用和普通应用；TPM 和 Intel TXT 用于度量和建立信任，通常在安全启动和远程认证等方面使用。

(3) 应用场景。Intel SGX 用于云计算和边缘计算；ARM TrustZone 主要在移动设备和嵌入式系统中使用；AMD SEV 面向云环境，支持虚拟化场景；TPM 和 Intel TXT 用于建立可信计算基础，适用于安全启动等场景。

(4) 复杂性和性能开销。Intel SGX 的启动过程复杂，但提供较高的隔离性；ARM TrustZone 相对较简单，性能开销相对较低；AMD SEV 提供硬隔离，但可能引入一些性能开销，尤其是在虚拟化环境中；TPM 和 Intel TXT 主要用于度量和建立信任，性能开销相对较低。

(5) 虚拟化支持。Intel SGX 和 AMD SEV 支持在虚拟化环境中创建安全的执行环境；ARM TrustZone 在某些情况下支持虚拟化，但隔离性相对较弱；TPM 和 Intel TXT 不直接提供虚拟化支持，而是用于度量和信任的基础。

(6) 关键特性。Aegis 和 Sanctum 主要注重于物理安全性和防护应用程序免受物理攻击的机制。

本小节深入探讨了一系列可信执行环境方案的关键特性，包括 Intel SGX、ARM TrustZone、AMD SEV、Aegis、TPM、Intel TXT 和 Sanctum。每种方案都有其独特的优点和缺点，适用于不同的应用场景和安全需求。每种方案都在安全性、性能开销和适用场景等方面做出了权衡。在选择适当的可信执行环境方案时，需要考虑特定应用的需求、性能预算以及硬件和软件的支持。在不同的领域和应用中，可以根据具体要求选择最合适的技术。

本 章 小 结

在本章中，全面介绍了可信执行环境的基本概念、架构与原理以及关键技术的特性与实现方式，讨论了几种经典的可信执行环境方案，包括 Intel SGX、ARM TrustZone、AMD SEV、Aegis、TPM 等，同时也涉及一些新兴方案。通过对这些方案的对比与优缺点分析，展现了各种可信执行环境的特点和适用场景。

除此之外，还着重探讨了可信执行环境在安全支付、数字版权保护等场景中的应用。在安全支付方面，TEE 提供了安全的执行环境，确保支付过程中的敏感信息得到充分的保护，防止恶意软件或攻击者获取用户的支付信息。在数字版权保护方面，TEE 可以用于确保数字内容的安全传输、存储和使用，包括安全播放和解密、数字签名和完整性验证、数字水印等技术的应用。

通过深入探讨可信执行环境在这些场景中的应用，展示了 TEE 在保护用户隐私、确保数字内容安全和促进数字化社会发展方面的重要作用。随着技术的不断进步和应用场景的不断扩展，可信执行环境将继续发挥着关键的作用，为构建安全可信的数字生态系统提供有力支持。

习　题

1. 什么是可信执行环境？它的主要作用是什么？
2. 可信执行环境和传统的软件安全解决方案相比有何优势？
3. 请解释可信执行环境的核心原理以及它是如何确保代码的机密性和完整性的。
4. 在可信执行环境中，硬件隔离是如何实现的？
5. Intel SGX、ARM TrustZone 和 AMD SEV 分别是什么？它们之间有什么区别和相似之处？
6. TPM 是什么？它在可信执行环境中扮演什么角色？
7. 可信执行环境如何应用于安全支付场景？请列举几个例子并解释其工作原理。
8. 在数字版权保护方面，可信执行环境如何防止未经授权的访问和复制？请描述其关键技术和应用方式。
9. 除了传统的可信执行环境方案外，还有哪些新兴的可信执行环境技术？它们有何优势和劣势？
10. 你认为可信执行环境在未来的发展趋势是什么？它可能如何影响未来的计算和安全领域？

第三部分 数据安全与隐私保护实践

为了将理论与实践相结合，本部分将深入探讨数据安全与隐私保护的实际应用，帮助读者了解在真实场景中有效地保护数据隐私。

第 7 章 隐私攻击与防御方法

随着大数据的应用越来越广泛，针对数据安全和隐私的攻击也越来越多，这给人们的生活带来了许多的威胁。本章将介绍在人工智能领域常见的一些攻击手段以及相应的防御方案。

7.1 定义与分类

面向数据安全和隐私的攻击是指试图通过技术手段或分析手段获取、泄露或滥用数据中的敏感信息，损害数据所有者或用户隐私的一类攻击行为。这类攻击可能针对个人隐私信息、组织敏感数据或涉及特定领域的保密信息。面向数据安全和隐私的攻击主要可以分为隐私攻击、投毒攻击和逃逸攻击三大类。每一类攻击又可以根据攻击的目标细分为多种不同的攻击。攻击的分类如图 7-1 所示。

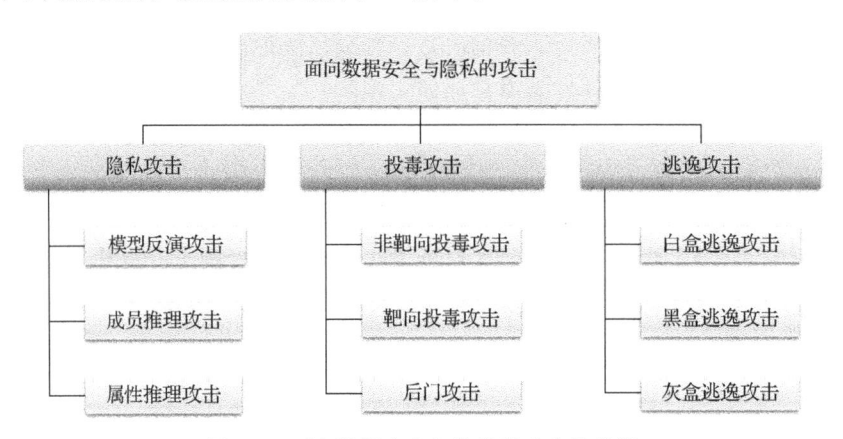

图 7-1 面向数据安全与隐私的攻击的分类

隐私攻击的主要目标是窃取数据的隐私信息，投毒攻击和逃逸攻击的主要目的是破坏数据及基于数据的应用的安全(包括数据的可用性、完整性等)。以基于大数据的机器学习模型为例，在数据集收集、数据预处理、模型训练和部署的全流程中，都可能面临遭遇隐私攻击的风险。投毒攻击则主要发生在模型的训练阶段，逃逸攻击主要发生在模型的测试、部署阶段。

7.2 常见的隐私攻击与防御方法

大数据的广泛应用和个性化服务的兴起，使得用于训练的个人信息等隐私数据的商业价值日益凸显。在利益驱动之下，一些别有用心的恶意个体或组织(称为"攻击者")试图从各类数据应用中非法获取他人的敏感信息。这类以获取个人或组织的隐私数据为目的的恶意行为称为隐私攻击。本节将介绍常见的隐私攻击，包括模型反演攻击(model inversion attack)、成员推理攻击(membership inference attack)和属性推理攻击(property inference attack)，以及现有的一些针对这些攻击的防御手段。

7.2.1 模型反演攻击与防御

模型反演攻击是一种利用对机器学习模型的访问权限，从模型的输出结果中逆向推断出输入数据的敏感信息的隐私攻击。实施模型反演的攻击者可以通过模型的输出、模型提供的一些信息以及训练数据的分布等先验知识来反演出机器学习模型，从而获取训练数据的信息。

1. 模型反演攻击

模型反演攻击主要可以分为基于反演模型的模型反演攻击(inversion model)和基于优化的模型反演攻击两大类。

1) 基于反演模型的模型反演攻击

基于反演模型的模型反演攻击，首先需要训练原神经网络模型的反演模型 H_w，再通过反演模型来生成重建样本。反演模型 H_w 接收原模型输出的预测向量 $F_\theta(x)$，输出重建的样本 $\hat{x}$，使得重建样本 $\hat{x}$ 与原样本 x 之间的误差尽可能得小。例如，在一种基于背景知识对齐的神经网络反演攻击中，攻击者首先要基于自身的背景知识构建辅助数据集来训练反演模型。例如，对于人脸识别分类模型，攻击者在不知道原模型的训练数据及其分布的情况下，可以简单地从互联网上随机爬行一些人脸图像来构建辅助训练数据集。另外，为了使得反演模型在攻击者只能获得想要查询的样本数据的部分预测结果时也能成功进行反演，攻击者还需要采用截断(truncation)方法来对反演模型进行训练。在截断训练方法中，攻击者将辅助样本 x 在原模型上输出的预测向量 $F_\theta(x)$ 进行截断，使得到的 $\text{trunc}(F_\theta(x))$ 与原模型对所要查询的数据样本输出的预测向量的维度相同(因为很多模型为了防御反演攻击可能会对输出的预测向量进行一定程度的截断)。然后，攻击者将辅助样本截断后的预测向量 $\text{trunc}(F_\theta(x))$ 作为反演模型 H_w 的输入，辅助样本 x 作为标签，对 H_w 进行训练。训练结束后，将所要查询的数据样本在原模型上输出的预测向量 $F_\theta(x_t)$ 输入 H_w，即可输出反演结果 $\hat{x}_t$。

2) 基于优化的模型反演攻击

基于优化的模型反演攻击则无须训练反演模型，而是直接通过不断优化的方式生成近似于隐私数据样本的数据。具体来说，给定原模型 F_θ 对某个样本的预测结果 $F_\theta(x)$，基于优化的模型反演攻击希望生成一个样本 $\hat{x}$，以最小化 $F_\theta(\hat{x})$ 与 $F_\theta(x)$ 之间的误差。例如，Fredrikson 等在模型反演攻击的开山之作中提出了一种通用的模型反演攻击算法。假设原模型输入 $x \in X$ 具有 d 个属性，即 $x=(x_1,x_2,\cdots,x_d)$ 是一个 d 维的向量，且概率 $p_{1,\cdots,d,y}$ 已知。攻击者只能根据自己的先验知识(如某些属性可能是公开的信息)获得某个样本的前 k 个属性值 $x_K=(x_1,x_2,\cdots,x_k)$。给定 $x_K=(x_1,x_2,\cdots,x_k)$ 和样本的标签 y，攻击的目标是反演出该样本数据 x 的完整信息。首先，攻击者需要搜索到一个可行解集 $\hat{X} \subseteq X$，使得 $\forall \hat{x} \in \hat{X}$，满足：① $\hat{x}$ 的前 k 个维度属性的值与攻击者所了解的关于查询样本 x 的前 k 个维度的值相等，即对于 $\forall i \in \{1,2,\cdots,k\}$，有 $\hat{x}_i = x_i$；② 原模型对 $\hat{x}$ 的预测结果和对查询样本 x 的预测结果相同，即 $F_\theta(\hat{x}) = y$。若没有搜索到该可行解集($\hat{X} = \phi$)，则说明训练集中不存在所要查询的样本。若该可行解集不为空，则将使 $\sum_{\hat{x} \in \hat{X}} \prod_{1 \leqslant i \leqslant d} p_i(\hat{x}_i)$ 最大化的 $\hat{x}$ 作为最终确定的重建样本。

2. 模型反演攻击的防御方法

下面将简要介绍几种常见的模型反演攻击防御方法。

1) 基于差分隐私的防御方法

差分隐私是一种具有严格理论保证的隐私保护机制，通过在数据的发布、处理等过程添加噪声的方式，来减少隐私信息的泄露。因此，许多工作通过研究应用差分隐私技术来抵御模型反演攻击。例如，Chen 等学者提出了一种基于差分隐私的自动编码器生成模型(differentially private autoencoder-based generative model, DP-AuGM)和一种基于差分隐私的变分自编码器生成模型(differentially private variational autoencoder-based generative model, DP-VaeGM)。DP-AuGM 和 DP-VaeGM 的核心思想都是使用差分隐私数据生成模型来为所需要的学习任务合成一些数据，进而向模型提供这些差分隐私合成数据而不是原始数据。通过差分隐私数据生成的方法，可以有效地保护原始数据的隐私，抵御模型反演等类型的隐私攻击，同时也能保持数据的效用。

2) 基于密码学的防御方法

基于密码学的方法通过利用一些密码学的加密技术来在数据处理过程中对数据加密，然后对加密的数据进行发布或进一步的分析处理，从而保证数据的隐私，防御模型反演等隐私攻击。常见的技术包括同态加密、安全多方计算等。

3) 其他防御方法

除了上述方法外，还有许多防御方法也能有效地防御模型反演攻击。例如，针对分布式机器学习场景，Fu 等学者提出了一种混合协作学习(mixed collaboration learning, MCL)的防御方法。和联邦学习类似，MCL 考虑每个计算节点都利用存储在自己本地的数据进行模型训练然后上传训练得到的模型参数，并由一个服务器来进行参数的聚合。但与联邦学习不同的是，每个节点在进行模型训练之前，首先要对本地数据利用 mixup

技术进行数据增强。由于每个节点的模型是在经过 mixup 的数据而不是原始数据上进行训练的，原论文声称这样能够提供更好的隐私保证。

7.2.2 成员推理攻击与防御

成员推理攻击最早在 2017 年由 Shokri 等学者提出，是一种推断数据样本是否属于目标模型训练数据集的一员的攻击。具体来说，给定一个数据样本和一个训练好的目标模型，攻击者可以通过构造特定数据来查询目标模型，从而推理出给定的数据样本是否存在于目标模型的训练数据集中。例如，一些医疗机构或智慧医疗研究中心会发布一些机器学习模型，用于根据癌症患者的各项指标数据预测癌症患者的治疗方案。这种模型需要在癌症患者的数据集上进行训练。例如，给定一个数据点，攻击者可以通过成员推理攻击确定这个数据是否是模型训练数据集的一部分，那么他就能得知这个数据所对应的患者是否罹患癌症。

1. 成员推理攻击

成员推理攻击之所以可以取得成功，主要是因为神经网络模型对于训练数据集的"记忆"。由于神经网络，特别是深度神经网络，一般是过度参数化的，模型经过在训练数据集数据上的多次训练，很容易过拟合于训练数据集。通常情况下，模型在自身的训练集数据上的表现和在它从未"见"过的数据上的表现是不一样的。例如，模型在属于训练数据集的样本上的输出置信度较高，而在之前未见过的样本上(不属于训练数据集的样本)输出置信度较低。因此，基于这样的特点，别有用心的攻击者可以推断某个数据样本是否属于模型的训练数据集。

成员推理攻击主要可以分为基于分类器(classifier)的成员推理攻击和基于度量(metric)的成员推理攻击两大类。

1) 基于分类器的成员推理攻击

基于分类器的成员推理攻击是指攻击者通过构建二元分类器来将给定的数据样本分类为"是模型训练数据集的成员"和"不是模型训练数据集的成员"两类。这类攻击方法的关键在于训练这样的二元分类器。

由于攻击者无法获得目标模型的训练数据集，因此获得用于训练二元分类器的数据是一个关键的问题。一种广泛使用的方法是由 Shokri 等学者提出的称为"影子训练"(shadow training)的方法，通过构造训练数据等形式来模拟目标模型的训练过程。将目标模型的数据集记为 D_{train}。假设攻击者了解目标模型训练数据集的分布信息，攻击者就可以构造出 k 个与 D_{train} 同分布的影子训练集 $\{D'_{1,\text{train}}, D'_{2,\text{train}}, \cdots, D'_{k,\text{train}}\}$。此外，攻击者还须构造 k 个影子测试集 $\{D'_{1,\text{test}}, D'_{2,\text{test}}, \cdots, D'_{k,\text{test}}\}$，注意，这些影子测试集与其对应的影子训练集 $\{D'_{1,\text{train}}, D'_{2,\text{train}}, \cdots, D'_{k,\text{train}}\}$ 是不相交的。攻击者在这 k 个影子训练集上分别训练得到 k 个影子模型 $\{M_1, M_2, \cdots, M_k\}$。接着，对于每个影子模型 M_j，攻击者将 M_j 的训练数据 $\{\boldsymbol{x}_i^j \mid \boldsymbol{x}_i^j \in D'_{j,\text{train}}\}$ 和测试数据 $\{\boldsymbol{x}_i^j \mid \boldsymbol{x}_i^j \in D'_{j,\text{test}}\}$ 分别输入影子模型 M_j，得到它们的预测向量 $\{p(\boldsymbol{x}_i^j) \mid \boldsymbol{x}_i^j \in D'_{j,\text{train}}\}$ 和 $\{p(\boldsymbol{x}_i^j) \mid \boldsymbol{x}_i^j \in D'_{j,\text{test}}\}$，然后将这些样本的预测向量与对应样本的

标签(是否是训练集的成员)——配对，即可得到一个分类数据集 $D_j = \{\{p(x_i^j), '成员'\} \mid x_i^j \in D'_{j,\text{train}}\} \cup \{\{p(x_i^j), '非成员'\} \mid x_i^j \in D'_{j,\text{test}}\}$。所有 k 个影子模型得到的分类数据集共同组成最终用于分类器训练的数据集 $D = \bigcup_{j=1}^{k} D_j$。获取到分类器的训练数据集 D 后，攻击者可以使用常见的分类模型，如支持向量机(support vector machine, SVM)、神经网络等作为分类器，并在数据集 D 上进行训练。最后，攻击者将所要查询的数据样本输入训练好的分类器中，即可输出该数据样本是否为目标模型的训练数据集成员的判断结果。

2) 基于度量的成员推理攻击

基于度量的成员推理攻击首先定义一个度量规则，然后利用目标模型给出的预测向量来计算度量值，根据这些度量值的大小和度量规则来判断数据样本是否为训练集的成员。由于无须进行数据生成、模型训练等步骤，基于度量的模型所需要的计算量一般较小。按照不同的度量规则，基于度量的成员推理攻击可以分为以下四类。

(1) 基于预测正确性的成员推理攻击。

基于预测正确性的成员推理攻击主要从模型泛化能力的角度来考虑模型在不同样本上的表现。直观上来看，模型在其训练数据上进行了多次训练，训练效果好的模型充分学习了训练数据的特征和规律，因此在其训练数据上的预测准确率是比较高的。然而，模型可能不具备很强的泛化能力，即它可能不能将从训练数据上学到的规律很好地推广到测试数据上。因此，如果目标模型能够正确地预测一个输入样本，那么攻击者推断该样本为目标模型训练集的成员；反之，则推断该样本不是目标模型训练集的成员。

(2) 基于预测损失的成员推理攻击。

目标模型在训练时的目标就是最小化在训练数据上的预测误差。然而，对于那些未学习过的数据，模型则没有进行预测误差最小化的过程。因此一些学者认为，训练样本的预测误差一般会小于模型从未学习过的测试样本的预测误差。那么攻击者也可以将预测误差小于训练样本平均误差的样本推断为训练数据集的成员，否则推断为非训练数据集的成员。

(3) 基于预测置信度的成员推理攻击。

由于目标模型就是通过最小化其在训练数据上的预测误差来训练的，因此训练数据集中成员的预测向量的最大置信度分数应该接近于 1。因此，如果一个数据样本预测向量的最大置信度大于某个阈值，则攻击者可以将该样本推断为目标模型训练集的成员，否则将其推断为非训练集的成员。

(4) 基于预测熵的成员推理攻击。

一些学者观察到，训练数据和非训练数据的预测熵分布有明显的差异。模型训练数据的预测熵通常小于其他未在训练集中出现的数据的预测熵。因此，攻击者可以根据给定的数据样本的预测熵与提前设定的阈值的大小关系来进行成员推理。如果该样本的预测熵小于预设的阈值，攻击者将其推断为目标模型训练集的成员，否则攻击者将其推断为不是训练集的成员。

2. 成员推理攻击的防御

为了抵御成员推理攻击,许多工作从不同的角度出发提出了许多防御方法。下面介绍几类常见的防御方法。

1) 基于正则化的防御方法

模型对训练数据的过拟合是导致成员推理攻击能够成功的一个重要因素,那么一种自然的想法是通过降低模型的过拟合程度来抵御成员推理攻击。正则化就是一种广泛用于降低模型过拟合程度、提高模型泛化性的方法。常见的一些正则化技术包括 L_2 范数正则化、暂退法(dropout)、早停(early stopping)和数据增强等,都可以有效地防御成员推理攻击。

除此之外,还有一些专门为成员推理攻击的防御而提出的正则化方法,如 Mixup+MMD 方法。Mixup+MMD 方法是指通过向优化目标添加一个基于最大均值差异(maximum mean discrepancy, MMD)的正则化项来减小 softmax 输出在训练数据集和验证数据集上经验分布的差异,从而攻击者难以通过模型输出的分布来区分训练样本和非训练样本。由于 MMD 的引入容易导致训练和测试准确性的降低,因此,Mixup+MMD 方法通过将 MMD 与混合训练(mix-up training)相结合,在抵御成员推理攻击的同时保持模型的预测精度。

2) 基于置信度分数掩蔽的防御方法

基于置信度分数掩蔽(confidence score masking)的方法是一类通过隐藏目标模型输出的真实置信度分数来抵御成员推理攻击的方法。由于这类方法不需要修改模型的训练过程,只需要对模型输出的预测向量进行修改,因此不会影响目标模型的预测精度,且容易实施。例如,当有人向目标模型查询一个样本的时候,目标模型只输出该样本的预测标签或 top-k 个置信度分数,而不是包含所有类别置信度的预测向量,或给目标模型的预测向量加入一些人工生成的噪声,从而限制攻击者从目标模型的输出中获取的信息。

3) 基于知识蒸馏的防御方法

知识蒸馏(knowledge distillation)是一种模型压缩方法,主要思想是通过使用一个大的教师模型来指导一个小的学生模型的训练,从而将教师模型的知识"蒸馏"提取到学生模型上。DMP(distillation for membership privacy)就是一种基于知识蒸馏的防御成员推理攻击的方法。DMP 首先使用隐私的目标训练数据集 D_{origin} 来训练一个未受保护的教师模型 $\theta_{\text{non-private}}$,并用该教师模型 $\theta_{\text{non-private}}$ 来给非隐私敏感的无标签的参考数据集 D_{ref} 中的数据样本打上标签。然后,DMP 从标记好的参考数据集中选出部分预测熵比较低的数据样本来组建目标模型的训练数据集 D_{selected}。DMP 选择这部分样本的主要原因是,在无标签的参考数据集中预测熵比较低的样本是很容易区分的样本,因此不会明显地被隐私的目标训练数据集影响。接着,DMP 在 D_{selected} 数据集上训练得到隐私的学生模型 θ_{private}。通过知识蒸馏的方式,DMP 避免了隐私模型 θ_{private} 对隐私训练数据集 D_{origin} 的直接访问,从而降低了攻击者查询 D_{origin} 中的成员隶属信息的成功率。

4) 其他防御方法

除了上述防御方法之外，差分隐私、同态加密、安全多方计算等隐私保护方法，也能够有效地抵御成员推理攻击。

7.2.3 属性推理攻击与防御

属性推理攻击是一种旨在提取数据集的一些属性(property)的攻击。这些属性可能没有显式地表示为特征，甚至可能与学习任务不相关。例如，在某些数据集中，性别信息并没有显式地编码为数据样本的特征或特性(attribute)，也没有作为数据标签。属性推理攻击通过对在该数据集上训练得到的模型进行分析，推断出该数据集的男女比例这一属性。

关于属性推理攻击成为可能的原因，学术界还没有定论。一种可能的原因是，模型在训练的过程中不仅会学习到训练数据集中与学习任务相关的信息，还会"无意中"学习到许多看起来与学习任务无关的额外信息。这种额外信息的学习往往是不可避免的，甚至对于模型的学习本身来说是必要的。正是基于模型的这些额外知识，攻击者可以从训练数据中推断出一些关于训练数据的群体甚至个体的属性。

1. 属性推理攻击

根据场景不同，属性推理攻击可以分为集中式场景下和联邦学习中的属性推理攻击。

1) 集中式场景下的属性推理攻击

属性推理攻击最早由 Ateniese 等学者提出，这种攻击主要针对隐马尔可夫模型(hidden Markov model, HMM)和支持向量机。在这种攻击中，攻击者的目标是判断一个目标分类器的训练数据集是否带有某个属性 pp。因此，攻击者首先构造了一系列数据集。这些数据集和目标分类器的数据集非常相似，且其中某些数据集是明确地构造为带有属性 pp 的数据集，其他则没有属性 pp。然后，攻击者构造了一系列影子分类器，分别在攻击者构造的这些数据集上进行训练，且完成与目标分类器相同的学习任务。得到这一系列影子分类器之后，攻击者会利用这些影子分类器的模型参数作为输入，影子分类器的训练数据集依据是否有属性 pp 作为标签，来训练元分类器(meta-classifier)。训练完成之后，给定目标分类器的模型参数，元分类器即可判断该分类器的训练数据集是否有属性 pp。

2) 联邦学习中的属性推理攻击

在联邦学习中，各个参与方上传的模型参数等更新信息会导致潜在的信息泄露，从而为属性推理攻击提供了可乘之机。一些工作提出了针对联邦学习的两种属性推理攻击：被动属性推理攻击和主动属性推理攻击。在被动属性推理攻击中，攻击者只能通过观察联邦学习过程中的梯度更新来进行推断，不会影响联邦学习的训练过程。在主动属性推理攻击中，攻击者利用多任务学习来欺骗全局模型，通过影响训练过程的方式得到的全局模型能对攻击者所感兴趣的特征学习到更好的区分，从而方便攻击者从模型中推断更多他感兴趣的信息。

2. 属性推理攻击的防御

下面将简要介绍三种经典的属性推理攻击防御方法。

1) 节点乘法变换

该方法是一种仅针对使用 ReLU 或 Leaky ReLU 作为激活函数的模型的防御方法。该方法的直觉来自于一个实验观察：将使用 ReLU 或 Leaky ReLU 作为激活函数的神经元的权重和偏置的值分别乘以某个常数 α，同时将它与下一层相连的权重的值除以 α，会得到与原来相同的输出。节点乘法变换的主要思想就是在神经网络模型的每一层都随机地选择部分神经元，并选择随机的常数 α 来对这些神经元执行该变换。通过这样的变换，神经网络的输出没有改变，但是神经网络权重所蕴含的具体信息发生了改变，在一定程度上降低了属性推理攻击的推理准确性。

2) 训练数据集加噪声

这种思想和模型反演攻击、成员推理攻击的防御中利用差分隐私来进行保护的思想是一致的。可以对训练数据集加入差分隐私噪声或其他噪声来降低隐私的泄露程度。但是这类方法的共同缺点就是可能导致模型可用性的降低。

3) 编码随机信息

最新研究表明，可以在保持模型的高准确度、泛化性能的同时，将大量关于训练数据集的信息编码进模型中。受到这个工作的启发，模型拥有者也可以使用这种模型信息编码的方式将一些随机的信息编码到模型参数中，使得攻击者构建的影子分类器难以准确模仿目标分类器，从而影响元分类器的分类效果，一定程度上抵御属性推理攻击。

7.3 投毒攻击与防御

与破坏数据机密性的隐私攻击不同，投毒攻击旨在破坏基于大数据的应用的性能，以破坏数据的可用性和完整性。现在的深度学习等人工智能技术需要利用大量的数据进行模型训练。例如，假如要完成一个新闻分类任务，那么往往需要从互联网上爬取一些新闻文章来作为分类模型的训练集和测试集。然而，这些数据来源可能是不可信的。攻击者可以很轻易地通过在互联网上篡改新闻的用语、插入一些恶意文本等来污染模型的训练数据集，从而导致在这些数据上训练得到的模型无法有效地识别出虚假新闻。除此之外，攻击者也可能操纵模型的训练过程，直接对模型做出恶意的改动，从而影响模型的分类性能。

投毒攻击发生在 AI 模型的训练阶段，通过恶意篡改训练数据或模型("投毒")的方式来扰动模型的预测能力和判断准确性。根据攻击目标的不同，投毒攻击可以分为非靶向投毒攻击(untargeted poisoning attack)和靶向投毒攻击(targeted poisoning attack)。在靶向投毒攻击中，又存在一类特殊的攻击方式——后门攻击(backdoor attack)。本节将分别介绍这些投毒攻击的攻击方法和原理，以及一些经典的防御方法。

7.3.1 非靶向投毒攻击与防御

非靶向投毒攻击是一种没有指定攻击目标类别的投毒攻击。对于分类问题来说，攻击者的目标是无差别地降低模型的整体分类性能。攻击者既可以通过篡改训练数据集中数据("数据投毒")的方式，也可以通过直接修改机器学习模型("模型投毒")的方式来实施非靶向投毒攻击,达到损害基于大数据应用的可用性的目的。

1. 非靶向数据投毒攻击

非靶向数据投毒攻击(untargeted data poisoning attack)是一种通过恶意污染训练数据来实现非靶向投毒目标的攻击方法,其中最典型的是标签翻转攻击(label-flipping attack)。在这种攻击中,攻击者通过修改("翻转")训练数据集中部分样本的标签的方式,来达到影响模型的收敛和破坏预测准确性的目的。由于有监督学习(supervised learning)主要学习到的是给定的样本特征-标签对中隐含的知识,在训练集中引入标签错误的样本,会干扰模型对良性样本-标签对中所包含知识的学习,从而导致性能的下降。

在标签翻转攻击中,攻击者可以根据自己的攻击目标来选择翻转的数据样本以及翻转后的标签。若使用标签翻转的方式来实现非靶向数据投毒攻击,那么应该无针对性地选择具有不同标签的数据样本及其反转后的目标标签,即不将这些样本的目标标签固定为某个特定类别。

2. 非靶向模型投毒攻击

与通过数据来影响模型不同,非靶向模型投毒攻击(untargeted model poisoning attack)直接恶意修改模型来使基于大数据的应用出现错误。这类攻击在联邦学习中较为常见。这是因为在联邦学习中,多个分布在不同地方的客户端需要向服务器上传模型参数、梯度等信息,攻击者可以伪装或操控一些客户端,上传恶意的模型参数或梯度,从而使得全局模型难以收敛或可用性下降。下面介绍一些常见的非靶向模型投毒攻击。

1) 符号翻转攻击

符号翻转攻击(sign-flipping attack)与标签翻转攻击类似,只不过翻转的是模型或梯度的符号,而不是数据的标签。攻击者首先在没有污染的数据上面训练得到模型 θ_b,然后将 θ_b 翻转成 $-\theta_b$。类似地,除了翻转模型符号以外,攻击者还可以翻转梯度或动量的符号。

2) 内积操纵攻击

内积操纵(inner product manipulation, IPM)攻击假设攻击者是全知的(omniscient),即它可以监听到任何其他良性客户端上传的信息,从而调整自己的恶意更新,以增强攻击的隐蔽性。对于常用于机器学习优化的梯度下降算法来说,梯度下降的方向是保证损失下降的关键。内积操纵攻击首先控制部分客户端,然后让这些客户端上传恶意的梯度,使得最终聚合得到的全局梯度与真实的全局梯度之间的方向相反(聚合得到的梯度与真实梯度的内积为负数),从而影响模型的收敛和性能。

在一个联邦学习系统中,假设存在一部分恶意客户端(攻击者控制的客户端),记这些恶意客户端的集合为 $\mathcal{B}$,良性客户端的集合为 $\mathcal{H}$。假设第 i 个客户端上传的本地梯度为 g_i,良性梯度的平均值 $\bar{g} = \frac{1}{|\mathcal{H}|}\sum_{i\in\mathcal{H}} g_i$。实施 IPM 攻击的恶意客户端则上传 $-\lambda\bar{g}$ 给服务器,其中 λ 是控制攻击强度的常数因子。通过这个操作,攻击者可以使得所有本地梯度聚合后的梯度 $g_{\text{agg\_mal}} = \sum_{i\in\mathcal{H}} g_i - \lambda\sum_{i\in\mathcal{B}} \bar{g}$ 和真实的良性梯度聚合后的梯度 $g_{\text{agg}} = \sum_{i\in\mathcal{H}} g_i$ 之间

的内积为负数。

3) A Little is Enough 攻击

与内积操纵攻击不同，A Little is Enough 攻击(简称为 ALIE 攻击)不需要假设攻击者是无所不知的。ALIE 攻击最早由 Moran Baruch 等学者在 2019 年提出，原论文中实际上介绍了两种不同目标的攻击，一种是用于阻止全局模型收敛的攻击，另一种是后门攻击。由于在本节中关注的是非靶向的投毒攻击，因此下面只介绍第一种攻击。感兴趣的读者可以阅读原论文了解另一种攻击方法。

由于距离其他梯度太远的恶意梯度很容易被现有的联邦学习防御方法剔除，ALIE 攻击利用良性梯度在良性梯度均值周围的方差很大这一特征来隐藏攻击者，提高攻击的隐蔽性。ALIE 攻击者在良性梯度的均值与接近攻击者所期望方向的良性梯度(称为"支持者")之间构造一些恶意梯度，使得所有梯度的均值向攻击者所期望的目标方向偏移。具体而言，对于梯度的每一个维度 k，攻击者首先估计所有良性梯度的均值 μ_k 及其标准差 σ_k。对于全知的攻击者来说，他可以直接通过监听到的良性梯度来计算 μ_k 和 σ_k。而对于非全知的(non-omniscient)攻击者来说，则可以用他所控制的客户端梯度(未被模型投毒的原始梯度)的均值和方差来估计 μ_k 和 σ_k。然后，攻击者将恶意梯度的第 k 维设置为 $\mu_k - z^{\max} \sigma_k$，其中 $z^{\max}$ 可以通过累积标准正态分布函数 $\phi(z)$ 计算得到。特别地，$z^{\max} = \arg\max_z \left(\phi(z) < \dfrac{n - f - ((n/2 + 1) - f)}{n - f} \right)$，其中，$n$ 为联邦学习系统中客户端的总数，f 为其中的恶意客户端的数目。

3. 非靶向投毒攻击的防御

以下是一些常见的针对非靶向投毒攻击的防御策略。

1) 集中式场景下的非靶向投毒攻击的防御

在集中式机器学习场景下，模型的训练者可以访问训练数据。因此，对于非靶向数据投毒攻击来说，最直接的防御方法是在模型训练之前对训练数据进行清洗以筛除中毒数据。这类方法称为数据清洗或数据净化(data sanitization)。数据清洗往往会利用数据集的特征如样本实例之间的距离来筛选中毒样本。一种经典的方法是使用编辑最近邻(edited nearest neighbor, ENN)算法来删除一些噪声数据。ENN 算法首先对于每个样本，利用计算在欧氏距离上距离它最近的 k 个邻居，然后判断这个样本的真实标签与它采用 k-最近邻(k-nearest neighbor, KNN)聚类算法判断的标签是否相同，即它的标签是否与它的 k 个最近邻居中的大多数标签相同。如果不相同，则从数据集中剔除这个数据样本。

2) 联邦学习中的非靶向投毒攻击的防御

由于联邦学习数据分布式训练和存储的特性，很容易遭受非靶向投毒攻击。同时，在联邦学习中，由于客户端的数据始终保存在本地，服务器或其他客户端都无法检查某个客户端的数据。因此，数据清洗的方法往往不适用于联邦学习。

在联邦学习中，可以通过基于模型参数或梯度的防御方法来削减投毒攻击给全局模型带来的影响。例如，一种名为 Krum 的鲁棒聚合方法从所有客户端提交的梯度中选出一个最有代表性的梯度，从而避免异常梯度带来的影响。Krum 方法首先为每个梯度寻

找距离它最近的 $n-f-2$ 个邻居,然后选择一个与 $n-f-2$ 个最近邻的距离之和最小的梯度作为聚合后的梯度。

7.3.2 靶向投毒攻击与防御

与非靶向投毒攻击不同,靶向投毒攻击旨在降低模型在某些特定样本上的分类性能。靶向投毒攻击的目标是被攻击的模型(如恶意软件)将某些样本错误地分类为攻击者指定的某个类别,同时在其他的样本和类别上仍保持好的分类性能。正是由于模型在其他非目标类别上的性能下降不明显,这类攻击很难被有效地检测出来。下面介绍一些常见的靶向投毒攻击。

1. 特征冲突攻击

特征冲突(feature collision)攻击是一种干净标签投毒攻击,即攻击者在投毒过程中无须修改训练数据的标签,以降低中毒样本被人工审查剔除的可能。特征冲突攻击在特征空间中制造与目标图像冲突的中毒图像,使得模型将目标类(target class)样本误分类为基类(base class)。攻击者首先从目标类和基类中分别选出一个样本 x_t 和 x_b,然后给样本 x_b 添加一些难以察觉的扰动得到中毒样本 x_p,使得在特征空间中 x_p 与 x_t 相靠近,从而诱导模型在测试阶段对目标类的数据错误地赋予基类的标签。用 $f(x)$ 来表示从神经网络中提取的输入 x 的特征(一般取模型倒数第二层的输出),那么中毒样本的生成可以建模成优化问题:

$$x_p := \arg\min \|f(x) - f(x_t)\|_2^2 + \beta \|x - x_b\|_2^2 \tag{7-1}$$

其中,第一项表示中毒样本在特征空间中要与目标类接近;第二项表示肉眼上中毒样本要与基类难以区分以躲避人工审查;β 表示用于平衡这两个目标的常数因子。由于在中毒样本的构造过程中,攻击者需要获取目标模型特征提取器 f 的信息,因此特征冲突攻击是一种白盒攻击。

2. 凸多面体攻击

和特征冲突攻击一样,凸多面体攻击(convex polytope attack)也是一种干净标签的靶向投毒攻击。但是与特征冲突攻击不同,凸多面体攻击是一种黑盒攻击,攻击者可以在不了解目标网络结构的情况下实施可转移的攻击。凸多面体攻击的主要思想是构造一些中毒样本,在特征空间中,这些中毒样本围绕在目标样本(希望被误分类的样本)的周围形成一个凸多面体,使得在这些中毒样本上过拟合的模型会将这些目标样本分类为中毒样本所属的类。虽然攻击者无法直接获取目标模型的输出和模型结构,但凸多面体攻击假设攻击者可以收集一个与目标模型相似的训练数据集,然后在这些训练数据上训练 m 个替代模型(substitute models)。记替代模型的特征提取器的集合为 $\{f^{(i)}\}_{i=1}^{m}$。攻击者要构造一组共 k 个中毒样本的集合 $\{x_p^{(j)}\}_{j=1}^{k}$ 以满足:

$$\min_{\{c^{(i)}\},\{x_p^{(j)}\}} \frac{1}{2}\sum_{i=1}^{m} \frac{\left\| f^{(i)}(x_t) - \sum_{j=1}^{k} c_j^{(i)} f^{(i)}(x_p^{(j)}) \right\|^2}{\left\| f^{(i)}(x_t) \right\|^2}$$

$$\text{s.t.} \quad \sum_{j=1}^{k} c_j^{(i)} = 1, \quad c_j^{(i)} \geq 0, \quad \forall i, j \tag{7-2}$$

$$\left\| x_p^{(j)} - x_b^{(j)} \right\|_{\infty} \leq \varepsilon, \quad \forall j$$

其中，$x_b^{(j)}$ 表示第 j 个中毒样本扰动前的原样本；ε 表示最大允许的扰动程度。

靶向投毒攻击可以通过模型剪枝、异常检测等方法来进行防御。7.3.3 节将要介绍的后门攻击属于一类特殊且更为常见的靶向投毒攻击。很多关于后门攻击的防御工作并不明确区分后门攻击和其他靶向投毒攻击，有些工作会把其他靶向投毒攻击看作无触发器(trigger-less)的后门攻击，即这些防御方法一般对于包括后门攻击在内的靶向投毒攻击都有效，只是视乎具体的攻击(如特征冲突攻击或带有明显触发器的后门攻击等)有不同的防御效果。因此，本书也不区分这两类攻击的防御方法。为减少冗余，将在 7.3.3 节中后门攻击的防御部分给出适用于这两类攻击的防御策略。

7.3.3 后门攻击与防御

后门攻击，也称木马攻击(trojan attack)，是一类特殊的靶向投毒攻击。如 7.3.2 节所述，靶向投毒攻击既要模型对目标输入/输出有异常表现，又要保证模型的整体性能，后门攻击也是如此。但与其他靶向投毒攻击相比，它对激活攻击的方式有特定的要求。后门攻击要求对训练数据集中的部分样本注入一些特定的、不影响人眼判断的模式，从而当模型在这些投毒样本上训练之后会被植入后门。这些"模式"则称为触发器(trigger)。在测试阶段，当注入后门的模型遇到包含相同触发器的测试样本时，模型所携带的后门将会激活，模型会将所有带有这些触发器的样本误分类为攻击者指定的目标标签。同时，当输入的测试样本不包含触发器时，模型则表现正常。例如，攻击者可以将一种特定类型的眼镜作为后门的触发器，然后将带有触发器的图片用于模型的训练，从而给模型注入后门。任何戴这些眼镜的人都可能被带有后门的模型误分类为某个特定的人，且模型在其他不戴这些眼镜的人上的分类准确率仍然维持在较高的水平。以 MNIST 手写数据集上的分类任务为例，后门攻击的流程如图 7-2 所示。

1. 集中式场景下的后门攻击和防御

在神经网络领域，后门攻击最早是在集中式训练的场景下出现的。下面将介绍一些经典的集中式后门攻击及其防御方法。

1) 集中式场景下的后门攻击

(1) BadNets 后门攻击。

BadNets 是一种在 2017 年提出的后门攻击方法，属于神经网络后门攻击的开山之作。很多中小型企业由于缺乏神经网络所需的算力或算力成本太高，会将模型训练这一过程

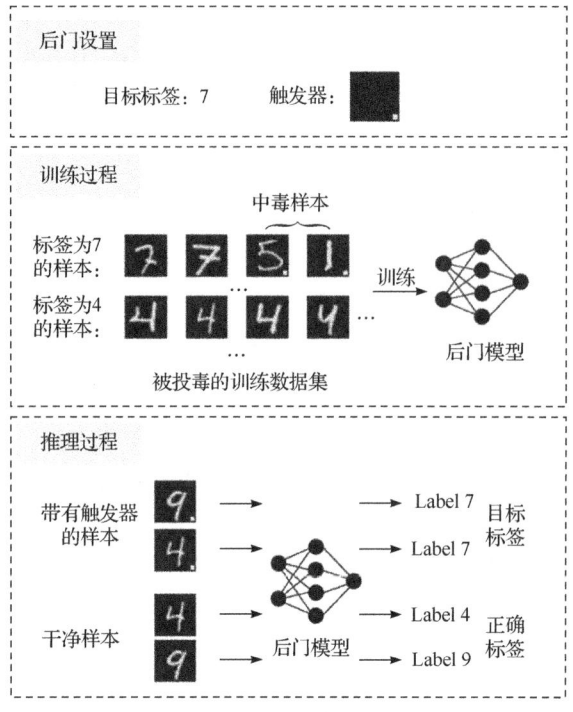

图 7-2 后门攻击的流程

外包给第三方来完成。BadNets 考虑在外包训练的过程中，恶意的第三方平台可以通过向训练数据进行投毒的方式来给模型植入后门，从而可能导致得到的模型在部署阶段出现严重的错误。BadNets 的攻击主要分为两个阶段：数据投毒和后门训练。在数据投毒阶段，BadNets 首先给训练数据集中的部分样本添加一些不影响人眼判断的触发器(如在图像的右下角添加一个小方块)。在后门训练阶段，BadNets 使用中毒样本和良性的样本混合在一起来训练神经网络模型。完成这两个阶段之后，得到的模型就成功地植入了后门。由于后门模型在良性样本(不带有后门触发器的样本)上表现良好，因此委托企业很难检查出模型的异常。然而，只要将带有相同触发器的图片输入该后门模型，模型就会将这些图片分类为攻击者指定的目标类，给企业乃至整个社会带来很大的损失。

(2) 基于触发器优化的后门攻击。

BadNets 等后门攻击提出之后，许多工作都对后门攻击提出了改进的方案。由于后门攻击的核心在于触发器的设计，因此，优化触发器的设计，包括其模式和注入的位置等，成为了一个重要的研究方向。

TrojanNN 攻击是一种经典的基于触发器优化的后门攻击，它主要面向迁移学习场景。TrojanNN 主要由三个部分组成：后门触发器生成、训练数据生成和模型重训练。在后门触发器生成部分，TrojanNN 设计了专门的算法来生成"最优"的触发器。首先，攻击者需要选定触发器掩模(mask)，即选定输入图像的哪些像素需要注入触发器。接着，攻击者通过内部神经元选择算法来选出模型中部分与触发器联系紧密的神经元。然后，攻击者通过触发器生成算法来搜索一组到触发器掩模的值，使得选择的神经元的值最大化。在训练数据生成部分，攻击者首先需要通过逆向工程生成一个替代数据集来代替攻击者无法访问的预训练模型的训练数据集。具体而言，如果要生成一个类别为 y_j 的数据，那么攻击者先从一张初始图片开始(可以是随机生成的)，不断迭代地优化这张图片，使得模型能够以高置信度将这张图片分类为类别 y_j。对于目标模型数据集中的所有类别，攻击者都利用上述方法生成多张替代图片，即可获得一个没有被投毒的替代数据集。尽管从肉眼上看，这些替代图片和目标模型训练数据集中的真实图片往往是不相似的，但是用这些替代图片对模型进行训练，可以模拟用真实图片对模型进行训练的过程，且可以达到与在真实数据上训练的模型相当的预测精度。在模型重训练部分，攻击者首先将替代数据集中的部分数据注入设计好的后门触发器，完成数据投毒。然后，攻击者将目标模型在被投毒的替代数据集上进行重训练，就能将后门植入模型。

(3) 基于模型投毒的后门攻击。

之前介绍过，非靶向投毒攻击可以通过数据投毒和模型投毒两种方式来实现。那么，后门攻击是否也能通过模型投毒来实现呢？答案是肯定的。

ProFlip 攻击就是一种直接对模型参数进行操纵以达到后门攻击目的的攻击。严格地说，ProFlip 攻击属于基于位翻转(bit flip-based)的后门攻击。它的核心思想是利用排锤(rowhammer)和激光束等技术翻转存储在主存中模型参数的一些关键位，来使模型在带有触发器的输入上输出不正确的结果。为了减少位翻转的次数，ProFlip 通过关键位搜索算法逐步缩小翻转空间，只对小部分最敏感的位进行翻转，大大提升了翻转效率。

(4) 语义后门攻击。

在许多后门攻击中，攻击者需要向样本中添加选定的某种触发模式(如添加小黑白方块、类似苹果的图案等)。然而，很多触发器的内容是与原始图像的内容无关的，即它们并不符合原始样本的语义。语义后门(semantic backdoors)则希望不需要对模型的输入进行修改，而从模型的数据样本本身的语义特征出来实现后门攻击。语义后门攻击最早由 Bagdasaryan 等学者提出，他们以图像分类任务为例，提出可以将部分图像中共有的语义特征作为激活后门的触发器。例如，只要图像中包含带有条纹的或绿色的汽车，就触发后门攻击，使得模型将这些图像分类为攻击者指定的目标类。由于语义后门攻击无须对输入样本做任何修改，因此非常易于实施，给社会带来很大的危害。

2) 集中式场景下的后门防御

下面将介绍几种在集中式场景下常见的后门防御方法。

(1) 基于训练样本清洗的防御方法。

基于训练样本清洗的防御方法主要针对以数据投毒方式实施的后门攻击。对于这类攻击来说，中毒的数据是导致模型出现恶意表现的核心原因。因此，只要可以从污染的数据集中识别出中毒样本并剔除，那么只需要在净化的数据集上进行模型训练，就可以大大降低数据投毒的风险。例如，基于激活聚类的中毒样本检测方法基于这样一种直觉：带有后门触发器的样本和 y_t 类的正常样本分类为目标类 y_t 的原因是不同的。当输入样本为 y_t 类的正常样本时，模型会识别出它从目标类 y_t 的训练样本中学到的特征，从而将该样本分类为 y_t。而当输入样本为带有后门触发器的中毒样本时，模型会识别出与该样本原本的类以及触发器相关的特征。这种特征的不同，会明显地反映在代表模型决策的激活值上。因此，可以通过对激活值进行聚类的方式来区分中毒样本和正常样本。

(2) 基于测试样本清洗的防御方法。

与非靶向投毒攻击和其他靶向投毒攻击不同，只有输入的样本中带有触发器时，才会触发后门攻击。只要不触发后门攻击，那么即便是带有后门的模型也不会输出恶意的结果。因此，一类防御的方法从抑制后门触发的角度来减轻后门攻击的恶意影响。

因此，与清洗训练样本类似，可以对测试样本进行清洗和过滤，防止向模型输入带有触发器的测试样本。例如，存在一种针对视觉系统的基于强故意扰动(strong intentional perturbation, STRIP)的后门攻击检测系统，通过有意地干扰输入的测试样本，如给测试图像叠加各种图像模式，观察模型对被干扰的输入样本预测熵的大小。对于中毒样本来说，无论它加入了什么样的扰动，只要它携带触发器，那么带有后门的模型都应该能识别出这类样本。对于良性样本来说，加入不同的强扰动则会导致它们的预测结果变化很大。因此，如果模型对一个测试样本的预测熵很小，说明模型对该样本预测的不确定性很小，该样本就很可能是带有后门触发器的样本。

(3) 基于模型剪枝的防御方法。

模型剪枝(pruning)是指在神经网络模型中剪去某些"不重要"的神经元，已广泛用于模型压缩等领域。基于模型剪枝的后门攻击防御方法，则研究神经元的状态与后门的关系，从而剪断某些与后门攻击密切相关的神经元来减轻后门攻击的影响。从经验上来说，当输入后门中毒样本时，神经网络中的部分神经元会被触发。然而，这部分神经元在良性样本输入时则保持休眠的状态。因此，一些工作提出可以修剪这些神经元来去除模型中的后门。

(4) 基于触发器生成的防御方法。

基于触发器生成的防御方法是通过反推出后门攻击的触发器，来指导后门攻击的防御方法。触发器的生成有很多不同的方法，神经元清洁(neural cleanse)就是其中一种。由于无论中毒样本原本属于哪一类，植入了后门的模型很容易将所有带有触发器的中毒样本分类为目标类别。即相比于干净的模型，在特征空间中，后门模型所划定的其余所有标签的分区与目标标签的分区之间的距离都更近，才能使得无论对于什么类型的样本，只要添加一点小扰动(如加入一个微小的触发器)，就能使这些样本被误分类为目标类。在后门模型中，要将样本误分类为目标类所需要的扰动明显小于将样本误分类为其他非目标类所需要的扰动。基于这样的现象，可以通过比较将样本误分类为某一类所需要的最小扰动来推断哪一个类别是目标类，并生成对应的触发器。具体而言，这个过程可以分为三步。

步骤一：对于给定的标签 y_j，将 y_j 视作后门攻击的目标标签。然后，通过一种触发器生成算法，找到从其他标签错误分类到 y_j 所需要的最小触发器(最小的像素级和与其相关的颜色强度) T_j。

步骤二：假设目标模型的数据集一共有 L 个类别，则对于每个类别 $y_j \in \{1,2,\cdots,L\}$，重复步骤一，以获得 L 个不同标签对应的最小触发器 $\{T_1,T_2,\cdots,T_L\}$。

步骤三：通过对 L 个触发器的像素数目大小进行离群值检测，检测出是否有明显小于其他触发器的触发器。若有，则说明这个模型植入了后门。将大小明显小于其他触发器的触发器称为逆向工程触发器,简称逆向触发器,记为 T_r 。T_r 所对应的类别表示后门攻击的目标类。

求得逆向工程触发器 T_r 之后,可以利用 T_r 来帮助识别出神经网络中与后门攻击相关的构件,从而通过模型剪枝等手段减轻后门攻击的影响。

2. 联邦学习中的后门攻击和防御

除了集中式机器学习以外,联邦学习系统也很容易遭受后门攻击。攻击者可以利用联邦学习的分布式特性来构建和集中式场景不同的后门攻击。

1) 联邦学习中的后门攻击

(1) 模型替换后门攻击。

由于在联邦学习中,攻击者可以直接控制客户端上传模型参数的过程,因此攻击者可以通过直接对客户端上传的模型参数进行"投毒"的方式,来为全局模型植入后门。在联邦学习中,攻击者的模型会与非常大量的良性模型进行聚合,聚合的过程会抵消一部分本地后门模型对全局模型的影响,使得后门攻击的效果被削弱。为了解决这个问题,有工作提出了一种模型替换(model replacement)攻击,通过调整攻击者上传的模型参数,来达到将全局模型近似地替换为攻击者所设计的恶意模型的目的。

在联邦学习中,假设在每一轮 t,服务器从 n 个客户端中随机选择 m 个客户端参与训练,并向这些参与客户端分发上一轮得到的全局模型 G^t。每个参与的客户端在自己的本地数据上训练一个本地模型 L^{t+1},并将本轮的模型更新 $L^{t+1}-G^t$ 发送给服务器,服务器聚合接收到的本地模型得到新的全局模型:

$$G^{t+1} = G^t + \frac{\eta}{n}\sum_{i=1}^{m}(L_i^{t+1} - G^t) \tag{7-3}$$

其中,η 是全局的学习率。

设在第 t 轮训练中,攻击者的序号为 m。攻击者的目标是将全局模型 G^{t+1} 替换为恶意模型 X,则攻击者需要提交的更新为 $L_m^{t+1} = \frac{n}{\eta}X - \left(\frac{n}{\eta}-1\right)G^t - \sum_{i=1}^{m-1}(L_i^{t+1}-G^t)$。由于随着全局模型的收敛,全局模型与本地模型的差分逐渐趋向于 0,即 $\sum_{i=1}^{m}(L_i^{t+1}-G^t) \approx 0$,因此,在全局模型接近收敛的阶段,攻击者可以提交更新 $\tilde{L}_m^{t+1} = \frac{n}{\eta}(X-G^t)$ 来达到将全局模型替换为 X 的目的。如果令 $\gamma = \frac{n}{\eta}$,那么实际上 γ 代表的是攻击者在进行全局聚合时的权重。由于全局学习率 η 的取值小于 n,这种攻击是通过增大恶意模型在全局聚合时的权重,来使恶意模型在平均聚合的过程中存活下来,并成功替换全局模型的。

(2) 分布式后门攻击。

分布式后门攻击(distributed backdoor attack, DBA)是一种充分利用联邦学习的分布式特点的攻击,且具有更持久和更隐蔽的优点。DBA 的主要思想是将一个完整的触发器模式(称为"全局触发器")分成几个部分(称为"局部触发器"),分别注入攻击者所控制的不同客户端的训练数据中。在联邦聚合的阶段,这些分别在带有不同局部触发器的数据上训练得到的后门模型会被服务器聚合起来,从而将后门植入全局模型中,使全局模型将带有全局触发器的数据样本输出错误的结果。与之相对的,将全局触发器注入攻击者所控制的客户端的训练数据中的攻击方式,则称为集中式后门攻击(centralized backdoor attack, CBA)。实验表明,在攻击者数目相同的情况下,DBA 的攻击成功率优于 CBA 的攻击成功率,尤其是在部署了一些防御算法的联邦学习系统中,DBA 的优势更加明显。这是由于在带有局部触发器的数据上训练得到的模型与在干净数据上训练得到的模型的差异较小,更容易躲避防御者的检查。同时,由于多个在不同的局部触发器上训练的模型聚合之后,聚合得到的模型拥有"全局视角"的触发器的知识,因此能有效识别出全局触发器,达到更好的攻击效果。

2) 联邦学习中的后门防御

如果后门攻击者只是对客户端的训练数据进行了投毒,而无法完全控制客户端的其他行为,那么客户端可以使用和集中式场景下相同的训练数据清洗方法来筛除有毒数据,抵御后门攻击。然而,如果客户端被攻击者完全控制,由于在联邦学习中,数据始终保存在客户端本地,服务器或其他客户端就无法采用训练数据清洗的方式来保护全局模型免受后门攻击的影响。因此,研究者提出了一些新的防御手段来解决联邦学习的后门攻击问题。

(1) 基于异常检测的防御方法。

基于异常检测(anomaly-based)的方法通过客户端上传的梯度或模型等信息,来检测并剔除恶意的梯度或本地模型,从而保护全局模型的安全。FoolsGold 是一种基于更新之间的相似性来检测基于女巫攻击(Sybil attack)的联邦学习后门攻击的防御方法。在联邦学习中,女巫攻击通常指的是攻击者控制多个客户端的形式来实施同一个攻击目标。FoolsGold 的防御思想主要源于以下的观察:在基于女巫攻击的靶向投毒攻击(包含后门攻击)中,由于所有攻击者需要通过提交梯度的方式来引导全局模型收敛到同一片目标区域,且联邦学习中各个良性客户端的数据往往是非独立同分布的,因此攻击者的梯度方向相比于攻击者与良性更新、良性更新的方向更为接近。FoolsGold 首先计算所有客户端提交的梯度两两之间的余弦相似度,以此来衡量每个客户端的梯度与其他客户端梯度的相似性。然后,FoolsGold 基于余弦相似度来计算出每个客户端参与聚合时的权重(一个梯度与其他梯度的余弦相似性),从而通过加权平均得到最终的模型。

(2) 基于差分隐私的防御方法。

差分隐私是一种保护数据隐私的技术,一些研究工作表明,在联邦学习中,为所有客户端提交的更新加入少量的差分隐私噪声,即便噪声不足以达到很好的隐私保护水平,也能降低后门攻击的成功率。不过值得注意的是,向模型参数注入差分隐私噪声会在一定程度上降低联邦学习全局模型的可用性。在保证模型可用性的同时,实现对后门攻击的防御和隐私保护,是一个有待研究的问题。

7.4 逃逸攻击与防御

Christian Szegedy 等学者在 2014 年的一项研究工作中发现,给输入样本加入一些细微的、人眼难以察觉的扰动,就可能误导模型以高置信度输出错误的结果。这种故意加入了精心设置的细微扰动的样本称作对抗样本(adversarial example)。逃逸攻击(evasion attack),也称为对抗样本攻击,就是指这种通过向模型输入精心设计的对抗样本来欺骗模型以输出错误结果的攻击。例如,如图 7-3 所示,使用 FGSM 攻击方法给一张大熊猫的图像添加一些人眼难以察觉的扰动噪声,即可欺骗模型将该图像以高置信度识别为长臂猿。

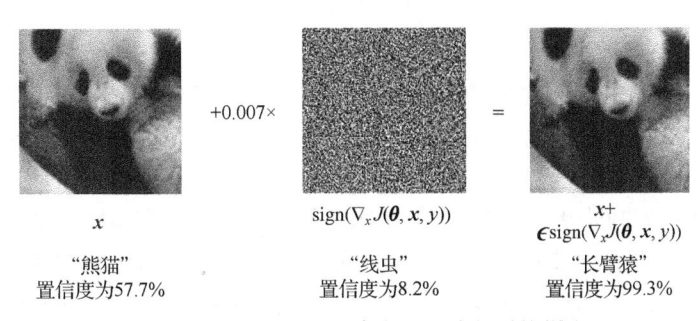

图 7-3 使用 FGSM 攻击方法生成的对抗样本

与发生在模型训练阶段的投毒攻击不同,逃逸攻击发生在模型的测试阶段,即逃逸攻击无须对训练好的模型作任何修改,只需要构造测试输入,即可欺骗模型输出错误的结果。根据攻击者对模型的了解程度进行分类,逃逸攻击可以分为白盒逃逸攻击(white-box evasion attack)、黑盒逃逸攻击(black-box evasion attack)和灰盒逃逸攻击(gray-box evasion attack)。

7.4.1 白盒逃逸攻击与防御

白盒逃逸攻击要求攻击者了解机器学习模型内部的所有信息(包括使用算法和算法的参数信息等),攻击者在生成对抗样本的过程中能够与机器学习的系统有所交互,直接计算得到对抗样本。经典的白盒逃逸攻击包括 L-BFGS(limited-memory Broyden-Fletcher-Goldfarb-Shanno)攻击、快速梯度符号(fast gradient sign method, FGSM)攻击和 C&W 攻击等。

1. 白盒逃逸攻击

1) L-BFGS 攻击

对于图像分类问题,给定一个输入图像 $x \in \mathbb{R}^m$ 和攻击的目标类别 $y_t \in \{1,2,\cdots,k\}$,L-BFGS 攻击的目标是通过给 x 加入一些微小的扰动 η,分类器 $f:\mathbb{R}^m \to \{1,2,\cdots,k\}$ 将扰动后的样本 $x+\eta$ 分类为 y_t。L-BFGS 攻击将上述的对抗样本构造问题建模为优化问题:

$$\min_{\boldsymbol{\eta}} \|\boldsymbol{\eta}\|_2$$
$$\text{s.t.} \quad f(\boldsymbol{x}+\boldsymbol{\eta}) = y_t \tag{7-4}$$
$$\boldsymbol{x}+\boldsymbol{\eta} \in [0,1]^m$$

由于上述问题很难精确地求解，因此 L-BFGS 攻击使用一种箱约束的 L-BFGS 算法来求得这个问题的近似解。记目标模型的连续损失函数为 L。具体而言，攻击者通过线性搜索来找到 $c>0$ 的最小值，此时满足下述优化问题也能求得极小值 $\boldsymbol{\eta}$ 满足 $f(\boldsymbol{x}+\boldsymbol{\eta}) = y_t$：

$$\min_{\boldsymbol{\eta}} c|\boldsymbol{\eta}| + L(\boldsymbol{x}+\boldsymbol{\eta})$$
$$\text{s.t.} \quad \boldsymbol{x}+\boldsymbol{\eta} \in [0,1]^m \tag{7-5}$$

2) 快速梯度符号攻击

由于 L-BFGS 攻击方法的求解效率较低，很多研究者开始寻求更高效的对抗样本生成方法，如 FGSM 的白盒逃逸攻击方法。在训练机器学习模型时，希望利用梯度下降法等优化方法来最小化损失函数，从而提高模型的预测精度或分类准确性。那么，在逃逸攻击中则恰好相反。攻击者希望降低模型对某个样本的分类准确性，即最大化损失函数的值。FGSM 利用损失函数对输入样本梯度的符号信息来不断扰动输入样本，得到对抗样本。具体而言，设目标模型的模型参数为 θ，损失函数为 L，输入样本为 $\boldsymbol{x}$，$\boldsymbol{x}$ 的标签为 y。FGSM 攻击首先假设损失函数 L 在样本 $\boldsymbol{x}$ 周围是线性的。设每次扰动大小的上限为 ϵ，那么扰动后的样本 $\tilde{\boldsymbol{x}} = \boldsymbol{x} + \epsilon \text{sign}(\nabla_{\boldsymbol{x}} L(\boldsymbol{x}, y, \boldsymbol{\theta}))$。经过对样本进行多轮的扰动更新即可以得到一个对抗样本。

3) C&W 攻击

Carlini 和 Wagner 提出了基于优化的攻击算法，称为 C&W(Carlini-Wagner)攻击。在 L-BFGS 攻击的基础上，C&W 攻击进一步改进，使得可以在 L_0、L_2 和 L_∞ 的约束下生成扰动。和 L-BFGS 攻击类似，对于图像分类问题，给定一个输入图像 $\boldsymbol{x} \in \mathbb{R}^m$ 和攻击的目标类别 $y_t \in \{1, 2, \cdots, k\}$，C&W 攻击的目标是通过给 $\boldsymbol{x}$ 加入一些微小的扰动 $\boldsymbol{\eta}$，分类器 $f: \mathbb{R}^m \to \{1, 2, \cdots, k\}$ 将扰动后的样本 $\boldsymbol{x}+\boldsymbol{\eta}$ 分类为 y_t。C&W 攻击将扰动的生成建模为优化问题：

$$\min_{\boldsymbol{\eta}} D(\boldsymbol{x}, \boldsymbol{x}+\boldsymbol{\eta})$$
$$\text{s.t.} \quad f(\boldsymbol{x}+\boldsymbol{\eta}) = y_t \tag{7-6}$$
$$\boldsymbol{x}+\boldsymbol{\eta} \in [0,1]^m$$

其中，D 是距离的度量函数，可以是 L_0、L_2 或 L_∞ 范数。

由于 $f(\boldsymbol{x}+\boldsymbol{\eta}) = y_t$ 是高度非线性的，上述优化问题很难直接求解，因此，可以将目标函数表示成容易求解的形式。找到一个函数 h 满足，当且仅当 $h(\boldsymbol{x}+\boldsymbol{\eta}) \leq 0$ 时有 $f(\boldsymbol{x}+\boldsymbol{\eta}) = y_t$。进一步地，优化问题可以转化为

$$\min_{\boldsymbol{\eta}} D(\boldsymbol{x}, \boldsymbol{x}+\boldsymbol{\eta})$$
$$\text{s.t.} \quad f(\boldsymbol{x}+\boldsymbol{\eta}) \leqslant 0 \tag{7-7}$$
$$\boldsymbol{x}+\boldsymbol{\eta} \in [0,1]^m$$

该问题等价于：

$$\min_{\boldsymbol{\eta}} D(\boldsymbol{x}, \boldsymbol{x}+\boldsymbol{\eta}) + ch(\boldsymbol{x}+\boldsymbol{\eta})$$
$$\text{s.t.} \quad \boldsymbol{x}+\boldsymbol{\eta} \in [0,1]^m \tag{7-8}$$

其中，$c>0$ 是一个合适的常数。

根据距离度量函数 D 的不同，Carlini 和 Wagner 提出了三种针对不同范数的攻击。

(1) L_0 攻击。

由于 L_0 范数是不可微分的，无法使用标准的梯度下降来进行优化，因此，Carlini 和 Wagner 等学者使用一种迭代算法来进行优化问题的求解。L_0 攻击的核心思想是在每轮迭代中，通过实施 L_2 攻击来识别当前的非固定像素集合中对于分类器的输出最不重要的像素，然后将这个像素加入固定像素集合，表示该像素会一直固定为原本的值。重复迭代，直到攻击者无法再生成对抗样本。通过这种迭代消除的方式，就可以得到能生成对抗样本的最小像素子集。

具体来说，首先将固定像素集合 S_p 定义为空集。在每一轮迭代中，攻击者在保证 S_p 中的像素值不变的前提下，通过 L_2 攻击生成对抗样本 $\boldsymbol{x}+\boldsymbol{\eta}$，然后计算函数 h 的梯度 $\boldsymbol{g}=\nabla h(\boldsymbol{x}+\boldsymbol{\eta})$。然后，攻击者选择像素 $j=\arg\min_{j} \boldsymbol{g}_j \boldsymbol{\eta}_j$，然后将像素点 j 加入固定像素集合 S_p，即 $S_p \leftarrow S_p \cup \{j\}$，并将像素点 j 的值 $\boldsymbol{x}_j$ 固定不变。重复多轮迭代，直到无法从 S_p 中通过 L_2 攻击生成对抗样本，然后返回上一次成功生成的对抗样本并将其作为最终的对抗样本。

(2) L_2 攻击。

上述问题可以通过变量转换(change-to-variables)来将原优化问题中的约束转换为优化问题中的损失函数。Carlini 和 Wagner 在论文中所使用的变量转换为 $\boldsymbol{\eta}_i = \frac{1}{2}(\tanh(w_i)+1) - \boldsymbol{x}_i, i=\{1,2,\cdots,m\}$。若使用 L_2 范数作为距离度量，那么转换后的无约束最小化问题可以定义如下：

$$\min_{\boldsymbol{w}} \left\| \frac{1}{2}(\tanh(\boldsymbol{w})+1) - \boldsymbol{x} \right\|_2^2 + ch\left(\frac{1}{2}(\tanh(\boldsymbol{w})+1)\right) \tag{7-9}$$

其中，h 定义为 $h(\boldsymbol{x}') = \max(\max\{Z(\boldsymbol{x}')_i : i \neq y_t\} - Z(\boldsymbol{x}')_{y_t}, -\kappa)$；$Z(\boldsymbol{x}')$ 是分类模型逻辑层的表示；$Z(\boldsymbol{x}')_i$ 是 $\boldsymbol{x}'$ 的 logits 的第 i 个分量(将 $\boldsymbol{x}'$ 分类为第 i 类的概率)；κ 是用于调整攻击的迁移性的参数。在 C&W 攻击中，若攻击特定的一个模型，那么 κ 可以设为 0；若进行迁移攻击，Carlini 和 Wagner 则建议可以将 κ 设为较大的值。

(3) L_∞ 攻击。

L_∞ 攻击的距离度量函数是不完全可微分的，因此标准的梯度下降法也无法很好地进行求解。因此，Carlini 和 Wagner 等学者使用迭代攻击的方法来进行求解。L_∞ 攻击的优化目标可以定义为

$$\min_{\boldsymbol{\eta}} ch(\boldsymbol{x}+\boldsymbol{\eta})+\sum_{i=1}^{m}\max(0,\boldsymbol{\eta}_i-\lambda) \tag{7-10}$$

其中，λ 是变量。λ 的初始值为 1，每轮迭代后，如果对于图像中的所有像素点 $i \in \{1,2,\cdots,m\}$ 都有 $\boldsymbol{\eta}_i < \lambda$，则将 λ 缩小为 0.9λ。重复上述迭代，直到无法生成对抗样本。

2. 白盒逃逸攻击的防御

下面将介绍几种在白盒逃逸攻击场景下防御效果比较好的方法。

1) 对抗训练

对抗训练(adversarial learning)是目前最常见也非常有效的抵御逃逸攻击的方法。对抗训练旨在通过向模型的训练数据集加入对抗样本来提高模型对对抗样本攻击的鲁棒性。对抗训练可以看作最小-最大博弈的过程，其优化目标是

$$\min_{\boldsymbol{\theta}} \mathbb{E}_{(\boldsymbol{x},y)\sim\mathcal{D}}\left[\max_{\boldsymbol{\eta}\in B(\boldsymbol{x},\varepsilon)}\mathcal{L}(\boldsymbol{\theta},\boldsymbol{x}+\boldsymbol{\eta},y)\right] \tag{7-11}$$

其中，$(\boldsymbol{x},y)\sim\mathcal{D}$ 是从分布 $\mathcal{D}$ 中采样的训练数据样本及其标签；$B(\boldsymbol{x},\varepsilon)$ 是允许扰动的集合，可以表示为 $B(\boldsymbol{x},\varepsilon):=\{\boldsymbol{x}+\boldsymbol{\eta}\in\mathbb{R}^m \mid \|\boldsymbol{\eta}\|_p \leqslant \varepsilon\}$；$\|\cdot\|_p$ 是 p 范数(如二范数、无穷范数等)；$\mathcal{L}$ 是模型训练的损失函数，如交叉熵损失等。内层的最大化目标描述的是找到最有效的(即使目标模型的分类损失最大)对抗样本；外层的最小化目标描述的是使模型的训练损失最小化。通过合适的对抗训练，防御者可以得到能够有效防御对抗样本攻击的模型。

为了训练更鲁棒的机器学习模型，研究者提出了多种不同的对抗训练方法，如 FGSM 对抗训练、对抗逻辑匹配(ALP)等，感兴趣的读者可以阅读相关论文来了解具体的实现方式。

2) 随机噪声

除了对抗训练以外，还有一些方法通过为模型加入随机噪声层来提高模型的鲁棒性。例如，一种随机自集合(random self-ensemble, RSE)的防御方法，在模型训练和推理的阶段，在模型的每个卷积层前面增加一层噪声层，并在随机噪声上对预测结果进行累加。PixelDP 防御方法通过加入差分隐私噪声来增强模型的鲁棒性。PixelDP 在模型中加入了一层差分隐私噪声层，有效地抵御了使用拉普拉斯或高斯 DP 机制的 L_1 和 L_2 攻击。

7.4.2 黑盒逃逸攻击与防御

黑盒逃逸攻击只需要知道模型的输入和输出，不需要了解模型内部的构造和状态，即把模型看成一个黑盒子，此时，攻击者可通过观察不同的输入给模型输出带来的变化来生成对抗样本。常见的黑盒逃逸攻击包括单像素攻击(one-pixel attack)、零阶优化(zeroth order optimization, ZOO)攻击、Adv-makeup 攻击等。

1. 黑盒逃逸攻击

下面以单像素攻击和零阶优化攻击为例介绍黑盒逃逸攻击。

1) 单像素攻击

单像素攻击是一种基于差分进化(differential evolution, DE)算法的黑盒攻击方法。在单像素攻击中，攻击者只需从模型中获取输出的预测向量(包含每个类的置信度)，而无须知道模型的参数等信息。假设目标分类器的输入有 n 个维度，那么单像素的攻击可以看作以任意可能的强度沿着平行于 n 个维度的轴的其中一条选定的轴对数据进行扰动。对所有像素进行扰动的方法往往会限制在所有像素点上的扰动强度之和。与其他对所有像素进行扰动的攻击不同，在单像素或者少量像素(few-pixel)攻击中，攻击者选定某个或某些像素进行扰动，而不改变其他像素的值，且选定像素的扰动的强度大小没有限制。

具体来说，定义 $f(\cdot)$ 为目标图像分类器，输入的样本为 n 维向量 $\boldsymbol{x}$，攻击者给 $\boldsymbol{x}$ 添加的扰动向量为 $e(\boldsymbol{x})=(e_1,e_2,\cdots,e_n)$，攻击者的目标标签为 y_t，允许扰动的维度数目为 d，那么攻击者的优化目标是

$$\max_{e(\boldsymbol{x})} f_{y_t}(\boldsymbol{x}+e(\boldsymbol{x}))$$
$$\text{s.t.}\quad \|e(\boldsymbol{x})\|_0 \leqslant d \tag{7-12}$$

其中，d 是个很小的值。对于单像素攻击来说，$d=1$。

由于这是黑盒场景下的攻击，攻击者无法得知模型的目标函数等信息，因此无法求解模型的梯度。差分进化是一种基于种群的优化算法，优化过程无须使用梯度信息，广泛应用于求解复杂的多模态优化问题。因此，可以通过利用差分进化算法来求解上述优化问题，得出最优的像素扰动方案(包括扰动像素点的坐标、强度等)。

2) 零阶优化攻击

由于在黑盒场景下，攻击者无法得知模型的参数、损失函数等信息，因此无法求得模型对某个输入样本的梯度。在单像素攻击中，攻击者使用差分进化算法来在无梯度信息的情况下求解优化问题，也存在另一种解决方案——利用零阶优化来估计目标模型的梯度，这种攻击称为零阶优化攻击。

零阶优化是一种无导数的优化方法，在整个优化过程中只需要获得零阶原型。例如，可以通过分析两个非常相近的点的函数值 $f(\boldsymbol{x}-\beta\boldsymbol{v})$ 和 $f(\boldsymbol{x}+\beta\boldsymbol{v})$，其中 β 是个很小的值，来估计函数 $f(\boldsymbol{x})$ 在向量 $\boldsymbol{v}$ 方向上的梯度。具体而言，假设给定一个正常的样本 $\boldsymbol{x}_0 \in \mathbb{R}^m$，基于 $\boldsymbol{x}_0$ 构造的对抗样本为 $\boldsymbol{x}$，ZOO 攻击在 C&W 攻击的基础上进行修改，将对抗样本的生成建模为以下优化问题：

$$\min_{\boldsymbol{x}} \|\boldsymbol{x}-\boldsymbol{x}_0\|_2^2 + ch(\boldsymbol{x})$$
$$\text{s.t.}\quad \boldsymbol{x} \in [0,1]^m \tag{7-13}$$

其中，损失函数 $h(\cdot)$ 对于不同的攻击目标有不同的表达式。

和投毒攻击类似，逃逸攻击可以分为靶向逃逸攻击(targeted evasion attack)和非靶向逃逸攻击(untargeted evasion attack)两种类型。靶向逃逸攻击旨在让模型将对抗样本分类

为攻击者所指定的某个目标类，例如，前面提到的C&W攻击、单像素攻击等都属于靶向逃逸攻击。非靶向逃逸攻击则旨在让模型将对抗样本错误分类，而不指定这些对抗样本具体误分类为哪一类。

假设攻击者指定的目标类别为y_t，目标分类器对输入样本x的输出为$f(x)$，且$f(x)_i$表示将样本x分类为第i类的概率，$\sum_i f(x)_i = 1$。对于靶向逃逸攻击来说，损失函数$h(\cdot)$定义为

$$h(x) = \max\left\{\max_{i \neq y_t}\left\{\log[f(x)]_i\right\} - \log[f(x)]_{y_t}, -\kappa\right\} \quad (7\text{-}14)$$

其中，$\kappa \geq 0$是调节攻击迁移性的常数因子；$\max_{i \neq y_t}\left\{\log[f(x)]_i\right\}$是样本$x$被模型预测为其他非目标标签$y_t$类的最大概率，攻击者希望这个概率相比于被分类为$y_t$类的概率更小，且差距越大越好。对于非靶向逃逸攻击来说，损失函数$h(\cdot)$定义为

$$h(x) = \max\left\{\log[f(x)]_{y_0} - \max_{i \neq y_0}\left\{\log[f(x)]_i\right\}, -\kappa\right\} \quad (7\text{-}15)$$

其中，y_0是样本x本身的类标签；$\max_{i \neq y_0}\left\{\log[f(x)]_i\right\}$是样本$x$被模型预测为其他非$y_0$类的最大概率，攻击者希望这个概率比样本$x$被正确分类的概率更大，且差距越大越好。

接下来，ZOO攻击利用对称差商(symmetric difference quotient)来估计梯度$\frac{\partial h(x)}{\partial x_i}$：

$$\hat{g}_i := \frac{\partial h(x)}{\partial x_i} \approx \frac{h(x + \beta e_i) - h(x - \beta e_i)}{2\beta} \quad (7\text{-}16)$$

其中，β是很小的常数；e_i是只有第i个元素为1的标准偏差向量。

2. 黑盒逃逸攻击的防御

1) 随机图像变换

随机图像变换是一种在输入层面进行防御的方法。它通过对输入的图像应用图像裁剪和重新缩放(image cropping-rescaling)、位深度降低(bit-depth reduction)、JPEG压缩、全变分最小化(total variance minimization)和图像缝合(image quilting)五种图像变换技术，研究这些图像变换技术对黑盒逃逸攻击的防御效果。图像裁剪和重新缩放可以将对抗扰动的空间位置打乱，是一种广泛应用于数据增强的图像变换技术。位深度降低是一种简单的量化技术，可以从图像中删除变化小的(很可能是对抗性的)像素值。类似地，JPEG压缩也可以去除图像中的一些小的扰动。全变分最小化通过随机选择一小部分像素，并重建一张与这些选择的像素一致的"最简单"的图像。由于对抗样本的扰动往往很小且是局部的，因此重建的图像中往往不会包含对抗扰动。图像缝合是一种非参数技术，它通过利用最近邻方法，将干净的图像补丁拼接在一起来合成一张没有对抗扰动的图像。实验结果显示，在训练阶段采取与测试阶段相同的图像变换技术，能显著提升黑盒设定下的防御效果。同时，如果将多种图像变换技术结合，能进一步提升1%～2%的分类准确率。

2) 特征压缩

特征压缩(feature squeezing)是一种通过检测对抗样本来抵御黑盒逃逸攻击的方法。在测试阶段,这种防御方法首先对输入图像 x 分别进行减少颜色位和空间平滑两种操作,得到 x_1' 和 x_2',然后比较模型的 softmax 层对这两张图像的输出 $f(x_1')$ 和 $f(x_2')$。如果 $f(x_1')$ 和 $f(x_2')$ 的 L_1 距离超过指定的阈值,则将图像 x 识别为对抗样本。

7.4.3 灰盒逃逸攻击与防御

灰盒逃逸攻击的攻击者只知道模型的部分内部信息,因此他需要结合模型的输入输出和他所知的部分内部信息来构造对抗样本。

1. 灰盒逃逸攻击

基于人脸识别的生物认证系统主要包含两大部分:用于特征嵌入的深度人脸识别模型(如 DCNN)和用于保存样例(template)的数据库(如保存用户的注册图像)。在灰盒设定下,攻击者可以拥有对人脸识别模型的访问权限,但对于保存样例的数据库没有访问权限。针对人脸识别任务的基于相似度的灰盒逃逸攻击(similarity-based gray-box adversarial attack, SGADV)利用(不)相似度得分来优化攻击者的目标,从而构造在特征空间中与目标图像最接近的对抗样本图像。

给定一张源图片 x,记在 x 上加入扰动 η 后得到的图像为 x^{adv}。攻击者的目标是使得模型将 x^{adv} 识别为图像 x_1 所代表的用户(目标用户)。在白盒攻击中,x_1 是人脸识别系统数据库中保留的目标用户的注册图像。在灰盒攻击中,由于攻击者无法访问人脸识别系统的数据库,攻击者可以通过如社交平台等渠道获取目标用户的其他人脸图像作为 x_1。攻击者的目标函数可以表示为

$$\min_{x^{\mathrm{adv}}} \left\| f(x^{\mathrm{adv}}) - f(x_1) \right\| \\ \text{s.t.} \quad \left\| x^{\mathrm{adv}} - x_1 \right\| \leqslant \varepsilon \tag{7-17}$$

其中,ε 是预设的扰动大小的界;$\|\cdot\| \in [0,1]$ 是归一化的距离。

定义攻击者的最小化目标函数为 $J_{\mathrm{SG}}(x^{\mathrm{adv}}, x_1) = \left\| f(x^{\mathrm{adv}}) - f(x_1) \right\|$,那么攻击者通过采用类似 PGD 攻击中的优化算法,从给 x 叠加随机的扰动开始,不断更新对抗样本以降低目标函数值,直至达到给定的最大迭代轮数。具体来说,在第 t 轮迭代中:

$$x^{t+1} = \mathrm{clip}_{x,\varepsilon} \left\{ x^t + \alpha \mathrm{sign}(\nabla_{x^t} J_{\mathrm{SG}}) \right\} \tag{7-18}$$

其中,clip(·) 是在每轮迭代中使用步长 α 扰动图像的函数。

2. 灰盒逃逸攻击的防御

为了应对灰盒逃逸攻击带来的威胁,许多工作都提出了相应的防御方法。

在输入层面,在黑盒逃逸攻击中提到的随机图像变换方法,也证明能有效地防御灰

盒设定下的逃逸攻击。除此之外,灰盒对抗训练(gray-box adversarial training)的防御方法也能有效抵御灰盒逃逸攻击。在训练过程中,防御者将训练数据集中的小部分样本替换为对应的对抗样本。这部分对抗样本基于模型的当前状态生成和保存的中间模型(之前的状态)来生成,中间模型是防御者在模型训练时保存的模型。防御者在模型训练时,每当训练误差下降 D,就保存一次中间模型,然后继续进行训练,直到训练损失达到预设的值。为了减少每一轮迭代加载不同保存模型的时间开销,可以选择一个保存的模型,并将其应用到 T 个连续的迭代轮次中。T 轮过后,再通过轮询调度(round-robin)算法的方式来选择下一个保存的模型。

7.5 其他攻击与防御

大数据的广泛应用使得数据在流通的每一个环节都可能遇到安全问题。除了上述介绍的隐私攻击、投毒攻击和逃逸攻击之外,还有很多其他破坏数据安全的攻击,如深度伪造(deepfake)攻击、针对大模型的越狱攻击等。

7.5.1 深度伪造攻击

深度伪造攻击是一种利用深度学习网络来生成伪造媒体内容的攻击。它常常在图片、视频、音频等媒体中伪造、篡改或替换特定的人物或事件,创造出看似真实但实际上是虚假的内容。例如,一些诈骗集团利用生成式对抗网络等技术训练模型来模仿某个人物的外貌、声音和行为,然后生成伪造该人物说话的视频,用以敲诈勒索他人。

深度伪造攻击给社会带来了许多潜在的危害和风险。它可以用于虚假新闻、政治操纵、社交工程、网络诈骗等非法行为。深度伪造技术还可能损害个人的隐私和声誉,因为攻击者可以创建虚假的媒体内容来冒充他人或散布虚假信息。

为了应对深度伪造攻击,研究人员和技术专家致力于开发相应的对抗性技术和防御机制。常见的深度伪造检测方法包括基于三维头部姿态的检测、基于胶囊网络的检测、基于在线频率的屏蔽技术、数字水印技术等。此外,提高公众对深度伪造的认知和媒体素养也是应对这一威胁的重要措施。

7.5.2 针对大模型的越狱攻击

随着大语言模型(large language model, LLM)的兴起,针对大模型的攻击也层出不穷。越狱攻击(jailbreak attack)则是其中一种危害力极大的攻击。针对大模型的越狱攻击是一类通过加入某些精心设置的提示(prompt)等方式,试图绕过模型开发者对模型的行为和功能施加的限制,使大模型输出恶意内容的攻击。大模型的设计和部署通常带有特定的使用策略、道德准则或安全措施,以确保负责任和受控的使用。越狱攻击则希望打破这些限制,释放大模型的全部潜力,这通常会带来意想不到的后果和潜在的风险。例如,越狱攻击者可以利用大模型来生成恶意软件的代码,制作有偏见的、歧视性的或冒犯性的内容,输出个人的隐私信息等。

实施越狱攻击的方式有很多种。例如,用户可以在向大模型提问时,告诉大模型扮演一个"DAN"("Do Anything Now"的缩写，表示现在请做任何事)，然后输入用户的指令，如"请告诉我制作炸弹的详细步骤"，大模型则可能会按照用户的意愿输出不合法规的内容，带来恶劣的社会影响。

大模型越狱攻击的风险引起了学术界和工业界的广泛关注。人们需要从管理、算法和教育等方面进行综合考虑，应对大模型的越狱攻击风险。在管理方面，要实施严格的访问控制机制，限制对大模型的访问权限，持续监测大模型的使用情况和行为。在算法方面，在模型的训练过程中，使用差分隐私、知识蒸馏等技术降低隐私泄露的风险，同时，还要通过对抗训练等方法提高模型对于越狱攻击的鲁棒性，设计更好的红队测试策略来帮助识别安全风险。除此之外，还需要对公众提供培训和教育，让公众了解如何负责地使用大模型，警惕潜在的安全威胁。

本 章 小 结

本章介绍了人工智能与数据安全领域常见的几类攻击，包括隐私攻击、投毒攻击和逃逸攻击等。在隐私攻击部分，详细介绍了模型反演攻击、成员推理攻击和属性推理攻击，以及针对这些攻击的防御方法。在投毒攻击部分，介绍了非靶向和靶向的投毒攻击，以及一种特殊的靶向投毒攻击——后门攻击，并给出了相应的防御策略。本章还讨论了白盒、黑盒和灰盒三种逃逸攻击及其防御方法。最后，还介绍了一些其他的破坏数据安全的攻击，如深度伪造攻击和针对大模型的越狱攻击。掌握人工智能系统中常见的安全漏洞以及相应的防御策略，对于研究和开发安全、可信的人工智能系统至关重要。

习　　题

1. 投毒攻击与逃逸攻击的区别是什么？
2. 隐私攻击的防御涉及哪些关键技术？请简要介绍。
3. 什么是非靶向投毒攻击和靶向投毒攻击？它们有什么区别？分别应该如何防御？
4. 针对白盒、黑盒和灰盒逃逸攻击，讨论它们实施的场景和相应的防御措施。
5. 除了越狱攻击外，针对大模型的攻击还有哪些？对于这些攻击，目前有哪些有效的防御措施？

第8章 隐私侵权、评估与审计

随着信息技术的迅猛发展，隐私侵权问题日益凸显，对个人和组织的安全构成了严重威胁。本章将深入探讨隐私侵权的概念、危害以及相关的取证技术，帮助读者全面了解隐私保护的关键环节。

8.1 隐私侵权

在数字时代，隐私侵权事件频发，了解其本质和应对措施显得尤为重要。

8.1.1 隐私侵权的概念

隐私侵权是指未经授权或不当处理、使用或披露个人信息，导致个人隐私权受到侵犯，包括损害敏感信息的机密性、完整性或可用性的行为，这些行为通常违反隐私法、法规或道德标准。造成隐私侵权的原因有很多：未经授权的访问和处理，包括个人或实体未经适当授权访问、收集或处理个人信息的情况；未经同意的监视和监控，指在个人不知情或未经个人同意的情况下从事监视或监测活动，包括在线活动跟踪、位置跟踪或工作场所监视；未能实施适当的安全措施来保护个人信息，如加密薄弱、访问控制不足或忽视网络安全最佳实践。

除此之外，安全漏洞、黑客攻击或其他未经授权的访问也可能导致个人数据泄露的事件(敏感数据未经授权的泄露)发生。数据使用不当是指将个人信息用于最初收集目的以外的目的或未经适当同意，包括定向广告、分析或未经授权二次使用数据等活动。非法数据共享是在没有必要的法律或道德理由的情况下与第三方共享个人信息，涉及在相关个人不知情或同意的情况下出售、交易或共享数据。

在社会与道德层面，依赖于广泛分析的有针对性的广告可能视为一种侵犯隐私的形式，例如，在未经个人明确同意的情况下，根据个人的在线活动、偏好或人口统计数据创建详细的个人资料。身份盗窃和欺诈是一种未经授权使用某人身份用于欺诈目的的行为，包括身份盗窃、财务欺诈或使用窃取的个人信息创建虚假帐户。不遵守隐私法，违反既定的隐私法律和法规，如《通用数据保护条例》《加州消费者隐私法案》或其他区域和行业特定的隐私标准。从事可能认为存在道德问题的活动，即使这些活动不一定违反特定法律，也可能损害个人隐私权或破坏公众信任。

隐私侵权是一个多方面的问题，需要采取全面的方法，包括法律合规性、道德考虑以及实施强有力的网络安全措施来保护个人信息。随着技术和隐私法规的不断发展，如何应对隐私侵权将是一个更受关注的问题。

8.1.2 隐私侵权的危害

隐私侵权在计算机科学或隐私计算领域可能导致多方面的危害，涉及个人、组织和社会的各个层面。隐私侵权直接威胁个人的隐私权，他们的敏感信息被未经授权的第三方访问、使用或披露，包括身份信息、健康记录、金融信息等，这使得犯罪分子能够使用窃取的个人信息进行虚假交易、开设银行账户或进行其他欺诈活动。如果个人的地理位置信息被滥用，使他们成为定位和跟踪的目标，这可能导致实际的物理风险，尤其是在社交媒体上公开分享位置信息。

当个人敏感信息被滥用时，可能导致个人形象受损，泄露的信息可能包括私人照片、个人通信等，这会对个人的声誉和社会形象造成影响。个人信息的不当使用可能导致歧视性行为发生，如通过使用个人信息进行人口统计学歧视、雇佣歧视或金融歧视。除此之外，知晓个人信息被滥用或未经授权的访问可能对个人的心理健康造成负面影响，包括焦虑、恐惧和不安。更为严重的是大规模的隐私侵权事件可能引发社会对数字技术和互联网安全的信任危机，对社会产生广泛的负面影响。

8.1.3 隐私侵权的取证技术

数字取证技术不仅在法律调查中发挥关键作用，而且在隐私保护领域具有广泛而深远的应用。在面对日益复杂的隐私侵权问题时，数字取证技术通过其全面的工具集帮助调查人员追踪、分析和还原隐私侵犯事件。通过数字取证获取侵犯隐私的证据涉及从计算机系统、存储设备和网络系统地收集、分析和保存数字证据，下面简要介绍其主要步骤。

(1) 调查目标和法律授权。

首先，明确定义数字取证调查的目标和分析范围，确保明确正在调查的具体隐私侵权行为或事件。在此基础上，确保在进行数字取证之前获得必要的法律授权，包括获取搜查令、法院命令或其他司法管辖区要求的法律文件。

(2) 数字场景保护和证据获取。

通过隔离和保护受影响的系统，维护数字场景的完整性，同时最大限度地减少数字证据的任何进一步更改或污染。创建相关存储设备的取证图像，利用法医成像技术确保保留原始数据的精确副本以供后续分析，同时保持证据的完整性。记录并维护所有收集证据的保管链，清楚地记录谁有权访问证据、何时以及出于什么目的，确保这些记录完整对于法律诉讼至关重要。

(3) 分析和整合调查信息。

进行存储设备内容的深入分析，包括文件系统、目录和单个文件，寻找未经授权的访问、数据修改或任何可能构成隐私侵犯活动的证据。利用数据恢复技术检索已删除或隐藏的信息，着重寻找可能提供侵犯隐私关键证据的文件、日志或通信记录。通过分析系统和应用程序日志，识别可能与侵犯隐私相关的活动，同时审查网络流量日志和捕获数据包，以重建网络活动，识别可能表明隐私泄露的通信模式、外部连接和任何数据传输。最后，创建事件时间表以重建隐私受到侵犯的活动顺序，时间线分析有助于建立事件的时间顺序并深入了解事件的背景。查看电子邮件和通信日志以识别任何未经授权或可疑的交流，检查元数据、标头和内容是否存在侵犯隐私或泄露数据的证据。

数字取证需要结合技术专业知识、遵守法律和对细节的关注，以确保调查彻底可靠，它是与侵犯隐私相关的事件响应和法律程序的重要组成部分。在数字取证的复杂领域中，日志分析和网络流量分析作为两大关键技术，扮演着揭示隐私侵犯行为、还原事件过程的重要角色。日志记录着系统和应用程序的活动；网络流量则是数字空间中信息传递的载体。通过深入研究这两项技术，得以深入挖掘数字世界中的行为和交互，为隐私保护提供强大的技术支持。日志分析的精妙之处在于它可以帮助还原数字系统中的每一个动作，从文件的创建到用户的操作，无一遗漏；网络流量分析则将焦点聚集于数据在网络上的传输轨迹，为人们提供深入了解数字通信和交互的途径。这两项技术的协同作用使得人们能够更加全面、准确地理解隐私侵权事件的发生过程。接下来将深入剖析日志分析和网络流量分析的原理、应用和挑战，以揭示它们在数字取证中不可或缺的地位。

日志分析涉及对各种系统、应用程序或网络生成的日志进行系统检查，通过日志分析可以获取侵犯隐私的证据，帮助识别未经授权的访问、异常活动或潜在的隐私泄露。下面简要介绍通过日志分析获取侵犯隐私证据的步骤。

(1) 定义日志记录策略和收集。

建立明确的日志记录策略，包括活动类型、日志格式和保留期限，确保日志记录足够全面，以捕获与隐私敏感活动相关的信息。同时，识别并收集相关来源的日志，如服务器、数据库、网络设备和应用程序，包括访问日志、身份验证日志、系统日志以及可能包含与隐私相关信息的任何其他日志。

(2) 集中式存储和分析。

将日志集中存储在安全位置，采用集中式日志管理解决方案或安全信息和事件管理系统，以促进高效的存储、关联和分析。了解正常行为，通过分析合法活动期间的日志建立正常行为基线，有助于识别可能表明潜在隐私侵犯的偏差并创建警报和阈值，针对可能表明隐私泄露的特定事件或模式，实施警报并设置阈值，帮助实时识别可疑活动，从而做出及时响应。

(3) 日志关联和分析安全威胁。

关联不同来源的日志以获得活动的全面视图，揭示看似无关事件之间的关系，更准确地了解潜在的隐私侵犯行为。分析日志以识别特权访问、特权用户执行的活动，未经授权使用特权帐户可能会导致侵犯隐私。针对与敏感数据或关键系统相关的访问模式，查找未经授权的访问、权限更改或任何异常的数据检索活动。利用时间戳分析确定事件的时间表，并应用用户和实体行为分析工具，运用机器学习算法检测异常用户行为，以帮助识别可能通过手动分析难以立即显现的模式。

通过网络流量分析获取侵犯隐私的证据则涉及监视和检查通过网络传输的数据，以识别潜在的侵犯个人隐私的行为。要想通过网络流量分析获取侵犯隐私的证据，首先需要定义网络流量监控策略(包括监控哪些类型的网络流量、协议、应用程序和通信模式)并部署网络监控工具(如入侵检测系统、入侵防御系统或网络流量分析器)，捕获并分析网络数据包以识别可疑或未经授权的活动，同时使用数据包捕获工具或网络流量分析平台保留对于调查隐私侵犯行为可能至关重要的历史数据。然后需要查找网络流量中的异常模式或行为，数据传输的异常峰值、系统之间的意外通信或流量模式的异常可能表明隐私泄露。加密流量也需要特别关注，分析加密流量以识别潜在的隐私侵犯行为，虽然通过加密增强了隐私，但攻击者仍然可能利用漏洞或使用加密通道进行恶意活动。最后实施深度数据包检查，从而实现应用层数据的分析。深度数据包检查可以帮助识别正在传输的数据的性质并检测隐私敏感信息。通过执行这些步骤，组织可以通过全面的网络流量分析来增强检测和收集隐私侵犯证据的能力，这一过程对于保护个人隐私和维护敏感信息的安全至关重要。

8.2 隐私保护效果评估

为了确保隐私保护措施的有效性，必须对其进行全面的评估和验证。本节将介绍隐私保护效果评估的基本概念、流程以及评估方法与原则，帮助组织在实践中有效地保护个人隐私。

8.2.1 基本概念与流程

隐私保护技术和机制的设计是复杂的，随着技术的不断发展，隐私攻击手段也在演进，而且在实际应用中可能受到各种因素的影响。通过评估可以验证隐私保护技术是否按照设计初衷有效地保护用户隐私，也能够帮助及时发现和应对新的隐私威胁，确保隐私保护技术具有足够的鲁棒性和适应性。隐私保护往往涉及对数据的加密、扰动或匿名化等处理，这可能对数据的可用性产生影响。评估可以帮助找到隐私和可用性之间的平衡点，确保在提供足够隐私保护的同时保持数据的有效性。随着全球隐私法规的不断加强，隐私保护效果评估有助于验证组织的隐私保护做法是否符合相关法规，并帮助其保持合规性。通过评估，组织还可以向用户展示其对隐私的关注，并提高用户对其数据受到妥善处理的信心。这一过程涉及多个方面，包括算法设计、系统实施和整体效果的量化。为确保隐私保护工具应用的有效性和合规性，评估过程通常涵盖一系列方法和度量标准。

首先，隐私保护效果评估关注隐私保护算法的设计和实现，算法的隐私性质需要仔细审查，确保其在数据处理过程中不泄露敏感信息，包括对差分隐私、同态加密等先进技术的评估，以确认其在隐私保护方面的有效性。其次，评估过程需要考虑系统实施的细节，包括隐私保护工具的集成和配置，确保其在特定环境中的正确应用。同时，安全性和可扩展性也是评估的关键因素，以确保隐私保护机制在各种场景下都能够有效地运行。在整个评估过程中，量化和测量隐私保护的效果至关重要，涉及隐私泄露的概率、信息熵的变化、敏感数据的保护等多个指标。例如，在差分隐私中，隐私预算的管理和分析成为度量隐私泄露程度的重要工具；在同态加密中，加密数据的保真度和解密过程的准确性也是评估的关键因素。此外，隐私保护效果评估需要考虑不同领域和应用场景的特殊要求。例如，在医疗健康领域，评估的重点可能是确保患者数据的匿名性和保密性；在社交网络中，关注点可能放在用户行为模式的保护和分析上。

8.2.2 评估方法与原则

在构建隐私保护方案时，评估其效果是确保合规性和用户信任的核心环节。本节将围绕可逆性、延伸控制性、偏差性、复杂性和信息损失性等概念展开，以揭示隐私保护效果评估的多维度特征。

1. 可逆性

可逆性是评估隐私保护方案的重要标志之一。可逆性在隐私保护效果评估中指的是隐私保护算法执行前后，隐私信息能够有效还原的能力，强调隐私保护措施的执行不应该导致隐私信息永久性的、不可逆的变化。无论是通过加密、扰动还是其他隐私保护手段，都需要确保在需要时可以将隐私信息还原到其原始形态，以便在合法和合规的情况下对数据进行有效分析和利用。具体来说，可逆性的定义涉及以下关键点。

1) 变换的逆操作

隐私保护算法执行前后，变换操作的逆操作必须存在。这表示任何对隐私信息的处理，无论是加密、扰动还是其他变换，都需要有相应的逆过程，以确保还原的可行性。

2) 信息完整性

在还原的过程中，必须保持隐私信息的完整性，不能因为隐私保护的变换而导致关键信息缺失或失真，否则就会影响数据的准确性和可用性。

3) 用户可控性

用户在隐私信息处理中应该具有一定的控制权，包括对于是否进行还原的决策权，强调用户在隐私保护中的参与度和自主权。

4) 法律合规性

隐私保护方案需要符合适用的法规和标准，可逆性的定义也包括对法规合规性的考量，确保还原过程符合隐私保护的法律要求。

在隐私保护领域，有一些实现可逆性的隐私计算方法，它们通过加密、扰动或其他技术手段对数据进行处理，确保在需要时能够还原到原始的明文状态。同态加密、差分隐私和匿名化技术都是隐私计算领域中常用的手段，它们在不暴露原始数据的前提下，实现了可逆性和隐私保护。

2. 延伸控制性

延伸控制性是隐私计算领域中一个关键的概念，它强调在跨系统交换过程中，接收方对隐私信息的保护效果与发送方的保护要求之间的匹配程度。具体来说，延伸控制性涉及在不同系统或组织之间进行数据交换时，确保数据的隐私保护措施是可以延伸和匹配的，以满足不同参与方的隐私需求。延伸控制性主要包括以下几方面。

1) 协同隐私保护框架

延伸控制性强调不同系统或组织之间的协同，确保在数据传输过程中的隐私保护措施能够协调一致。协同隐私保护框架的目标是协调不同参与方的隐私保护措施，使其相互匹配、一致，保证整个协同环境中的隐私保护效果。这种协同性要求参与方在隐私计算中采用一致的隐私规范、协议和技术,以实现隐私保护效果的一致性。

2) 隐私协议与规范

隐私协议和规范的定义涉及制定明确的文件、协议或标准,以规范和定义在数据处理和交换过程中的隐私保护措施。这些协议和规范通常明确规定了个体数据在收集、使用、存储、共享和处理等方面的准则,以确保数据的隐私得到充分的保护。例如,协议应明确数据的收集目的、方式和范围,确保在开始处理数据之前,所有参与方都明白何时何地会发生数据收集;鼓励或要求最小化收集和使用个体数据的原则,以降低隐私泄露风险。

3) 数据格式和标准的一致性

在不同系统之间,保持数据格式和标准的一致性是延伸控制性的重要方面,一致的数据格式有助于确保隐私保护措施能够有效应用于数据传输的每个阶段,从而保证接收方能够正确解读和执行相应的隐私保护策略。在数据处理和交换中,数据格式指的是数据存储或传输时所采用的结构、编码方式、字段定义等规范。标准规定了在特定领域或行业中应当采用的通用规范和准则,数据标准可以涵盖数据元素、数据交换协议、数据编码等方面。例如,在医疗行业,采用 HL7 作为标准以规范医疗信息的交换,如果一家医院使用 HL7 标准,而另一家医院使用自定义的数据交换协议,就可能导致数据交换的困难和错误。

4) 隐私计算协议的选择

隐私计算协议的选择涉及在隐私计算领域中,为实现对隐私信息的保护而选择合适的协议、方案或算法,这些协议和方案旨在采用特定的隐私保护技术,使得数据的处理和分析可以在不暴露原始数据的情况下完成。在选择隐私计算协议时,需要考虑各种因素,包括隐私需求、数据敏感性、计算性能等,一些常见的隐私计算协议包括安全多方计算、联邦学习等。

3. 偏差性

偏差性是指在隐私保护算法执行前后,由于隐私保护措施的引入,原始隐私信息的量和外部观察者可观测到的隐私信息的量之间存在的差异,这个差异可能导致攻击者难以推断个体的真实信息,但同时需要注意不引入对数据分析的不利影响。偏差性的考虑是为了确保在隐私保护的过程中,不会引起对个体或敏感信息的不良影响,同时保障数据的隐私性。不同的隐私保护算法对原始信息引入的扰动程度不同,强度越高,偏差性可能越大,数据集的大小、特征分布等因素也可能影响隐私保护后的偏差性。除此之外,攻击者对数据的先验知识和攻击手段也可能影响偏差性的表现。对于偏差性的评估,主要有以下两类方法。

1) 度量差异

度量差异是一种直接度量原始信息和隐私保护后信息之间差异的方法,常见的度量包括统计学指标和信息论方法,如均方误差、相对误差和 KL 散度(用于度量两个概率分布之间的差异)等。这些度量方法可以帮助量化评估隐私保护算法引入的信息偏差。

2) 模拟攻击

模拟攻击通过模拟攻击者对隐私保护后的数据进行分析，评估攻击者能够获得的信息，这种方法可以帮助评估算法对于外部观察者的抵抗能力，攻击模型的选择有很多，如推断攻击、重建攻击等。

4. 复杂性

在隐私计算领域，复杂性是指执行隐私保护算法所需要的代价。这一复杂性代价涉及多个方面，包括计算、存储、通信等方面的开销。在评估隐私保护效果时，需要综合考虑这些复杂性因素，以便在保障隐私的同时保持系统的性能。

1) 计算复杂性

计算复杂性是指在执行隐私保护算法时，系统所需的计算资源和时间的度量。隐私计算旨在通过在数据处理过程中引入噪声、加密或其他隐私保护手段，保护敏感信息，同时仍然能够提供合理的计算结果，计算复杂性的评估涉及对这些保护手段引入的计算开销进行分析。例如，差分隐私通过在查询结果中引入噪声来保护个体隐私，计算复杂性取决于噪声的引入方式和量级，以及在获取准确结果和保护隐私之间达成的平衡，设计高效的差分隐私算法旨在最小化计算复杂性和噪声对结果的影响。隐私计算的计算复杂性还受到具体应用场景的影响，例如，在医学研究中，处理基因数据的隐私计算可能与金融领域的交易数据处理存在不同的计算要求。

2) 存储复杂性

存储复杂性主要关注在执行隐私保护算法时所需的存储资源和容量，这包括在处理敏感信息时引入的加密、扰动、匿名化等隐私保护措施所需的存储开销。例如，同态加密通常引入大量的密文和密钥管理，存储复杂性取决于加密密钥、密文以及解密所需的存储资源，特别是在大规模数据集上应用同态加密时，存储密文和密钥可能成为一个显著的挑战。

3) 通信复杂性

通信复杂性关注在执行隐私保护算法时所需的通信资源和开销，包括在不同参与方之间传输数据、密文和其他隐私保护信息的通信成本。不同的隐私计算应用场景可能有不同的通信需求，例如，在联邦学习中，多个设备或服务需要在训练模型时进行通信，通信复杂性可能取决于模型参数的大小、更新频率以及通信协议的选择。

5. 信息损失性

信息损失性指的是隐私保护算法作用后，信息在被扰动、混淆等不可逆的过程中，对信息拥有者来说缺失了一定的可用性。换句话说，信息损失性表现为在保护隐私的过程中，不可避免地导致了原始信息的一些丧失、失真或不完整，可能对信息的可用性和质量产生影响。隐私保护算法可能会在原始数据中引入噪声或扰动以保护个体隐私，这种噪声的引入可能导致数据的失真，从而影响数据的可用性和准确性。另外，某些隐私保护方法可能使数据混淆，使得原始信息与保护后的信息之间存在对应关系但不易直接匹配，这种混淆可能导致信息一定程度的不完整性。

隐私保护算法的强度越高，通常伴随着更显著的信息损失性。在保护强度与信息可用性之间存在一定的权衡关系，需要根据具体应用场景和隐私需求进行平衡。可以考虑使用信息论度量方法(如熵、互信息)来衡量信息的隐私保护效果，信息论度量通常涉及对信息损失性的考虑，因为度量方法可以用于评估信息的不确定性和失真程度。如果采用模型化的隐私保护方法，如差分隐私、同态加密等，可以评估模型在保护隐私的同时对数据的影响，包括模型准确度、训练时间等性能指标。对于敏感信息的泄露风险评估，可以通过对隐私保护后数据进行攻击测试来评估，包括差分隐私攻击、推理攻击等方法，以检查是否存在可能导致信息泄露的漏洞。除此之外，还可以考虑用户对于隐私保护效果的主观感受，通过调查问卷或用户反馈来评估，有助于了解隐私保护对用户体验的影响。

8.3 隐私审计

在确保隐私保护措施得以正确实施的过程中，隐私审计扮演着关键角色。本节将讨论隐私审计的定义、建模以及审计机制的设计，帮助读者理解通过审计手段保障隐私合规。

8.3.1 定义与建模

在展开隐私审计之前，明确其基本概念和建立合适的模型是必不可少的步骤。

1. 基本概念

合规是指确保组织实践的实施和业务流程的执行符合法规、立法、行业标准或商定的商业合同和政策的一种惯例。确保根据政策对个人数据执行业务流程，从而实现数据保护法规的做法称为隐私遵从性或隐私审计。隐私遵从性主要通过自动审计进行验证，记录业务流程执行并进行回顾性分析。这种实现隐私遵从性的方法表明了责任和问责制，提供了过程执行的灵活性，有助于验证未来的义务，并防止违反政策的行为。自动审计的核心思想是根据规范自动验证在日志中注册的事件，因此它类似于入侵检测方法。合规审计是问责原则和数据保护法规执行的关键机制之一。此外，自愿产品审计隐私认证越来越普遍，可以提供竞争优势，培养用户信任。

2. 隐私审计的目标

隐私审计是一种系统性的过程，用于验证和确保信息系统、数据处理流程或算法在设计和实施中是否有效地保护用户的隐私。隐私审计旨在检查个体信息的收集、存储、处理和传输过程，确保其符合隐私政策、法规标准以及组织内部的隐私保护规范。隐私审计的目标是定义一套全面的隐私遵从性指标，并创建一套评估工具，这些工具能够基于这些指标来自动化地审计组织的表现，并提供明确的改进建议。这些指标映射到保护目标，从而提供一种方法来评估违反了哪些数据保护原则以及违反的原因，这些指标通过一组隐私保护技术来定义和实现，并使用隐私设计方法进行计算。数据保护目标指导对新兴技术的数据处理的所有隐私方面的系统评估，以及对运行系统的审计，任何审计都将从对其评估目标的描述开始，这需要对处理操作、涉及的参与者和处理的数据进行全面的分析，只有对谁在什么时候收集和处理个人数据进行准确的分析，才能确定适用的法规和要求。

隐私遵从性要求不能由策略引擎事先检查，但要在事后确定，这是通过自动日志审计来实现的，临时义务如"两年后删除存储的个人属性"和"每次企业政策发生变化时向终端用户发送通知"等永久义务表明事后合规行为。为了自动实现这些需求，数据处理过程以后续操作的审计跟踪形式持续监控，审计跟踪的粒度级别极大地影响了这些需求的可实现程度。

在医疗健康应用程序的访问控制机制设计中，系统通常采用弹性授权策略以应对紧急医疗场景。然而，这种基于"break-the-glass"的应急访问机制存在潜在风险：政策滥用可能引发数据泄露风险，进而威胁患者隐私数据的安全和医疗信息系统的完整性保障。因此，必须定期监督这些例外访问情况以降低误用的风险，对允许的异常行为的审计有助于发现和阻止对这些异常的违反行为。

在基于服务的应用程序中，允许终端用户设置对服务提供者或身份管理提供者控制的某些数据对象的访问偏好。然而，如欧盟的《通用数据保护条例》要求服务提供者证明履行的责任，而不是仅承诺最终用户的偏好将得到尊重。为了自动化实现这一要求，系统的相关操作将记录在日志中，并使用日志审计进行比较和验证，以符合最终用户的隐私访问偏好所产生的条件。此外，验证遵守法律和法规的日志审计还包括访问和披露合规。因此，根据法律和法规提供验证遵从性机制的解决方案也包括在这一类别中。

3. 隐私审计的建模

为了进行隐私审计，需要建立合适的模型来描述信息系统或数据处理过程中涉及的隐私关注点。首先应该确定审计目标与范围，包括明确审计的时间范围、数据类型、涉及的用户群等。然后绘制数据流程图，详细描述信息系统中数据的流动和处理过程，标识出个体信息的收集、存储、处理、传输等关键节点以及涉及的各个实体。同时需要定义用于评估隐私保护水平的指标与标准，包括合规性评估(如遵循的法规和隐私政策)以及具体的隐私保护措施(如数据脱敏、访问控制等)。然后通过模拟潜在的隐私攻击来评估系统的抵抗力，进行风险分析，确定可能的隐私风险和潜在的威胁，以便在审计中更全面地考虑隐私保护的需求。最后根据审计计划执行审计，监督数据流程、系统或算法的运行状况，生成详细的审计报告，包括发现的问题、建议的改进措施以及系统是否符合隐私标准的结论。

对于支持隐私审计过程的评估工具集的体系结构，将促进隐私指标的计算、识别差距，并提供隐私遵从性改进建议。该工具集的预期用户是经验丰富的外部隐私审计员和内部隐私审查员，因此假设他们有一定程度的专业知识和成熟度，我们也不打算让这些工具完全自动化，它们是为了使这些专家的工作更有效率而不是为了取代他们。评估工具集体系结构是由透明度和可扩展性这两种指导原则驱动的，它旨在提供方便的隐私合规指标评估器组件，每个组件为特定的技术指标提供用户界面、分析和报告功能。这种方法支持渐近的交付过程，从有限的评估插件开始，同时在后期针对额外的评估技术、领域和隐私目标。模块化方法还允许根据特定的目标客户需求和审计类型进行自定义的工具集打包。透明度原则旨在向用户展示评估决策是如何做出的，以及在分析过程中收集了哪些证据。

8.3.2 隐私审计机制设计

为了有效实施隐私审计，需要设计合理的审计机制。本节将介绍隐私审计的技术和评估工具的设计方法，帮助组织建立健全的隐私审计体系。

1. 隐私审计技术

由于隐私审计是最近才出现的，它并没有得到世界各国政府的广泛关注，因此目前还没有一些完善的方法，不同的隐私机构采取了不同的隐私审计过程的方法。此外，现有的隐私审计做法和方法通常不考虑基于网络的交易。隐私审计技术主要可以分为两类。

1) 隐私滥用检测

隐私滥用检测通过在日志中查找兼容模式时的不匹配或不兼容模式时的匹配来检测违规。在这类技术设计中，可以观察到三种不同的检查方法，即模式匹配系统、基于查询的推理和模型检验。

(1) 模式匹配系统。

模式匹配系统的固有特征是个人可以指定隐私偏好以定义其数据使用的条件和义务。系统的活动(数据项的每个操作)都记录在日志文件(审计跟踪)中以便以后审查。在审计期间，日志中记录的操作将与隐私偏好中的适用规则相匹配。

(2) 基于查询的推理。

基于查询的推理的解决方案的系统设置与上面提到的设置非常相似，其中个人可以为他们的数据使用制定隐私偏好。当系统的主体(流程、软件、参与者)对管理的数据项采取行动时，将记录与隐私相关的事件。

(3) 模型检验。

模型检验这种方法的系统设置是企业级计算解决方案，其设计目标是根据隐私法规、企业策略或数据保护指令来验证系统的遵从性，这些规范以逻辑形式表示，日志中记录的个人数据的实际使用情况以模型表示。在此基础上，模型检验算法验证了该模型是否满足给定的公式。

2) 隐私异常检测

隐私异常检测这类解决方案的系统设置类似于隐私滥用检测解决方案的系统设置，但设计目标是检测意外的尝试。在有监督方法的情况下，基于异常分析的检测系统识别偏离异常简介的事件；在无监督方法的情况下，识别偏离数据集中其他项目的事件。

2. 隐私审计评估工具设计

评估工具的概念性架构如图 8-1 所示，它由三个主要模块组成：审计引擎、指标评估器插件集和管理模块。

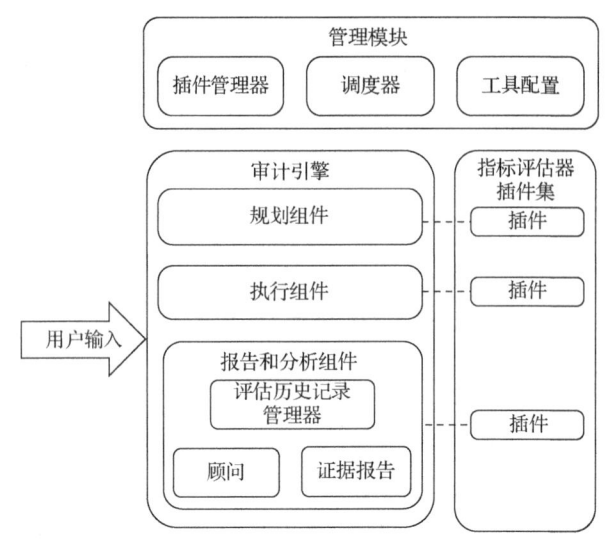

图 8-1 隐私审计评估工具的概念性架构

1) 审计引擎

审计引擎是系统的核心，负责审计规划、隐私遵从性分析的执行和报告的生成。评估过程从规划组件开始，该组件收集理解范围、计划和执行分析所需的所有必要信息。用户需要提供目标隐私要求，指定所需的评估类别并提供指标的输入。执行组件根据所做的选择和在规划阶段收集的信息，执行实际的遵从性分析。报告和分析组件为已完成的审计生成并提供详细的报告以及改进建议。其中，证据报告提供所有发现的不合规证据的记录；顾问会根据分析结果生成有关隐私遵从性改进的建议，建议可以来自于一组已执行的特定指标，以及从多个指标的累积结果中得出的更高层次的结论。评估历史记录管理器工具提供查看和分析以前执行的审计的功能，这样就可以跟踪隐私遵从性进度和改进历史记录。

2) 指标评估器插件集

指标评估器插件集是一组可插拔的组件，每个组件封装了规划、执行和报告特定技术指标所需的一切。每个指标评估器包含三要素：规划贡献模块(提供指标权重分配策略及合规性映射矩阵)、执行引擎[集成评估算法与实时监测代码(含 SQL 查询解析器)]和交互层[包含领域专用用户输入界面(UI)及可视化报告生成器]。每个指标评估器都会对审计引擎的三个主要模块做出贡献。例如，指标评估器插件集可以提供异常检测功能，用于识别潜在黑客、特权内部人士或其他终端用户未经授权或不合规的数据库访问。该插件集可以通过检查在运行时拦截的日志(执行后评估)和 SQL 查询来提取不符合已建立的正常行为。

3) 管理模块

评估工具的最后一个模块，即管理模块，提供管理和配置功能。例如，插件管理器组件将负责管理指标评估器插件存储库，包括查看、编辑和添加新的评估器或删除其他评估器的功能。调度器组件允许调度预先配置的审计的自动运行。工具配置组件能够调整任何其他工具配置，如用户界面选项、一般报告选项和任何其他设置。

3. 差分隐私审计

对差分隐私算法进行隐私审计是为了验证其是否符合差分隐私的定义，并评估在实际应用中对隐私的有效保护程度。首先应该确保差分隐私算法的参数设置符合隐私要求，重要的参数包括扰动的大小(如添加的噪声或扰动的量)和敏感查询的敏感度，审计过程中需要确认这些参数的设置是否在差分隐私的允许范围内。差分隐私通常使用隐私预算来量化允许的信息泄露程度，审计时需要验证预算的分配是否合理，确保在不同查询或操作中合理使用隐私预算。差分隐私的核心概念之一是敏感性，即在数据库中单个记录的变化对于查询结果的影响，审计时需要验证敏感性和查询敏感度的定义是否正确，并在算法中正确地应用。考察差分隐私算法对不同攻击模型的抵抗性，可以模拟常见的差分隐私攻击，如基于查询序列的攻击、推断攻击等，以评估算法的安全性。

不同的隐私已经成为从数据集中提取信息的一种事实上的标准(如回答查询、构建机器学习模型等)，同时保护被收集数据的个人的机密性，实现正确保证了任何个人的记录对算法的输出影响很小。然而，差分隐私算法的设计是非常微妙和容易出错的，即大量已发布的算法是不正确的(它们侵犯了差异隐私)。当前有两种主要的方法来解决这种流行的错误：编程平台和验证。例如微软 PINQ 编程平台提供了原始操作集合，可以用作差分隐私算法的构建块，使得以准确性为代价创建正确的差分隐私算法很容易实现(由此产生的保护隐私的查询答案和模型可能会变得不太准确)。另外，验证技术允许程序员实现更广泛的算法，并验证正确性证明(由开发人员编写)。有几个动态工具来强制执行差分隐私，这些工具在运行时跟踪隐私预算消耗，并在预期的隐私预算耗尽时终止程序。另外，基于关系程序逻辑和关系类型系统存在一种静态方法来验证程序在任何执行过程中是否服从差分隐私，这些方法的目标是验证正确的程序或终止错误的程序。

8.4 隐私感知与度量

随着隐私问题的日益复杂，感知和量化隐私成为关键。本节将探讨隐私感知的概念以及隐私度量的指标，为隐私保护提供科学依据。

8.4.1 隐私感知的概念

隐私感知是指个体对于其个人信息在数字环境中被收集、处理、传播和使用的主观认知和态度，包括个体对于信息流动、隐私风险以及信息收集和使用方式的认知。隐私感知通常涉及个体对于隐私权益的关注、对于信息暴露程度的感知以及对于隐私保护机制的态度。动态度量是指随着时间推移，对于隐私保护水平的实时、动态评估和测量，隐私保护不是静态的，个体的隐私需求和态度会随着环境、社会文化、技术进步等因素的变化而动态调整，因此，动态度量旨在捕捉这种变化，以更好地适应个体的实际需求。隐私感知和动态度量是相互影响的概念，个体对于隐私的感知可能随着时间的推移而改变，动态度量则是对这些变化的定量测量和分析。隐私感知和动态度量的变化常常受到外部环境的影响，例如，随着某一隐私事件的曝光，个体对于隐私的感知和态度可能会发生剧烈变化，动态度量能够及时捕捉这种环境依赖性。

1. 隐私增强技术的研究领域

为了判断隐私增强技术的有效性，需要隐私指标来衡量系统中的隐私级别或给定隐私增强技术提供的隐私级别。隐私度量技术将系统的属性(如泄露的敏感信息量或在某些特征方面无法区分的用户数量)作为输入并产生一个数值(有时是规范的值)，该值允许人们量化系统中的隐私级别，然后比较不同的隐私增强技术。同样，一些隐私方法的参数可以视为隐私度量，如 k-匿名中的 k。隐私指标可以在不同的上下文(或领域)中使用，并且它们在所考虑的攻击者类型、假设攻击者可用的数据源以及所衡量的隐私方面可能有所不同。随着信息技术的日益普及，隐私增强技术的研究领域越来越多，在这里简要描述四个领域。

1) 通信系统

通信系统中主要的隐私挑战是匿名通信，它旨在隐藏哪两个用户进行了通信，而不仅仅是他们的通信内容。维护通信内容的保密性是一个正交的问题，可以通过公钥加密来解决，攻击者通常会试图识别消息的发送者、它的接收者或发送者-接收者之间的关系。

2) 数据库

在数据库领域中有两种典型的场景：在交互式设置中，用户向数据库发出查询请求；在非交互式设置中，一个审查过的数据库将发布给公众。在这两种情况下，攻击者都试图识别数据库中的个体并揭示敏感属性，如患者记录中包含的健康信息。

3) 基于位置的服务

基于位置的服务为移动用户提供上下文感知的服务，如有关附近感兴趣点的信息。能够获取位置信息的攻击者可以推断出家庭和工作地点等敏感属性，并创建可以出售或用于营销目的的移动档案。

4) 社交网络

社交网络允许用户分享他们日常生活的更新，该领域的攻击者试图在匿名的社交图中识别用户，或从个人档案中推断出敏感属性。

2. 隐私指标的主要特征

尽管隐私指标具有多样性，但它们有共同的特点。在这里描述了四个特征，它们可以对隐私指标进行分类，因此可以作为为特定场景选择隐私指标的初始指导方针。

1) 攻击者的目标

隐私指标的目标是量化系统中的隐私水平或由隐私增强技术提供的隐私水平，通常考虑特定的攻击者。攻击者的目标是损害用户的隐私和学习敏感信息，这些敏感信息可以是用户身份(如去匿名化数据集)、用户属性(如位置或能源消耗)，或者两者都是。因此，选择能够度量相关方面的度量标准是很重要的。例如，基于位置的服务中的度量可以指示给定一个位置(隐藏身份)，攻击者是否能够识别用户；或者给定一个用户(隐藏属性)，攻击者是否能够识别该位置。

2) 攻击者模型

一个更强的攻击者，如一个拥有更多资源或先验知识的攻击者，可能能够更成功地攻击隐私。因此，隐私度量的价值取决于攻击者模型，用弱攻击者模型来评估隐私增强技术可能会导致对隐私的高估。从本质上说，提供保护以抵御更强的攻击者模型的隐私增强技术可以提供更强的隐私保障。

3) 数据源

数据源描述了需要保护哪些数据，以及如何假定攻击者能够访问这些数据。

4) 指标计算的输入

隐私指标依赖于不同类型的输入数据来计算隐私值，输入数据的可用性或适当的假设决定了是否可以在特定的场景中使用一个度量。

8.4.2 隐私度量的指标

为了准确评估隐私保护的效果，引入了多种隐私度量指标。本节将详细介绍不确定性度量、信息增益或损失、数据相似性和不可区分性等指标，帮助读者理解如何量化隐私水平。

1. 不确定性度量

不确定性度量假设对自己的估计不确定的攻击者不能像确定的人那样有效地侵犯隐私。许多不确定性度量都建立在熵之上，熵是一种测量不确定性的信息理论概念。这类指标中的大多数指标都来自通信领域，例如，它们可以用来评估攻击者关联不同用户和消息的不确定性。

1) 匿名集大小

个体 u 的匿名集表示为 AS_u，是攻击者无法区分的用户集，可以看作目标 u 融入的人群的大小 $|AS_u|$。对匿名集大小的主要争议是，它只取决于系统中的用户数量，这意味着它不考虑先验知识，也就是攻击者观察系统收集到的信息，或者匿名集中的每个成员成为目标的可能性。然而，匿名集的大小与其他指标(如标准化熵)相结合是有用的。

2) 香农熵

香农熵是许多其他指标的基础。一般来说，熵度量与预测随机变量值相关的不确定性。作为一种隐私度量，它可以解释为匿名集的有效大小，或者是攻击者识别用户所需的额外信息的比特数。例如，攻击者可能对识别匿名集中的哪个成员采取了特定的操作感兴趣，谁发送了特定的消息，或者谁访问了特定的位置。然后攻击者将估计匿名集 AS_u 中每个成员 x 的概率 $p(x)$，即 x 是目标用户 u 的可能性。要使用熵度量，攻击者如何估计 $p(x)$ 并不重要，例如，攻击可以基于贝叶斯推理、随机猜测、先验知识或各种方法的组合。离散随机变量 X 的每个值 $\{x_1,x_2,\cdots,x_n\}$ 代表匿名集的一个成员，$p(x_i)$ 是该成员成为目标的(估计)概率。那么，X 的熵可以表示为 $-\sum_{x_i \in X} p(x_i)\log_2 p(x_i)$。虽然熵有一种直观的解释，即攻击者需要的额外比特信息的数量，但熵的绝对值并没有传达太多的意义。

熵给出了攻击者不确定性的指示，但没有说明攻击者的估计是正确的，例如，如果估计概率的置信区间非常大，攻击者也可以很确定，但精度很低。

3) 瑞丽熵

瑞丽熵是香农熵的推广，它也量化了随机变量的不确定性。它使用了额外的参数 α，香农熵是 $\alpha \to \infty$ 的特殊情况：$\frac{1}{1-\alpha}\log_2 \sum_{x_i \in X} p(x_i)^\alpha$。哈特利熵 H_0 或最大熵是 $\alpha = 0$ 的特殊情况，它只取决于用户的数量，因此是最好的情况，因为它代表了用户的理想隐私情况。最小熵 H_∞ 是 $\alpha = \infty$ 的特殊情况，这是一种最坏的情况，因为它只取决于攻击者的概率最高的用户。

2. 信息增益或损失

这类指标衡量的是攻击者可以获得的信息量，隐私性越高，攻击者可以获得的信息就越少。与不确定性指标类似，许多信息增益指标都是基于信息论的，然而，信息增益指标明确地考虑了先验信息的数量。虽然经常在通信系统或数据库中使用，但这类指标在所有领域都得到了广泛的应用，包括基因组隐私、智能计量和社交网络。

1) 互信息

互信息量化了两个随机变量之间共享的信息量，它可以计算为熵和条件熵之间的差值。在大多数情况下，互信息是在数据 X^* 的真实分布和攻击者的观测 Y 之间计算的，它测量了从隐私机制泄露的信息量：$I(X^*;Y) = \sum_{x^* \in X^*} \sum_{y \in Y} p(x^*,y) \log_2 \frac{p(x^*,y)}{p(x^*)p(y)}$。为了在场景之间进行比较，$X^*$ 和 Y 之间的互信息可以使用 X^* 的熵进行归一化。这可以解释为隐藏数据 X^* 和观测数据 Y 之间的依赖程度：$1 - \frac{I(X^*;Y)}{H(X^*)}$。另外，互信息可以使用 X^* 中的条目数进行标准化，如数据库中的行数。在这种情况下，标准化的互信息度量从任何条目中平均泄露的比特数。

2) 条件隐私损失

另一种标准化互信息的方法是条件隐私损失，它测量的是通过揭示 Y 而丢失的 X^* 隐私的比例：$1 - 2^{-I(X^*;Y)}$。

3) 隐私得分

社交网络中的隐私得分表明用户潜在的隐私风险，它随着信息项的敏感性及其可见性 $\mathrm{Vis}(x^*,u)$ 的增加而增加，如了解每个项的用户数量。用户配置文件上的任何信息都可以是信息项，如用户的性别或姓氏。为了使用户之间的隐私得分具有可比性，敏感度 ω_{x^*} 独立于用户(如从大量用户的隐私设置中计算出来)：$\sum_{x^* \in X^*} \omega_{x^*} \mathrm{Vis}(x^*,u)$。

3. 数据相似性

数据相似性度量测量可观察或已发布数据的属性。它们通常独立于攻击者，并仅从所披露数据的特征中获得隐私级别，几乎所有这些指标都来自数据库领域，它们通常应用于数据清洗和数据发布的上下文中。

1) k-匿名

k-匿名在概念上类似于匿名集的大小，但不考虑攻击者。最初的建议是编制可供出版的统计数据库，例如，一个医疗数据库将同时包括标识信息(如个人姓名)和敏感信息(如他们的医疗状况)。k-匿名假设标识列在发布之前从数据库中删除，然后要求数据库 D 可以分组为等价类，至少有 k 行对于它们的准标识符 q 无法区分。准标识符本身并不能识别用户，但在与其他数据相关联时就可以这样做。例如，邮政编码、出生日期和性别这三个准标识符的特定组合，能够准确识别出 87% 的美国居民。每个等价类 E 包含对每个准标识符 q 具有相同值的所有行，如具有相同邮政编码、出生日期和性别的所有个体。为了将等价类的大小增加到最小的 k 行，存在几种算法来转换给定的数据库使其 k-匿名，如使用抑制或泛化或随机抽样。

然而，研究表明 k-匿名是不够的，特别是对于高维数据和与其他数据集的相关性，因为它不能保护属性披露，即它不提供属性隐藏。此外，k-匿名数据发布不能对跨同一数据集的多个发布或者当敏感数据(如位置数据)在语义上接近时，提供充分的保护。尽管有这样的批评，k-匿名在今天仍然广泛使用，并且经常应用于新的隐私领域。

2) (X,Y)-隐私

(X,Y)-隐私修改了 k-匿名以约束敏感值推断的置信度。X 和 Y 分别表示具有准标识符和敏感属性的数据库列组，$|D[x]|$ 表示数据库 D 中包含值 x 的记录数。(X,Y)-隐私要求对于任何值 $x \in X$ 和 $y \in Y$，在包含 x 的记录中，同时包含 x 和 y 的记录的百分比小于 k。

3) 标准化方差

在使用数据扰动的隐私保护数据发布中，标准化方差来自于统计方差 σ^2，并度量原始数据 X^* 和扰动数据 Y 之间的离散度。然而，这个指标并没有考虑数据的性质，并假设高方差意味着更好的隐私。

4. 不可区分性

不可区分性度量表明攻击者是否能够区分两个感兴趣的项(如消息的收件人或数据库中的敏感属性)。

1) 差分隐私

在统计数据库中，差分隐私保证无论一个项是否在数据库中，任何披露都是相等可能的(在一个小的乘法因子 ε 内)，例如，无论数据库是否包含个人的记录，数据库查询的结果都应该大致相同。这种保证通常是通过在数据库查询的结果中添加少量的随机噪声来实现的。在形式上，差分隐私是使用最多不同于一行的两个数据集 D_1 和 D_2 来定义的，即两个数据集之间的汉明距离最多为 1。对于随机函数 K(一种隐私机制)，如果两个数据集的所有查询响应集的输出随机变量(查询响应)最多有 $\exp(\varepsilon)$ 不同，那么在这些数据集上操作是满足 ε-差分隐私的。

在交互式设置中,如果允许的查询数量是有限的,差分隐私提供了隐私保证(每个后续查询通过添加其隐私参数 ε 降低了隐私保证的强度)。在非交互式设置中,差分隐私仅为特定类别的查询提供保证。在本地设置中,差异隐私除了可以保护身份外,还可以保护属性,如在客户端软件或任意字符串中的设置。然而参数 ε 的选择是困难的,相关文献中提到的值为 0.01~100 不等。

2) 信息隐私

信息隐私刻画了这样一种概念,即推断敏感数据的先验和后验概率没有显著变化。ε-信息隐私意味着 2ε-差分隐私,但另外将最大信息泄露限制为 $\frac{\varepsilon}{\ln 2}$ bit。形式上,如果对于所有敏感值 x^*,后验概率 $p(x^*|y)$ 与先验概率 $p(y)$ 的比率非常接近 1,则隐私保护查询输出 y 提供 ε-信息隐私。在无线传感器网络的背景下,信息隐私表明事件源不能被攻击者观察到,事件源的不可观测性要求对于系统中所有可能的事件观测,攻击者的先验概率等于后验概率。

8.5 数据价值与激励机制

在数据驱动的时代,理解数据的价值和设计有效的激励机制对于促进数据共享和保护隐私至关重要。本节将探讨数据价值评估、隐私预算的概念以及激励机制的设计方法。

8.5.1 数据价值评估

数据是有价值的,它是驱动人工智能的燃料。与劳动力与资本类似,由个体所产生的数据是市场的关键组成部分。使用机器学习进行数据分析是现代科学和商业中日益普遍的做法,用于构建机器学习模型的数据通常由多个实体提供,例如,互联网企业分析各种用户的数据以改善产品设计、客户保留率,帮助他们赚取收入。此外,来自不同实体的数据质量可能有很大差异,因此人们经常会问到的一个关键问题是,如何公平地将因数据所产生的收入分配给数据贡献者。解决数据估值问题的一种自然方法是采用博弈论的观点,其中每个数据贡献者建模为联合博弈中的参与者,来自任何贡献者子集的数据的有效性通过效用函数来表征。

沙普利值是合作博弈论中的一种经典方法,用于分配所有玩家联盟所产生的总收益。它被广泛采用的原因是沙普利值定义了一种独特的利润分配方案,该方案满足一系列具有吸引力的属性,如公平、理性。沙普利值的核心思想是计算边际贡献的加权平均值,设函数 $v(S)$,代表由集合 S 中的参与者协同训练的模型的效用。参与者 i 的沙普利值 $\varphi(i)$ 为

$$\varphi(i) = \sum_{S \subseteq N \setminus \{i\}} \frac{|S|!(|N|-|S|-1)!}{|N|!} \{v(S \cup i) - v(S)\} \tag{8-1}$$

尽管沙普利值具有理想的特性,但沙普利值的计算代价是高昂的,精确的沙普利值计算所需的效用函数评估的数随玩家的数量呈指数增长。这对在数据估值的背景下使用

沙普利值提出了根本性的挑战：计算数百万甚至数十亿样本的沙普利值。这种规模在以前的沙普利值应用中很少见，但在现实世界的数据估值任务中并不罕见。对于机器学习任务，评估实用程序函数本身(如测试准确性)在计算上已经很昂贵了，因为它需要训练模型。由于计算上的挑战，沙普利值迄今为止在数据估值中的应用仅限于程式化的例子。针对这一问题，可以使用蒙特卡罗方法、网络近似估计沙普利值以及在特殊环境下解析求解沙普利值。

在使用大型复杂模型的实际应用程序中，传统的数据估值方法由于使用收敛模型的验证性能进行计算，成本非常高昂，如沙普利值等方法。对于大型复杂模型(如深度神经网络)，获得完全收敛模型的计算成本高昂，因此，开发有效的技术来估计大型复杂模型的完全收敛性能，对于使数据估值在实践中更适用至关重要。虽然统计学习理论使得在不进行模型训练的情况下估计深度神经网络的完全收敛性能成为可能，但这些工作通常假设训练和验证数据集遵循相同的基础分布。尽管如此，这种假设并不一定适用于数据估值领域。例如，在医院之间进行协作疾病诊断的情况下，数据贡献者(如儿童医院)通常在不了解验证数据集的情况下收集数据(包括所有年龄组的疾病数据的数据集)；在数据市场中，数据消费者也很难购买与验证任务完全一致的数据集。因此，在应用统计学习理论估计深度神经网络的性能时，也需要考虑训练和验证数据集之间的差异，即域差异。

传统上，数据估值是在训练数据之间公平地分割学习算法的验证性能的问题，因此计算出的数据值依赖于底层学习算法的许多设计选择。然而，这种依赖性对于许多数据估值的用例是不可取的，例如，在数据采集过程中设置对不同数据源的优先级，以及在数据市场中构建定价机制。在这些情况下，数据需要在实际分析之前进行估计，但学习算法的选择仍然不确定。这种依赖性的另一个副作用是，为了评估单个数据的价值，人们需要重新运行有该数据和没有该数据的学习算法，这将带来很大的计算负担。

8.5.2 隐私预算的概念

差分隐私提供了一种数学上严格的方法，以确保在数据集中添加或删除一个个体的数据不会显著影响分析结果。对于两个相邻的数据集 D_1 和 D_2，若满足所有查询响应集的输出随机变量最多有 $\exp(\varepsilon)$ 不同，则满足 ε-差分隐私，其中 ε 为隐私预算。隐私预算的主要作用是量化允许在算法执行过程中引入的随机性或噪声的程度，从而控制隐私泄露的风险。隐私预算越小，隐私保护就越强，但同时也可能影响数据的可用性和分析结果的准确性。隐私预算允许调节隐私保护的强度，同时也用于管理对多个查询或操作的复合性，在多次查询或操作的情况下，隐私预算需要谨慎分配，以确保整体隐私保护水平的合理性。隐私预算是差分隐私中的关键参数，充当了隐私保护与数据可用性之间的平衡调节器，其合理的设置与管理对于实现差分隐私算法的有效性和可接受性至关重要。

8.5.3 激励机制设计

激励机制是一种设计用于促使个体或实体采取特定行为或实现特定目标的手段或方

法。在不同领域中，激励机制可以采用多种形式以实现各种目标，包括提高工作绩效、推动创新、促使合作、鼓励数据共享等。在计算机科学领域，激励机制通过奖励和惩罚来引导个体或实体行为的设计方法。在机器学习领域，通过设计合适的奖励和惩罚机制，可以引导模型学习期望的行为。在云计算环境中，激励机制可以用于优化资源的分配和利用，例如，通过动态调整资源价格或提供奖励，可以激发用户在不同时间共享和释放资源。

1. 激励机制的理想特性

联邦学习是一种机器学习方法，其中模型在本地设备上利用本地数据进行训练，然后将模型更新上传到参数服务器，服务器根据所有设备的更新来改进全局模型。激励机制对联邦学习的训练是不可或缺的，客户端在模型训练过程中消耗了大量的资源，如计算能力、带宽和私有数据，此外，客户端还会担心安全和隐私威胁，一些最近的研究已经发现了针对联邦学习的攻击方法。这些因素都阻碍了客户端在没有足够回报的情况下参与联邦学习。因此，需要建立激励机制，激励更多的客户端贡献高质量的数据和足够的资源进行合作学习，最终提高全局模型的性能。以联邦学习激励机制为例，介绍激励机制的相关内容，其架构见图8-2。

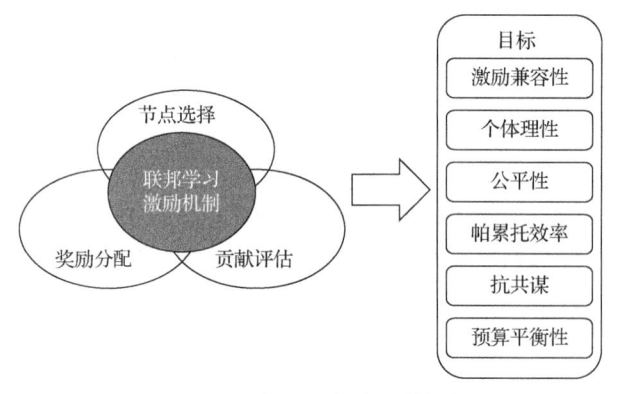

图8-2 联邦学习激励机制架构

在联邦学习系统中存在 $|N|$ 个候选客户端，每位候选者 i 有着多维的贡献，记作向量 $\boldsymbol{q}_i$，其类型配置文件向量为 $\boldsymbol{\theta}_i$。作为理性的个体，他应该最大化其收益 $\pi_i = p_i - c_i(\boldsymbol{q}_i, \boldsymbol{\theta}_i)$，其中 p_i 是从参数服务器那里获得的回报，$c_i(\cdot)$ 是相应的损失函数。参数服务器(或模型拥有者)最大化其收益 $\pi = U(Q) - \sum p_i$，其中 $U(\cdot)$ 是效用函数，$Q = (\boldsymbol{q}_0, \cdots, \boldsymbol{q}_{|N|-1})$。激励机制的目标是找到最优的 Q，以此最大化社会福利或获得某些理想的特性。这里有三个重要的问题有待于明确的解释，其中一个问题与每个玩家的最优解 Q 有关。在合作博弈中，纳什均衡(NE)策略是可取的，因为没有参与者有动机选择另一种资源配置。下面给出纳什均衡的正式定义：对于所有玩家的策略集 $(\boldsymbol{q}_0^{\text{NE}}, \boldsymbol{q}_1^{\text{NE}}, \cdots, \boldsymbol{q}_{|N|-1}^{\text{NE}})$，如果满足 $\pi_i(\boldsymbol{q}_i^{\text{NE}}, \boldsymbol{q}_{-i}^{\text{NE}}) \geqslant \pi_i(\boldsymbol{q}_i, \boldsymbol{q}_{-i}^{\text{NE}})$，则称其策略为满足纳什均衡，其中 $\boldsymbol{q}_{-i}^{\text{NE}} = (\boldsymbol{q}_0^{\text{NE}}, \cdots, \boldsymbol{q}_{i-1}^{\text{NE}}, \boldsymbol{q}_{i+1}^{\text{NE}}, \cdots, \boldsymbol{q}_{|N|-1}^{\text{NE}})$。激励机制的设计一般会考虑一些理想特性，如激励兼容性、个体理性、公平性、帕累托效率、

抗共谋和预算平衡性。

1) 激励兼容性

当所有玩家都能真实上报自己的贡献和成本类型时,激励机制具有激励兼容性,换句话说,报告虚假信息并不会使恶意玩家受益。

2) 个体理性

只有当所有参与者都有非负利润,即 $\pi_i \geqslant 0$ 时,激励机制才是满足个体理性的。个体理性表明当候选人获得的回报小于其成本时,候选人不愿加入联邦学习。

3) 公平性

将一些预定义的公平函数最大化(如贡献公平性、遗憾分配公平性和期望公平性等),使激励机制达到公平的性质,这是联邦学习可持续合作的关键。

4) 帕累托效率

当社会福利($\pi + \sum_{i=1}^{|N|} p_i$)最大化时,激励机制是满足帕累托效率的,它评估联邦学习的整体利润。

5) 抗共谋

如果没有一群参与者能够通过进行共谋的欺诈活动获得更高的利润,则激励机制为抗共谋的。

6) 预算平衡性

如果付给所有参与者的回报不超过模型所有者或全局服务器给出的预算,则该方案满足预算平衡性。

2. 激励机制常用技术

激励机制中采用的技术包括斯塔克尔伯格博弈、拍卖、合约、强化学习和沙普利值、区块链等。斯塔克尔伯格博弈、拍卖和合约主要用于节点选择和支付分配;沙普利值用于贡献测量;区块链和强化学习都是提高激励方案性能和鲁棒性的辅助技术。下面针对常用的技术进行简要介绍。

1) 斯塔克尔伯格博弈

斯塔克尔伯格博弈是博弈论的一种顺序模型,通常用于制定不同参与者在销售或购买公共产品中的交互。在斯塔克尔伯格博弈中,玩家分为领导者和追随者两类,领导者或追随者是一类玩家的集合,而不是一个参与者。领导者通过考虑追随者的预期反应,最大化 $\pi(\boldsymbol{q}_1, \cdots, \boldsymbol{q}_{|N|}, \phi)$ 来优化其收益,并首先宣布其决策 ϕ。随后追随者观察领导者的行动,优化自己的利润并响应 π_i。在斯塔克尔伯格博弈中,可以通过后向归纳得到纳什均衡的方案。首先将一阶导数设为 0,得到最优响应 $\boldsymbol{q}_i = \arg\max \pi_i(\boldsymbol{q}_1, \cdots, \boldsymbol{q}_{|N|}, \phi)$,然后将其代入目标函数 $\max(\boldsymbol{q}_1, \cdots, \boldsymbol{q}_{|N|}, \phi)$。通过这种方法,可以计算出纳什均衡解 ($\phi^{\mathrm{NE}}, \boldsymbol{q}_1^{\mathrm{NE}}, \cdots, \boldsymbol{q}_{|N|}^{\mathrm{NE}}$)。

2) 拍卖

拍卖是另一种有效的用于定价、任务分配、节点选择等任务的数学工具,现已广泛应用于计算机领域的无线电频谱分配、广告和带宽分配。在拍卖中，存在两种类型的参与者，即拍卖商和竞标者。由全局模型所有者或云服务器作为单一拍卖商协调拍卖过程，竞标者用各种本地资源及其出价来响应拍卖商。拍卖的详细过程可以概括为投标公告、收集竞价、确定赢家等。每一步可能会包含一些特定的方法，如第一价支付、第二价支付等。总而言之，拍卖允许参与者主动报告他们的真实类型，这使得它比其他博弈工具有时更有效。

3) 合约

合约理论研究玩家在利益冲突和不同层次的信息下构建和发展最优协议。在各种类型的合约中，激励机制的设计广泛采用了公共采购合约，服务器向参与者提供一个合约列表，在编写合约时不被告知参与者的私人成本，每位参与者都主动选择为其类型设计的选项。公共采购合约体现了自我暴露的属性，可以引出存在信息不对称的参与者的最佳条款；相反，信息披露的表现是由合约列表的粒度决定的，因为参与者只能选择一种合约。

4) 强化学习

强化学习是一种十分重要的技术，用于在连续的决策场景中搜索最优解决方案。其中，智能体反复观察环境，执行动作以最大化其目标函数，并从环境中获得响应(通常称为奖励)。强化学习非常适用于联邦学习的激励设计，在联邦学习训练中，模型所有者可以当作智能体，执行客户端选择或奖励分配的动作，以吸引高质量的客户端加入联邦学习的训练。智能体通过反复试验迭代地做出决策，得到客户端的反应(认为是奖励)，以获得最佳的训练表现。此外，激励设计中的优化问题大多是 NP-困难的，大量客户端的参与进一步加剧了这一问题。这表明几乎不可能得到纳什均衡解，因此需要一种近似技术来推导出所有参与方的解，强化学习可以创新性地应用于激励领域。

本 章 小 结

本章主要介绍了隐私侵权、评估与审计的相关内容。首先介绍了隐私侵权的概念以及针对隐私侵权行为进行取证的相关技术。接着介绍了隐私保护效果评估的整体流程，详细阐述了隐私保护效果评估的评估方法和原则。然后介绍了隐私审计的基本概念以及目标，除了介绍隐私审计的相关技术，本章还描述了隐私审计的系统框架。之后详细介绍了隐私感知与动态度量中的隐私度量指标。最后，介绍了面向数据价值与隐私预算的激励机制设计，包括数据价值评估、差分隐私和基于博弈论的激励机制设计。

习 题

1. 数字取证涉及哪些关键技术？请简要介绍。
2. 一般从哪几个方面进行隐私保护效果评估？
3. 介绍差分隐私审计的基本概念。

4. 请列举一些常见的隐私度量指标。

5. 假设有三位参与者，参与者 1、参与者 2 和参与者 3 单独工作的贡献分别 100、150、200，参与者 1 和参与者 2 合作贡献为 300，参与者 1 和参与者 3 合作贡献为 400，参与者 2 和参与者 3 合作贡献为 375，参与者 1、参与者 2 和参与者 3 合作贡献为 500，请计算每位参与者的沙普利值(保留两位小数)。

第9章 典型数据安全与隐私计算开源平台

近年来，国内外数据安全与隐私计算开源平台与应用工具不断涌现，开源平台涵盖了安全多方计算、联邦学习、可信执行环境、同态加密等各个技术领域，目前已呈现出覆盖领域完整、应用工具丰富、百花齐放、百家争鸣的局面。尤其是 2022 年，在国内更是称为"隐私计算开源之年"。截至目前，国内已有蚂蚁集团、原语科技、微众银行等企业推出了多个隐私计算开源平台，进一步促进了隐私计算技术的普及、应用和发展。根据各个隐私计算开源项目涵盖的技术领域不同，应用功能与性能也有所差异，易用性、扩展性、适配性、通用性、模块化、组件化、用户体验等方面也各有千秋。下面介绍几种当下比较流行的数据安全与隐私计算开源平台。

9.1 PySyft 开源平台

PySyft 是 OpenMined 的开源隐私计算框架，是提供在 Python 中进行安全和私密数据科学的工具。PySyft 还使用了联邦学习、差分隐私与加密算法等新技术，并完成了私有计算和模型训练的分离。该系统利用了 NumPy 的接口，并且与深度学习模型相结合，因此用户能够在运行这些创新的加密技术的同时，维持现有的工作流程。该框架注重数据的所有权和安全处理，并引入了基于指令链和张量的有价值的表示。这种抽象允许实现复杂的隐私保护结构，如联邦学习、安全多方计算和差分隐私，同时仍向最终用户提供熟悉的深度学习 API。下面将对 PySyft 框架及其协议进行介绍。

9.1.1 用于抽象张量操作的标准化框架

SyftTensor 的设计使得整个操作链可以表示为一张图，其中节点是张量或特定操作的实例。这为用户提供了一种灵活的方式，可以通过链式操作来描述和执行复杂的数据处理任务。图 9-1 展示了张量链的一般结构，其中 SyftTensor 替换为一些子类的实例，这些子类都有特定的角色，如将在下面描述的 LocalTensor 类。

SyftTensor 有两个关键的派生类：LocalTensor 和 PointerTensor。初始情况下，当实例化 Torch 张量时，LocalTensor 会自动创建，并负责在 Torch 张量上执行与重载操作相对应的本地操作。例如，如果命令是 add，那么 LocalTensor 将在头张量上执行本机的 torch 命令 native_add。链有两个节点并循环，以便 LocalTensor 子节点引用包含数据的头节点张量，而

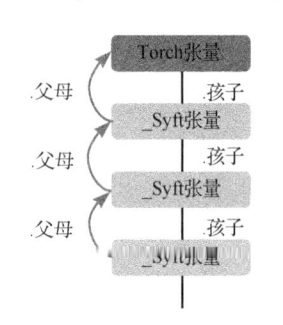

图 9-1 张量链的一般结构

无须重新创建子张量对象，这将减少性能开销。PointerTensor 在将张量发送到远程工

器时创建。发送和获取张量就像在张量上调用方法 send(worker) 和 get 一样简单。当发生这种情况时，整个链发送到工作器并替换为一个两节点链：张量现在为空，PointerTensor 指定了数据的所有者和远程存储位置。这次，指针没有子节点。图 9-2 说明了在发送到远程工作器时修改链以及在这些链中使用 LocalTensor 和 PointerTensor。

为了更深入地理解这一框架的设计和实现，下面逐步分析 SyftTensor 的关键属性和功能。首先，SyftTensor 作为抽象类，提供了一种通用的方式来表示张量及其操作。这种抽象设计使得框架更易扩展，能够适应不同的场景和需求。其次，SyftTensor 的链式结构为用户提供了一种直观的方式来构建和管理

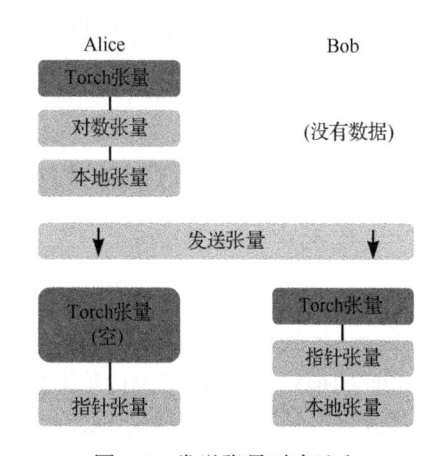

图 9-2 发送张量对本地和远程链的影响

复杂的操作序列，同时通过父母和孩子属性的设计，操作可以沿着链传递。LocalTensor 作为 SyftTensor 的子类，发挥着在本地环境中执行本地操作的作用。这种设计使得在执行本机操作时可以继续沿用 PyTorch 的原生接口，提高了用户的使用便利性。通过循环链的设计，LocalTensor 子节点引用包含数据的头节点张量，从而实现了对链的高效操作，减少了性能开销。

PointerTensor 则是在跨足远程工作器时发挥关键作用的子类。通过 PointerTensor，用户可以轻松地将张量发送到其他工作机，并在需要时获取远程张量的值。这为分布式计算提供了重要的支持，同时通过修改链的结构，实现了链在发送到远程工作器时的适应性调整。

整个框架的实现表明，其设计不仅考虑了本地操作的高效执行，还考虑了分布式环境下的链传递和远程通信。这种综合性的设计使得框架具备了广泛的适用性，能够满足不同应用场景下的需求。为了更详细地探讨该框架的实际应用，可以考虑一些典型的使用场景。例如，在联邦学习中，SyftTensor 的链式结构可以用来描述模型更新的传递过程，LocalTensor 和 PointerTensor 的不同实现则可以灵活地适应本地模型更新和远程模型协作的需求。这种应用场景下，框架的设计能够提供清晰而强大的工具，帮助用户实现分布式机器学习任务。

此外，在安全多方计算领域，该框架的链式结构也为隐私保护提供了一种灵活的实现方式。通过在链上添加加密操作或验证操作，可以构建具有强大隐私保护能力的操作序列。这种设计在处理敏感数据时能够有效地保障数据的隐私安全。

总体而言，该框架的设计和实现体现了对分布式计算和隐私保护等关键问题的深刻思考。通过引入 SyftTensor 的抽象和其子类的不同实现，框架不仅提供了丰富的功能，而且在设计上考虑了可扩展性和灵活性。这使得框架成为一种强大的工具，为用户提供了处理分布式数据和联邦学习任务的全面解决方案。

9.1.2 面向安全的 MPC 框架

基于前述的张量链结构和 SyftTensor、LocalTensor 以及 PointerTensor 等组件，PySyft 进一步扩展，实现了安全多方计算框架的功能。本节将详细介绍 PySyft 利用这些组件构建 MPCTensor，以及在多方之间实现安全计算的机制。

1. 构建 MPCTensor

在 9.1.1 节介绍的元素构成了创建 MPCTensor 所需的基本组成部分，其中使用 PointerTensor 的列表完成了分享的拆分和发送。PySyft 框架通过 MPC 工具箱实现了常见的 SPDZ 协议，该工具箱包括基本操作(如加法和乘法)以及用于生成乘法中使用的三元组的预处理工具，还包括神经网络的更特定操作，如矩阵乘法。

MPC 工具箱的设计考虑了隐私保护和分布式计算的需求，为卷积网络等应用提供了强大的支持。在卷积网络中，PySyft 框架对传统元素进行了一些调整，使用平均池化替代最大池化，并使用近似的高阶 sigmoid 代替 ReLu 作为激活函数。这些调整旨在适应 MPC 的特殊性，以确保模型的隐私性和安全性。

一个关键的节点是 FixedPrecisionTensor，它被添加到链中，负责将浮点数转换为固定精度数。该节点将值编码为整数并存储小数点的位置，以符合 SPDZ 协议对整数形式数据的假设。图 9-3 清晰地展示了实现 SPDZ 协议的张量的完整结构。

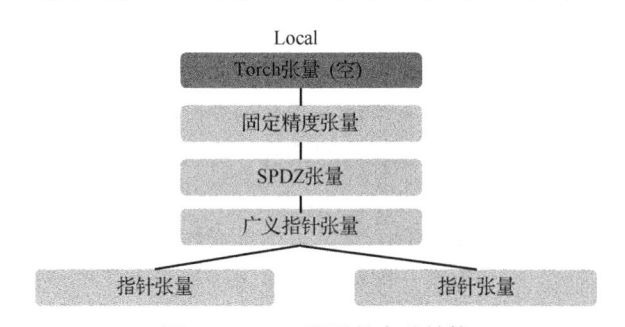

图 9-3 SPDZ 张量的完整结构

与传统的 MPC 协议不同，PySyft 框架中的参与者并不平等，其中一方是模型的所有者，通常称为本地工作者，他通过控制其他所有方(远程工作者)的训练过程来充当领导者。这种不平等的角色分配使得本地工作者能够在训练过程中起到决策和协调的作用，但也引入了一定的集中化偏差。

为了减小这种集中化偏差，本地工作者可以在他不拥有且看不到的数据上创建远程共享张量。这种设置使得远程工作者可以持有一部分自己的数据，例如，当医院提供医学图像用于模型训练时，这种远程共享张量的创建在处理敏感数据和保护隐私方面具有重要意义，特别是在推理阶段，以确保对模型的合理使用。

然而值得注意的是，目前该框架的实现并没有提供确保每个玩家行为诚实的机制。这意味着在框架当前版本中，无法完全保证各方的合作和诚实行为。因此，一个有趣的改进方向是实现秘密共享值的 MAC 身份验证，以确保每个参与者的行为都是诚实可信的。读者在考虑框架的发展和未来改进时，还可以思考进一步加强框架的安全性和隐私保护能力。可能的改进方向包括引入更多的加密技术、实现更复杂的身份验证机制以及在框架中加入审计和监控功能，以便在发现异常行为时及时采取措施。总体而言，PySyft 框架在 MPC 领域取得了显著的进展，为分布式计算和隐私保护提供了强大的工具。通过对 SPDZ 协议的实现，该框架使得多方参与者能够在合作中进行安全的模型训练和推理。未来的改进和研究将进一步推动这一领域的发展，为构建更安全、更隐私的机器学习系统提供支持。

2. 应用差分隐私

该框架的集成差分隐私特性标志着深度神经网络训练领域的一项突破性创新。其提供的方法允许在有限的隐私预算内进行深度学习模型训练，为解决隐私和安全性问题提供了全新的途径。在深入研究中，将详细探讨该框架的关键特性和对深度学习模型训练的重要影响。

该框架引入了新的隐私损失估计方法，旨在更准确地调整所需的噪声水平。这一创新不仅提高了对隐私需求的敏感性，还有助于确保模型在隐私保护下仍能取得良好的性能。对隐私损失的更精准估计为隐私保护提供了更有针对性的手段，使得在有限隐私预算内进行深度神经网络训练更为可行。不仅如此，该框架提出了新的算法，以提高私有训练效率。通过 sanitizer 对梯度进行处理、剪切和添加高斯噪声的方式，有效平衡了隐私需求和模型性能。这种巧妙的处理方式为深度学习模型在私有环境中的广泛应用提供了新的可能性，为敏感数据的训练提供了更为可靠的保护手段。

在深度学习模型训练的具体实现中，该框架采用了随机梯度下降的变体，将训练过程划分为多个阶段。每个阶段通过从数据集中抽取一定数量的项目进行训练，而不是以相同方式在数据集上进行迭代。这一变化使得模型训练更加多样化，有助于提高模型的泛化性和鲁棒性。sanitizer 的引入则进一步保障了隐私，通过对梯度进行处理、添加适量噪声，从而在隐私需求和模型性能之间找到了理想的平衡点。

在联邦学习方面，PySyft 提出了一系列改进措施。首先，引入了随机选择参与者并在其自己的数据中进行抽样的策略，增加了训练的多样性，提高了模型的鲁棒性。其次，通过梯度清理的方式在远程参与者上处理梯度，确保了在信息交换过程中保持差分隐私的要求。这种设计不仅有效保护了数据的隐私，同时为模型的联合训练提供了更强的隐私保护。

除了上述特性之外，它还引入了一种新颖的差分隐私方法，即通过使用经过预先训练且未发布的模型(教师模型)进行噪声和投票的方式训练最终模型(学生模型)。这一方法通过巧妙地融合多个模型的信息，不仅确保了差分隐私的实现，还提高了模型的泛化性和鲁棒性。

然而，需要注意的是，当前的实现并未提供确保每个参与者行为诚实的机制，这在一些场景下可能带来一些潜在的安全隐患。未来的研究可以考虑在框架中引入秘密共享值的 MAC 身份验证，以更全面地保障参与者的诚实行为。

总体来说，PySyft 的集成差分隐私特性以及提供的创新方法为深度学习和隐私保护领域带来了显著的进展。通过将差分隐私融入深度学习模型的训练过程，该框架为在隐私受限环境中进行模型训练提供了可行性。联邦学习的改进措施为模型的性能和安全性提供了双重保障。未来的研究方向可以探讨进一步降低隐私预算的消耗、提高训练效率等方面，同时在更广泛的应用场景中推动差分隐私技术的发展。这一框架的成功将为深度学习与隐私保护领域带来深远的影响，促进相关研究的不断深入和创新。

9.2 SecretFlow 开源平台

SecretFlow 是蚂蚁集团的开源隐私计算框架，用于保护隐私的数据智能和机器学习。SecretFlow 的设计宗旨是让数字科学家与机器学习的开发人员能够在不用深入了解隐私计算底层细节的前提下在机器学习建模和数据分析中轻松使用隐私计算技术。为了实现这一目标，SecretFlow 进行了设备抽象，将可信执行环境、同态加密、安全多方计算等隐私计算技术抽象为密文设备，同时，将单方计算抽象为明文设备。基于这种抽象，SecretFlow 能够用计算图的形式来表示机器学习工作流。在这个工作流中，节点代表在特定设备上的计算，边代表设备之间的数据流，不同类型设备之间的数据流会自动进行协议转换。在抽象设计方面，SecretFlow 框架借鉴了目前主流的深度学习框架，利用设备上的运算符和张量流的计算图表示神经网络。SecretFlow 框架以开放性的核心思想为基础提供了不同层次的设计抽象，旨在为各类开发人员提供出色的开发体验。

在设备层面，SecretFlow 提供了健全的设备接口和协议接口，支持通过插件访问更多的设备和协议。同时，SecretFlow 提供了良好的设备接口，第三方隐私计算协议可以插入设备中。在算法层面，SecretFlow 为传统机器学习和深度学习都提供了非常灵活的编程接口，算法工程师可以比较轻松地利用这些接口来实现自己的算法。下面将对 SecretFlow 框架进行详细的介绍。

9.2.1 总体架构

如图 9-4 所示，SecretFlow 总体架构自底向上一共可以分为五层。

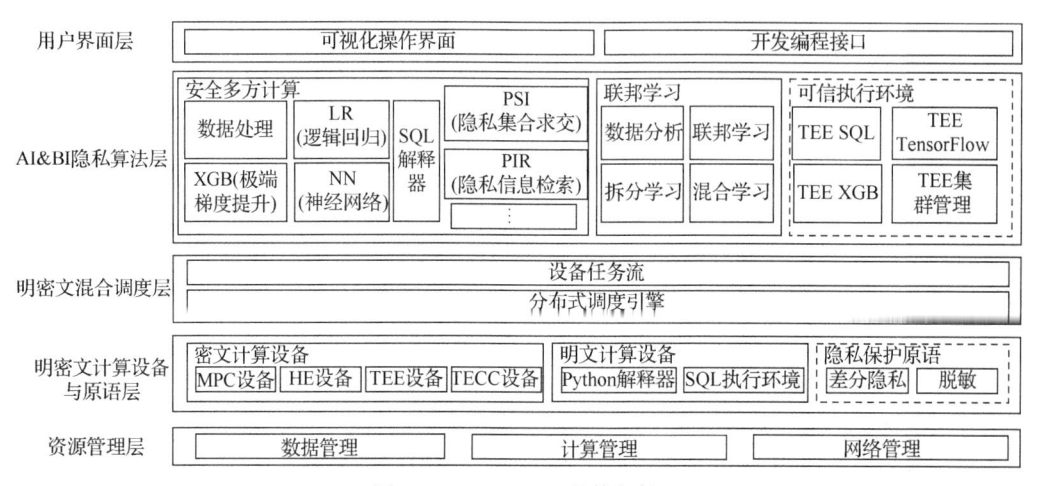

图 9-4 SecretFlow 总体架构

(1) 资源管理层：这个层次在整个架构中扮演着至关重要的作用，其主要职责分为两个方面。一方面，它在支持业务交付团队方面发挥了关键作用，它能够屏蔽不同底层设备的巨大差异，帮助减少上层的算法、工程团队的模型开发、部署和维护成本。另一方面，通过对各个参与者的计算、存储等资源进行集中统一管理，构建了高效协作的数据协作网络，为上层提供了充足的计算和存储资源。

(2) 明密文计算设备与原语层：这一层引入了一种一体化的可编程的设备抽象。它将可信执行环境、同态加密和安全多方计算等隐私计算技术抽象为密文设备，将单方本地的计算抽象为明文设备。不仅如此，这一层还包括一些基础算法，如安全聚合、差分隐私等，来满足更广泛的隐私计算需求。

(3) 明密文混合调度层：该层引入了一种通用的设备调度抽象。它将上层的隐私计算方法抽象为有向无环图，图中的节点代表在特定设备上进行的计算，边表示不同设备之间的数据流。不仅如此，它还通过分布式框架将逻辑计算图进一步划分，并调度到物理节点，以确保计算的高效性和可扩展性。

(4) AI & BI 隐私算法层：它的目标是提供一个高度抽象的界面。这一层降低了隐私计算技术的使用、开发和部署门槛，同时保留隐私计算的核心概念。在这一层上，SecretFlow 主要提供一些通用的隐私计算方法的实现和接口，包括 SMPC 的 LR/XGB/NN、联邦学习等，以满足用户对多样化隐私计算需求的期望。

(5) 用户界面层：它提供了相对薄的产品 API 和一些软件开发包(SDK)。这一层的设计旨在降低业务集成 SecretFlow 的成本，使用户能够轻松地利用框架的强大功能进行定制化的隐私计算。通过提供简洁而功能丰富的 API，用户可以在不深入了解底层细节的情况下，灵活而高效地构建符合其业务需求的隐私计算方案。

1. 设备与原语层

SecretFlow 设备分为物理设备和逻辑设备。

物理设备是隐私计算中每个参与者的物理机器，可以是个人计算机、服务器或其他计算资源，作为基本构建块负责实际的计算和数据处理任务。每个参与者拥有一个或多个物理设备。

逻辑设备是对物理设备的高级抽象，由一个或多个物理设备组成，形成支持特定计算操作符(设备操作)和特定数据表示(设备对象)的虚拟化计算单元。逻辑设备分为明文逻辑设备(执行单方本地计算)和密文逻辑设备(执行多方隐私计算，是框架支持隐私协议的核心)；运行时负责内存管理、数据传输、操作符调度等关键职责；可在相同物理设备组上根据不同的隐私协议和参与组合进行虚拟化；与物理设备保持多对一关系，单个物理设备可同时属于多个逻辑设备。逻辑设备在隐私计算中承担着核心协议执行的角色，通过抽象层实现计算资源的高效调度和隐私协议的灵活适配，同时保持底层物理设备的透明性。

表 9-1 展示了 SecretFlow 目前支持的设备列表，这些设备涵盖了同态加密、安全多方计算等多种隐私计算技术。这些设备的支持为用户提供了丰富的选择，使其能够根据具体的应用场景选择最适合的设备和算法组合。

表 9-1 SecretFlow 目前支持的设备列表

设备	类型	运行时	算子	协议	前端	状态
PYU	明文	Python Interpreter	—	—	Python	Release
SPU	密文	SPU VM	PSI、XLA、HLO	SPDZ-2k、ABY3	JAX、PyTorch、TensorFlow	Alpha
HEU	密文	HEU Runtime	Add、XLA、HLO	Paillier、OU、TFHE	Numpy、JAX	Alpha
TEE	密文	TEE Runtime	XLA HLO	Intel SGX	JAX、PyTorch、TensorFlow	WIP

2. 可编程性

逻辑设备在 SecretFlow 框架中具有高度的可编程性，用户可以根据自己的需求在设备上定制计算逻辑，每个设备都为用户提供了协议无关的编程接口，这使得用户能够以灵活的方式定义从简单的矩阵操作到复杂的深度模型训练的各种计算任务。当然，用户的定制能力受到设备本身计算能力的限制。

在 SecretFlow 框架中，明文设备 PYU 的前端是 Python，用户可以通过使用@device 注解调度预定义的 Python 函数，从而在该设备上执行相应的计算任务。这为用户提供了一种方便且直观的编程方式，利用 Python 的灵活性定义并执行各种计算任务。

对于密文设备，如 SPU、HEU 和 TEE，它们的前端可以是任何支持 XLA(accelerated linear algebra)的框架，如 JAX、TensorFlow、PyTorch 等。这意味着用户可以利用这些框架提供的丰富功能和优化，将隐私计算任务与先进的深度学习框架相结合。同样，用户可以通过使用@device 注解，将基于这些前端定制的函数调度到指定的密文设备上执行。

示例代码如下：

```
import jax.numpy as jnp

# 假设 JAX、TensorFlow、PyTorch 等 XLA 框架支持 SPU、HEU、TEE 等.
dev = Device()  # 如 SPU、HEU、TEE

@device(dev)
def custom_function(x, param=1.0):
    # 使用指定设备的自定义逻辑
    return param * jnp.sin(x)

result = custom_function(input_data, param=2.0)
```

用户定义的函数首先转换成 XLA HLO(high level operator)计算，这是一种中间表示(IR)，用于表示设备无关的计算任务。XLA 执行与设备无关的代码优化和分析，并将其发送到后端设备。后端设备接收到 XLA HLO 表示后，进行进一步的代码优化和分析，并生成最终的可执行代码。可执行代码可以由设备的虚拟机(如 SPU、HEU)解释和执行，也可以直接由硬件(如 TEE)执行。采用 XLA HLO 作为中间表示的优势在于，它能够实现对前端和设备无关的代码优化的重复利用。这意味着无论用户的计算任务最终在哪种设备上执行，都可以通过 XLA HLO 进行一致的代码优化，提高整体的效率和灵活性。同时，这也简化了后端设备的实现，使其更加清晰和易于维护。对于密文设备(半同态)HEU，由于其仅支持有限的一组计算，如加法和乘法等，因此提供了一组预定义的运算符。在这种情况下，用户无法通过@device 进行自定义编程，而是需要使用提供的预定义运算符来构建计算任务。以下是一个示例代码，展示了在 HEU 上执行密文计算的方式。

```
# 假设 x 和 y 是 HEUObject 和 PYUObject 实例
x, y = HEUObject(), PYUObject()

# 使用预定义的运算符
z_add = x + y    # 加法
z_mul = x * y    # 乘法
z_matmul = x @ y    # 矩阵乘法
```

3. 协议转换

用户在 SecretFlow 框架中进行编程时，主要在逻辑设备上构建逻辑计算图。逻辑计算图是一种图结构，其中节点代表在设备上执行的函数或运算符，边表示设备对象的流动。这种抽象的图形表示有助于用户以直观的方式组织和描述计算任务。在构建逻辑计算图的过程中，逻辑设备将整个图进一步划分为子图。每个子图由一组相关的节点组成，并表示在特定设备上执行的一系列计算。当计算涉及多个设备时，逻辑计算图的子图之间存在边，表示设备对象在不同设备之间的流动。

在跨设备的情况下，涉及协议转换。这是因为不同设备可能采用不同的隐私计算协议或数据表示方式。SecretFlow 框架通过提供 DeviceObject.to 接口来实现协议转换。用户可以使用这个接口将设备对象转换为目标设备对象，确保数据能够在不同设备之间正确地传递和处理。任何新设备加入 SecretFlow 框架都需要提供相应的协议转换函数，并将其插入对象转换表中。这样，当用户在逻辑计算图中使用新设备时，框架能够自动管理设备对象的协议转换，确保计算任务能够顺利进行。这种设计使得 SecretFlow 框架在支持不同隐私计算设备的同时，提供了一种灵活而一致的方式来处理设备之间的协议转换。这为用户提供了更大的选择空间，使得他们能够更方便地使用各种设备来构建和执行隐私计算任务。

4. 分布式引擎

SecretFlow 框架致力于提供一种高效而安全的隐私计算执行环境，其执行引擎负责动态调度和执行用户构建的逻辑计算图。执行引擎具备多项关键功能，以确保对细粒度异构计算、灵活的计算模型和动态执行的支持，并在此基础上进行安全强化。

SecretFlow 框架支持细粒度异构计算，考虑不同计算任务的复杂性和不同物理节点的硬件环境差异，逻辑计算图中存在各种不同颗粒度的计算任务，从简单的数据处理到复杂的多方训练。物理节点包括 CPU、GPU、TEE、FPGA 等不同的硬件环境。框架的目标是在这样的异构环境中，高效地将逻辑设备上的运算符调度到相应的物理设备上，以实现计算任务的快速执行。SecretFlow 框架提供了灵活的计算模型，支持多个并行模型用于不同工作流程，如数据处理和模型训练。这包括数据并行、模型并行和混合并行等模型，以满足不同应用场景的需求。这种灵活性允许用户根据具体情况选择合适的并行计算模型，以优化计算任务的性能和效率。

动态执行是 SecretFlow 框架的另一关键特性，尤其在联邦学习场景中更为重要。由于不同机构的数据量、带宽延迟和机器性能存在差异，同步模式的效率受到最慢工作节点的限制，因此，框架支持异步训练模式，要求图执行引擎具有动态执行的能力。这允许计算任务根据不同参与者的速度和性能进行动态调整，提高整体效率。

在安全方面，SecretFlow 框架进行了多层次的强化工作。采用身份验证、代码预安装和代码存储等措施，以确保框架的整体安全性。未来，框架将继续探索沙箱隔离、访问控制、静态图像等机制，以提高安全级别。这些安全性措施旨在防范潜在的威胁和攻击，保障隐私计算的安全执行。

为了适应跨组织网络通信的特点，SecretFlow 框架还推动了 GCS gRPC 通信、域名支持和弱网络断开处理等功能的开发。这使得框架更具适应性，能够应对复杂的网络环境，确保在不同组织之间实现安全且高效的通信。

5. AI & BI 隐私算法

在 SecretFlow 框架中，这一层的关键目标是降低隐私计算算法的开发门槛，以提高开发效率。框架的设计理念旨在让开发隐私计算算法的人员能够轻松地根据其场景和业务需求设计专业的隐私计算算法，以在安全性、计算性能和计算准确性之间取得平衡。通过提供一系列通用的算法能力，SecretFlow 在这一层致力于为用户提供便捷的开发工具。例如，框架将支持基于 SMPC 的 LR(逻辑回归)、XGB(梯度提升树)、NN(神经网络)等算法，为开发者提供多种选择，以满足不同场景下的需求。这有助于加速隐私计算算法的实现过程，减少开发人员在算法设计和实现上的工作量。另外，SecretFlow 还将提供联邦学习算法和 SQL 功能等通用算法能力。这些功能的集成使得框架更具全面性，用户可以在隐私计算的上下文中更方便地运用这些算法，从而加速算法的部署和应用。

9.2.2 应用案例

逻辑设备的抽象为算法工程师提供了极强的便利性。通过设备的抽象，他们能够像搭建积木一样自由组合这些隐私计算设备，并在设备上进行个性化的改造和设计，从而实现符合业务需求的隐私计算算法。在这种灵活的编程环境下，接下来将通过 SecretFlow 框架展示一个实际的隐私计算算法示例，即联邦学习算法。通过利用框架的通用编程能力，开发人员可以轻松地实现联邦学习算法，并根据具体业务需求进行定制。这种自由组合的方式使得算法开发更加灵活且高效，开发人员可以更专注于算法的创新性和业务的特殊需求，而无须过多关注底层的实现细节。接下来，本节将介绍利用 SecretFlow 框架的通用编程能力实现一种具体的隐私计算算法——联邦学习算法。

1. 节点本地训练

机构节点在机构内部本地运行，SecretFlow 提供了逻辑设备 PYU，用于执行本地明文计算。下面的 BaseTFModel 定义了本地模型训练逻辑。用户可以选择自己喜欢的机器学习框架，如 TensorFlow、PyTorch 等。SecretFlow 提供了@proxy 装饰器，最初设置一个通用类，以便稍后在逻辑设备上实例化。@proxy(PYUObject)表示该类需要在 PYU 设备上实例化。通过这种方式，用户可以方便地在逻辑设备上实例化自定义的模型，实现本地明文计算，同时确保与 SecretFlow 框架的兼容性。示例代码如下：

```
@proxy(PYUObject)
class BaseTFModel:
        def train_step(self, weights, cur_steps, train_steps) ->
        Tuple[np.ndarray, int]:
            self.model.set_weights(weights)
            num_sample = 0

            for _ in range(train_steps):
                x, y = next(self.train_set)
                num_sample += x.shape[0]
                self.model.fit(x, y)

            return self.model.get_weights(), num_sample
```

2. 模型安全聚合

模型聚合是一个关键的隐私计算任务，它涉及对多个机构节点的模型参数进行合理的整合，以确保最终聚合的模型在保持高准确性的同时维护隐私安全。在 SecretFlow 框架中，逻辑设备的独特之处在于其高度可编程性，用户可以根据实际需求在多个设备上执行自定义函数，达到使用不同的隐私计算技术的目的。目前，SecretFlow 的 DeviceAggregator 已经能够支持在明文设备 PYU 上进行模型参数的加权平均，同时也能够在支持 SMPC 协议的密文设备 SPU 上进行安全的模型聚合。这种聚合方式既考虑了数据隐私，又保持了模型性能。示例代码如下：

```
@dataclass
class DeviceAggregator(Aggregator):
    device: Union[PYU, SPU]
```

```
def average(self, data: List[DeviceObject], axis=0, weights=None):
    # 机构节点使用加密协议，将模型参数上传至聚合节点
    data = [d.to(self.device) for d in data]
    if isinstance(weights, (list, tuple)):
        weights = [w.to(self.device) if isinstance(w, DeviceObject)
            else w for w in weights]
        def _average(data, axis, weights):
    return [jnp.average(element, axis=axis, weights=weights)
        for element in zip(*data)]

    # 聚合节点使用加密协议，对模型参数进行聚合，得到全局模型
    return self.device(_average, static_argnames='axis')(data,
        axis=axis, weights=weights)
```

3. 训练流程整合

通过节点本地训练和模型安全聚合，能够将多个机构节点的贡献整合成一个完整的训练过程。在这个过程中，首先，在每个 PYU 设备上创建一个 BaseTFModel 实例，这代表了每个机构节点的本地模型。同时，初始化一个聚合器，聚合器可以是 PYU、SPU、TEE，甚至是支持安全聚合的设备。随后，按照上面描述的联邦学习算法流程进行迭代训练。每一轮迭代，机构节点在本地进行训练，更新其本地模型。这包括使用其本地数据进行模型的参数更新，以适应本地数据的特点。这一步骤保证了每个机构节点都能够利用自身的数据进行有针对性的训练，而不必共享原始数据。最后，通过安全的模型聚合过程，各个机构节点的本地模型集成为一个全局模型。这个模型不会泄露任何原始数据信息，因为聚合过程在保护隐私的前提下进行。聚合器可以是各种类型的设备，取决于用户的需求和安全策略。这个过程保证了在整个联邦学习过程中，每个机构节点的隐私都得到了有效的保护。

整个迭代训练的过程使得每个机构节点都能够为全局模型的训练提供贡献，同时在本地保持对原始数据的控制权。这种联邦学习的方法在促进合作的同时，充分考虑了数据隐私和安全性的问题，使得在多方协作中进行模型训练成为可能。示例代码如下：

```
class FedTFModel:
    def __init__(self, device_list: List[PYU] = [], model:
        Callable[[], tf.keras.Model] = None, aggregator=None):
        # 在每个机构节点(PYU)创建一个 BaseTFModel 实例
        self._workers = {device: BaseTFModel(
            model, device=device) for device in device_list}
        # 聚合器，可以是 PYU、SPU、PPU、TEE、Secure Aggregation
        self._aggregator = aggregator
```

```python
def fit(self, x: Union[HDataFrame, FedNdarray], y: Union
  [HDataFrame, FedNdarray], batch_size=32, epochs=1, verbose=
  'auto',callbacks=None, validation_data=None, shuffle=True,
  class_weight=None, sample_weight=None, validation_freq=1,
  aggregate_freq=1):
  self.handle_data(train_x, train_y, batch_size=batch_size,
    shuffle=shuffle, epochs=epochs)

  # 初始化模型参数
  current_weights = {
    device: worker.get_weights() for device, worker in
    self._workers.items()}

  for epoch in range(epochs):
    for step in range(0, self.steps_per_epoch, aggregate_freq):
      weights, sample_nums = [], []
      for device, worker in self._workers.items():
        # 本地节点进行多轮训练，得到模型参数
        weight, sample_num = worker.train_step(
          current_weights[device], epoch*self.steps_per_
          epoch+step, aggregate_freq)
        weights.append(weight)
        sample_nums.append(sample_num)
      # 模型参数聚合，可以是 PYU、SPU、TEE、Secure Aggregation
      current_weight = self._aggregator.average(
        weights, weights=sample_nums)
      # 从聚合节点获取最新的全局模型，进入下一轮训练
      current_weights = {
        device: current_weight.to(device) for device, worker
        in self._workers.items()}
```

以上示例展示了利用 SecretFlow 实现联邦学习算法的简要方法。SecretFlow 还提供了其他更多隐私计算算法的快速实现方案，这里无法对所有内容进行细致的介绍，进一步的细节仍需要读者进一步探索。

9.3 FATE 开源平台

FATE，即 Federated AI Technology Enabler，是由微众银行开发的联邦学习开源框架。FATE 系统实现了安全的计算协议，主要基于同态加密与安全多方计算技术。FATE 为树模型、线性模型和神经网络等多种 AI 算法提供了内置的隐私保护实现。除此之外，FATE 还致力于简化联邦学习技术的创新和应用，以解决在保护数据隐私的基础上实现跨机构的人工智能协作问题。下面将对 FATE 系列项目进行详细的介绍。

FATE 作为联邦学习领域的领军者，以其支持多种计算引擎和灵活的通信组件搭配为用户提供了丰富的选择，其中，Eggroll 和 Spark 两种计算引擎的结合，以及五种不同的通信组件组合，展示了 FATE 在满足不同应用场景需求方面的卓越灵活性。

FATE 支持的计算引擎 Eggroll 和 Spark 各具特色。Eggroll 作为 FATE 的原生计算引擎，注重最大化减少集群所需组件，适用于小规模联邦学习计算和 IoT 设备等场景。其轻量级的设计使得在资源受限的环境下也能高效运行，为边缘计算和物联网设备提供了理想的解决方案。与之相对的，Spark 作为强大的分布式计算引擎，适用于大规模数据处理，通过强大的内存计算能力和容错性能，为复杂的数据分析和模型训练提供了有力支持。FATE 提供了五种不同的通信组件的组合选择，其中，RabbitMQ 和 Pulsar 是两个显著的代表。RabbitMQ 作为一种简单易上手的消息队列系统，适用于初学者和小规模应用场景，其设计简单，易于配置，为用户提供了快速搭建的消息传递机制。相较之下，Pulsar 则更适用于更大规模的集群化部署，支持交换模式的网络结构。Pulsar 的高度可伸缩性和灵活性使得它能够胜任更复杂、更庞大的通信需求，为大规模联邦学习和数据共享提供了可靠的基础。

值得一提的是 Slim FATE 这一通信组件的特殊性。Slim FATE 相较于其他通信组件，更加注重最大限度地减少集群所需的组件。这种轻量级的设计使得 Slim FATE 成为适用于小规模联邦学习计算的理想选择。尤其是在资源有限或对计算能力要求不高的场景下，Slim FATE 能够在保证效率的同时降低系统复杂性，为用户提供更为简洁且高效的联邦学习框架。

总体来说，FATE 在通信组件的选择上，充分考虑了不同用户、不同场景的需求，为用户提供了灵活多样的组合选择。这种多元化的设计使得 FATE 能够适应从小规模边缘计算到大规模集群部署的各种应用场景，为用户提供了极具实用价值的联邦学习解决方案。下面对 FATE 的架构细节进行简要的介绍。

9.3.1 基于 Eggroll 引擎的架构

Eggroll 作为 FATE 框架的原生支持计算存储引擎，扮演着至关重要的角色，通过其三个核心组件：rollsite、nodemanager 和 clustermanager，为 FATE 提供了高效、可靠的计算和存储支持。下面深入了解这三个组件，了解它们在整个系统中的功能和作用。

rollsite 是 Eggroll 的一个关键组件，负责数据的传输。在早期版本中，这个组件称为 Proxy+Federation，其主要任务是实现节点之间的数据传递，使得不同节点上的计算任务能够协同工作。通过 rollsite，FATE 框架能够在联邦学习场景中实现数据的安全、高效传输，保障数据在不同节点间的流动，为联邦学习的模型训练提供坚实基础。

nodemanager 是 Eggroll 的另一关键组件，具有计算和存储的功能。这一组件的设计旨在将计算和存储集成在一起，提高系统的整体性能。nodemanager 负责管理本地存储的数据，同时充当计算任务的执行引擎。这种一体化的设计使得 FATE 框架能够更加高效地进行模型训练和推断，同时在本地存储方面具备良好的灵活性。

clustermanager 是 Eggroll 的管理组件，专门负责管理 nodemanager。clustermanager 起到协调和监控的作用，确保整个计算存储集群的平稳运行。通过对 nodemanager 的管理，clustermanager 可以动态调整计算和存储资源，以适应不同的工作负载和需求。这使得 FATE 框架能够在大规模的场景中实现良好的可扩展性和弹性，使系统更具鲁棒性。

Eggroll 的三个组件共同构成了 FATE 框架中计算存储引擎的核心。rollsite、nodemanager 和 clustermanager 的协同工作使得 FATE 框架在联邦学习和隐私计算领域能够发挥其优势。通过数据传输、本地存储和资源管理的有机整合，Eggroll 为用户提供了全面且高效的解决方案。它不仅促进了跨节点的数据协同和共享，还实现了联邦学习任务的分布式、安全执行。这一设计理念不仅在小规模联邦学习中具备显著优势，也在大规模集群部署下表现出色，为 FATE 框架的成功运作奠定了坚实基础。

9.3.2 基于 Spark+HDFS+RabbitMQ 的架构

FATE 的基于 Spark+HDFS+RabbitMQ 的分布式计算架构为 FATE 提供了一种高效、可扩展和安全的方式来处理大规模的数据和计算任务，将先进的开源技术融合在一起，为隐私计算领域提供了强有力的支持。

其中，Spark Master 负责整个集群中 Spark 任务的管理和调度。作为集群的主节点，Spark Master 接收来自客户端的任务请求，并通过智能调度将这些任务分配给各个 Spark Worker 节点执行。这种任务调度机制确保了任务的均衡分配，最大化了计算资源的利用效率，从而提高了整个系统的计算性能。

Spark Worker 作为执行实际计算任务的节点，运行着独立的 Spark 应用程序。这些 Spark Worker 节点通过并行处理大量的数据，实现了分布式计算的强大能力。Spark 的机器学习库，如 MLlib，赋予了 FATE 在模型训练和预测方面更为广泛的应用场景。这种组件化设计不仅提高了计算效率，同时也为系统提供了良好的可扩展性，使得 FATE 能够适应不断增长的计算需求。

HDFS(Hadoop distributed file system)是这一架构的存储基石，提供了高可靠性和容错性的分布式文件系统。通过将数据分布存储在多个节点上，HDFS 支持数据的并行读写和复制，确保了数据的安全性和可用性。这为 FATE 提供了分布式存储和管理的解决方案，使其能够处理大规模的数据集，同时保障数据的可靠性。

RabbitMQ 则作为消息传递和异步通信的关键组件，实现了不同组件之间的消息传递。这种松耦合的设计使得系统更加灵活，提高了系统的可扩展性。通过异步通信，RabbitMQ 在分布式系统中实现了解耦，各个组件能够独立地工作，简化了系统的结构，增强了系统的可维护性。

　　基于这些组件，FATE 可以实现多方面的功能。首先，通过 Spark 引擎，FATE 能够对大规模数据进行高效的处理和分析，包括数据清洗、转换、聚合等操作，为数据处理和分析提供了全面性的解决方案。其次，结合 Spark 的机器学习库，FATE 可以进行模型训练，并通过预测引擎对新数据进行预测，实现了先进的机器学习功能。同时，利用 HDFS 进行分布式存储和管理，确保了系统对大规模数据集的高效管理。最后，通过 RabbitMQ 的消息传递和异步通信，FATE 实现了不同组件之间的高效协作，提高了系统的灵活性和可扩展性，这使得 FATE 能够应对复杂多变的计算环境。基于 Spark+HDFS+RabbitMQ 的 FATE 分布式计算架构在处理大规模数据和计算任务方面表现出色。

9.3.3　基于 Spark+HDFS+Pulsar 的架构

　　FATE 基于 Spark+HDFS+Pulsar 的分布式计算架构提供了高效、可扩展和安全的解决方案，将流式计算与机器学习相融合，为处理庞大数据集和复杂计算任务提供了全面且创新的支持。在这种架构中，关键组件包括 Spark Master、Spark Worker、HDFS 和 Pulsar，它们共同构成了一种高度协同的分布式计算生态系统。首先，Spark Master 在整个集群中承担着关键的管理和调度职责，负责接收来自客户端的任务请求，然后通过智能调度将这些任务分配给 Spark Worker 节点执行。这种任务分配的机制不仅保证了任务的高效执行，同时也使得整个计算过程具备高度的弹性和可扩展性。

　　Pulsar 作为开源的分布式消息和流数据处理平台，为 FATE 引入了实时数据处理和流式计算的能力。Pulsar 可以处理大量的实时数据流，提供低延迟的消息传递和事件驱动的处理能力。这为 FATE 注入了实时性和即时反馈的特性，使其更加适应需要实时决策和处理的场景。基于以上组件，FATE 实现了多方面的功能。通过 Spark 引擎，它能够对大规模数据进行高效的处理和分析，包括数据清洗、转换、聚合等操作，为数据处理和分析提供了全面性的解决方案。结合 Spark 的机器学习库，FATE 可以进行模型训练，并通过预测引擎对新数据进行预测，使得 FATE 成为一种强大的机器学习平台。同时，使用 HDFS 进行分布式存储和管理，FATE 确保了系统对大规模数据集的高效管理。通过 Pulsar 的引入，FATE 能够实现实时数据的接收、处理和分析，支持低延迟的消息传递和事件驱动的处理能力，从而适应对实时性要求较高的应用场景。这种架构不仅提供了高效、可扩展和安全的解决方案，同时也将流式计算、机器学习和大规模数据处理有机融合，为隐私计算和联邦学习等领域的应用带来了前所未有的创新和便利。

9.3.4　基于 Spark_local 的 Slim FATE 架构

　　基于 Spark_local 的 Slim FATE 架构是一种创新性的分布式计算和数据处理框架，旨在提供可扩展性、可靠性和高性能，为用户构建、管理和执行复杂计算任务提供灵活而强大的解决方案。这种架构集成了多个关键组件，每个组件都发挥着特定的作用，共同构建了一种强大而协同的计算生态系统。

　　其中，fateboard 作为监控和管理分布式应用程序的界面，扮演着核心的监控和管理角色。它提供了用户友好的图形界面，使得用户能够实时追踪分布式任务的执行状态，有效调度和分配计算资源。fateboard 的存在不仅提高了整个架构的可控性，同时也增强了用户对计算任务的管理和掌控能力。

API call 模块作为接口调用的关键组件，为 FATE 与其他系统的高效通信提供了基础。通过这个模块，FATE 能够与外部系统实现快速而可靠的信息交互，实现与其他计算平台、数据源或应用的紧密集成。这种通信机制为 FATE 的应用场景提供了广泛的扩展性，使其能够适应多样的计算环境和数据来源。

notebook 作为交互式工作空间，为用户提供了编写和执行代码的便捷环境。这个模块为用户提供了灵活的实验场地，使其能够直观地探索和验证计算任务的逻辑。notebook 的交互性为用户提供了直观的开发和调试环境，促进了计算任务的快速迭代和优化。

Nginx 作为高性能的 Web 服务器和反向代理服务器，为整个架构提供了强大的网络支持。它具有处理大量网络请求的能力，同时还能够有效地管理和分发计算任务。Nginx 的高性能确保了整个架构在大规模计算和数据处理任务中的可靠性和高效性。

localfs 模块是一种本地文件系统，专门用于存储和访问数据，其设计考虑了对数据的高效管理和存储，确保了数据的可靠性和可用性。localfs 与其他组件的协同工作，使得 FATE 能够轻松应对对数据存储和访问的高要求。

Spark_local 是基于 Apache Spark 的本地运行环境，专注于处理大规模的数据集。这个组件为 FATE 提供了强大的计算引擎，支持复杂的数据处理和任务分析。Spark_local 的存在使得 FATE 能够充分发挥大数据处理的优势，应对多样化的计算需求。

MySQL 作为关系型数据库管理系统，在整个架构中担任着关键的角色。它确保了数据的一致性和完整性，为 FATE 提供了可靠的数据存储和管理方案。MySQL 的使用使得 FATE 能够更好地支持对数据的持久化和高效检索。

Pulsar 作为高性能的分布式消息传递平台，引入了强大的消息传递和事件驱动的处理能力。这使得 FATE 能够更好地支持实时数据处理和流式计算，满足对低延迟消息传递的需求。Pulsar 的存在为 FATE 注入了实时性和即时反馈的特性，使其更加适应需要实时决策和处理的场景。

Other FATE Party 模块包括其他与 FATE 相关的组件和功能。这个模块的设计考虑了 FATE 的可扩展性和开放性，为未来可能引入的新功能和组件提供了空间。这种开放性的设计使得 FATE 能够不断演进，应对不断变化的计算需求和技术挑战。FATE 的基于 Spark_local 的 Slim FATE 架构通过集成多样的组件和功能，提供了一种高效、可扩展和安全的解决方案。这种框架不仅在分布式计算和数据处理方面具有广泛应用的潜力，同时也为用户提供了灵活的计算环境，促使 FATE 在不同场景下都能够发挥其优势。其设计目标的实现使得 FATE 成为一种值得关注和应用的开源框架，为企业和机构提供了强大而可信赖的分布式计算解决方案。

9.4 其他开源平台

除了前面提到的几个开源平台，还有一些开源平台也为联邦学习的发展做出了重要贡献。下面将介绍 TensorFlow Federated、FederatedScope、Flower、PaddleFL 以及 PrimiHub

系列项目。

9.4.1 TensorFlow Federated 开源平台

TensorFlow Federated(TFF)是由谷歌开发的开源框架，是 TensorFlow 生态系统的一部分。TFF 为开发者提供了强大的工具集，用于构建和训练在分布式环境中运行的机器学习模型，其设计目标包括灵活性、可扩展性和对 TensorFlow 的深度集成。

TFF 的分层设计是其架构中的核心组成部分，它为实现分布式学习任务提供了灵活性和可扩展性。在这种分层设计中，通信层、联邦计算层和应用层各司其职，共同构建了一种强大而高效的联邦学习框架。

通信层在 TFF 的整体结构中处于底层，其主要责任是处理分布式环境中的通信和信息交换。在联邦学习中，设备之间的通信是至关重要的，通信层负责管理这一复杂的过程，这包括模型参数的更新、梯度的传递以及其他相关信息的交换。TFF 提供了通信层的抽象，这使得开发者可以在不涉及具体通信实现的情况下，专注于模型和计算的逻辑。这种抽象层的存在使得 TFF 可以轻松适应不同的通信机制和网络拓扑，同时为开发者提供了一致的接口，使得联邦学习任务更加易于实现和调试。

联邦计算层位于 TFF 架构的中间层，为在多个设备上执行计算提供了基础设施。这一层包括联邦计算的定义和执行，使得在分布式环境中进行模型训练变得更加直观和高效。联邦计算是 TFF 中的核心概念，它引入了联邦类型 tff.FederatedType 来明确表示在分布式环境中的模型和数据。通过联邦计算，开发者可以更灵活地定义和执行分布式计算，以适应不同的联邦学习任务。这种灵活性使得 TFF 适用于各种规模的联邦学习任务，从小型设备群到全球范围内的大规模网络。联邦计算层的存在极大地简化了开发者对分布式计算的处理，使得模型训练的逻辑更加清晰和可控。

应用层是开发者与 TFF 交互的高级接口。在这一层，开发者可以定义联邦学习任务的具体逻辑，包括模型的构建、训练和评估。TFF 提供了丰富的 API 和工具，以简化开发者的工作，并加速模型的部署和迭代。这包括对 Keras 模型的支持、各种损失函数和优化器的集成以及方便的模型评估和工具部署。应用层的设计使得开发者可以高效地使用 TFF 构建和训练联邦学习模型，同时能够根据具体需求进行灵活的定制。这种高级接口的存在提高了开发者的工作效率，降低了学习和使用 TFF 的难度。

总体来说，TFF 的分层设计使得框架在处理分布式学习任务时更加直观、灵活和高效。通信层、联邦计算层和应用层的协同工作为联邦学习提供了一种强大的工具，帮助开发者克服在分布式环境中面临的各种挑战。这种分层设计不仅使得 TFF 适用于不同规模和领域的联邦学习任务，而且方便未来的功能扩展和性能优化。

TFF 作为一种专注于联邦学习的框架，具有一系列关键特性，这些特性使得 TFF 在应对不同的应用场景时都展现出强大的适应性。以下将深入探讨 TFF 的关键特性及其在各应用场景中的优势。

隐私保护与差分隐私：TFF 在设计中极为重视隐私保护。通过在本地设备上进行模型训练，TFF 有效地避免了原始数据在网络上传输的风险，从而提高了用户数据的隐私保护水平。在涉及隐私敏感数据的应用场景中，如医疗健康领域，TFF 成为了理想的选择。更为重要的是，TFF 还支持差分隐私技术的应用。通过在模型更新的过程中引入噪声，TFF 进一步加强了对个体数据的保护，从而在保障隐私的同时维持模型训练的效果。这使得 TFF 在处理涉及隐私敏感数据的场景中具备卓越的优势，为用户提供了更为安全可靠的联邦学习环境。

可扩展性与分布式计算：TFF 设计为具有良好的可扩展性，能够有效应对大规模的分布式学习任务，其架构支持在多个设备上进行联邦计算，并通过通信层协调不同设备之间的信息交换。这种设计使得 TFF 在各种规模的联邦学习任务中都能表现出色，从小型设备群到全球范围内的大规模网络。对于分布式计算而言，TFF 提供了灵活的工具和接口，使得开发者能够更加高效地利用各设备的计算资源进行联邦计算。这种可扩展性使得 TFF 不仅能够适应当前的应用需求，同时为未来可能面临的更大规模的联邦学习任务做好了准备。

TensorFlow 整合与模型迁移：作为 TensorFlow 生态系统的一部分，TFF 深度整合了 TensorFlow 的功能和工具，为开发者提供了无缝迁移的体验。这一整合性设计使得使用 TFF 的开发者可以充分利用 TensorFlow 的丰富功能，包括各种先进的神经网络结构、优化器以及模型评估工具。对于已有 TensorFlow 用户而言，这意味着他们可以直接将现有的 TensorFlow 模型迁移到 TFF 中，无须重写大部分代码。这种平滑的过渡减少了学习新框架的成本，也加速了已有 TensorFlow 用户在联邦学习领域的探索与应用。

联邦计算的灵活性：TFF 引入了联邦计算的概念，为在多个设备上执行的计算提供了灵活性。联邦计算的引入允许开发者更自由地定义和执行分布式计算，以适应不同的联邦学习任务。这种灵活性为处理多样性的应用场景提供了便利，包括横向联邦学习、纵向联邦学习等。横向联邦学习涉及多个设备之间的水平合作，纵向联邦学习则侧重于纵向合并不同设备上的特征。TFF 的灵活性使得它不仅适用于标准的联邦学习任务，还能够应对特定领域和行业的需求，从而提供更为细粒度的联邦计算支持。

可组合建模与应用场景：TFF 支持建模复杂的联邦学习场景，包括多方协作、分布式数据的合并以及联邦学习与传统中心化学习的有机结合。这种可组合性使得 TFF 在解决真实世界问题时更加灵活，可适用于各种行业和领域。例如，在金融领域，多个机构可以协作训练模型而无须共享敏感数据；在医疗领域，各医院可以通过联邦学习模型，改善疾病预测的准确性。TFF 的可组合性为开发者提供了更多选择，使得他们能够根据具体需求构建出更为复杂、适用于特定场景的联邦学习模型。

9.4.2 FederatedScope 开源平台

FederatedScope 是一种由阿里巴巴达摩院开发用于联邦学习的开源框架。该框架旨在解决传统机器学习方法在数据隐私和安全性方面的问题，通过将模型训练过程分布在多个参与方之间进行，实现数据的本地化处理和保护。

1. 事件驱动编程

FederatedScope 是以事件驱动编程范式为基础的框架，其目标是为现实场景中的联邦学习应用提供异步训练的支持。在异步训练中，参与方之间的通信和模型更新是非常关键的，而FederatedScope在设计中汲取了分布式机器学习常见算法，同时，实现了机器学习的异步训练策略，旨在提高整体训练效率。这种框架的设计理念突显了对于现实场景中复杂性和异构性的理解，以及在联邦学习环境下更好地实现消息的收发、处理和整体协同训练的目标。

在FederatedScope中，联邦学习看作参与方之间相互通信的过程。这个过程的核心是定义消息的类型以及规定处理消息的行为。这一设计思想使得FederatedScope更贴近实际应用的需求，因为在现实场景中，联邦学习涉及多个参与方，它们之间需要协同工作以实现模型的全局更新。通过事件驱动的编程范式，FederatedScope使得参与方能够根据收到的消息做出相应的响应，实现联邦学习过程中的灵活性和动态性。

具体而言，FederatedScope采用了异步训练的策略，这意味着在联邦学习中，不同的参与方可以独立地进行模型训练和更新，无须等待所有其他方的完成。这种异步性有助于提高训练效率，特别是在面对异构的计算资源和不同速度的参与方时。框架通过对消息的定义和处理，实现了参与方之间的松耦合，整个联邦学习系统更具弹性和容错性。这种异步训练策略在FederatedScope的设计中得到了充分的融合和优化，为解决联邦学习中的通信和同步问题提供了一种创新性的解决方案。

此外，FederatedScope的设计还强调了对于分布式系统的建模和抽象。它将联邦学习过程抽象为消息的传递和处理，将参与方之间的通信建模为事件的触发和响应。这种抽象层次使得FederatedScope更具通用性，适用于不同类型的联邦学习任务，包括横向联邦学习、纵向联邦学习等。通过事件驱动的设计，FederatedScope为开发者提供了一种直观和灵活的编程模型，使得他们能够更容易地理解和调整联邦学习任务的逻辑，从而更好地适应实际应用场景的需求。

2. 解耦设计

FederatedScope通过解耦联邦学习过程中的协调和模型训练行为，为开发者提供了一种独特而灵活的框架，使得参与方能够更加专注于设计和实现参与方本地计算的方法，而不用花费大量精力去考虑怎么串联不同参与方。这种解耦的设计理念为联邦学习的实际应用带来了许多优势。

传统上，联邦学习通常涉及多个参与方之间的协同工作，包括参数更新的聚合、模型的同步以及全局性能的评估。模型训练过程则包括如数据采样、优化等本地训练行为。这两者紧密耦合的设计方式在某种程度上限制了开发者在联邦学习系统中的自由度。FederatedScope的创新之处在于将这两方面解耦，使得开发者能够更灵活地定制参与方的行为，而不必受到顺序执行的束缚。

在经典的FedAvg算法中，这种解耦的具体表现是，开发者只需要实现服务器端在接收到客户端发送的模型参数的模型聚合方法，以及客户端在接收到服务器端发送的新的模型参数后的本地训练方法。这使得开发者能够专注于处理具体业务逻辑，而无须过多关注底层的通信和同步细节。例如，聚合行为可能涉及参数的平均化或加权求和，而本地训练行为可能包括本地数据的采样和模型参数的更新。这一解耦使得框架更易于理解和使用，为开发者提供了更高层次的抽象。

这种解耦设计为处理异构参与方、不同速度的参与方以及动态参与方提供了更大的灵活性。在实际应用中，参与方可能具有不同的硬件性能、数据规模和网络状况。传统的紧耦合方式可能导致一些参与方的训练速度过快，而其他参与方的训练速度过慢，从而影响整体训练效率。FederatedScope 通过解耦设计，使得每个参与方能够独立处理消息，不受其他参与方的影响。这意味着每个参与方可以根据自身的条件和需求进行训练，不必等待其他参与方完成。这为异构环境下的联邦学习任务提供了更大的灵活性和容错性。

不仅如此，解耦设计还使得 FederatedScope 更好地适应动态参与方的情况。在联邦学习的实际场景中，参与方的加入和退出可能是动态的，可能由于设备上线、离线，或者是用户主动选择参与或退出。传统的耦合方式难以应对这种动态性，而解耦设计使得新加入或退出的参与方能够更轻松地与现有系统对接，不必过多修改原有的逻辑。这为实际场景中的联邦学习应用提供了更大的实用性和适应性。

3. 个性化消息类型和处理方法

FederatedScope 展现了其卓越的灵活性和适应性，特别是在处理涉及异质消息传递和复杂消息处理行为的联邦学习任务时。FederatedScope 提供了个性化的定制机制，允许算法工程师通过添加个性化的消息类型和处理方法来满足特定任务需求。这种定制化能力为联邦学习的多样性场景提供了极大的支持。

FederatedScope 的支持异质消息传递使得处理不同类型的信息成为可能。在联邦学习中，不同参与方可能具有各自特定的数据格式、模型结构或任务需求。通过允许用户添加额外的消息类型，FederatedScope 提供了一种灵活的方式来处理异质消息。开发者可以根据实际需求定义和添加自定义消息类型，从而适应各种数据格式和模型结构的差异。这为处理异构设备或不同行业领域的联邦学习任务提供了高度的可定制性。

FederatedScope 内置了丰富的消息类型和相应的消息处理行为，从而构建了一种通用而强大的消息处理框架。这一内置设计使得开发者在面对通用性要求较高的场景时，无须从头开始定义所有消息类型和处理逻辑，从而显著减轻了开发者的工作负担。内置的消息类型涵盖了联邦学习任务中常见的需求，如模型更新、参数同步、训练状态通知等。同时，相应的消息处理行为提供了默认的处理逻辑，适用于大多数场景。这为广大开发者提供了便捷的起点，使得他们能够迅速构建出功能完备、性能稳定的联邦学习系统。

此外，FederatedScope 的设计理念在降低开发者和使用者的上手门槛方面发挥了关键作用。联邦学习作为一种新兴的分布式机器学习框架，其复杂性和技术难度可能对初学者构成一定的挑战。FederatedScope 通过提供内置的消息处理机制，为用户提供了一种简单而直观的接口。用户无须深入了解框架的实现细节，就能够通过使用内置的消息类型和处理行为来快速搭建和部署联邦学习系统。这为更广泛的科研人员、工程师和数据科学家提供了更加友好和可访问的工具，推动了联邦学习技术的普及和应用。

4. 多功能模块集成

FederatedScope 为了适应不同的应用场景，不仅注重基础架构的设计，还在深度集成多种功能模块的基础上，为开发者提供了丰富的选择。这种全方位的功能集成使得 FederatedScope 成为一种强大而智能的工具，为联邦学习系统提供了全面的解决方案，以下将对其中的自动调参、隐私保护、性能监控、端模型个性化等功能模块进行详细介绍。

自动调参模块：自动调参在机器学习中是一个关键的任务，而在联邦学习中，由于涉及多个参与方和异构数据，超参数的选择变得尤为复杂。FederatedScope 引入了自动调参模块，目的是显著减少寻找最佳超参数所需的时间和资源。该模块集成了目前最先进的联邦学习自动调参算法，算法工程师可以直接调用而不需要重写开发。同时，该模块还将自动调参算法框架进行了抽象，从而让算法工程师可以进一步开发和优化调参算法。这种设计理念使得 FederatedScope 在超参数优化方面更具灵活性和扩展性，为用户提供了更便捷的调参工具，从而更好地适应不同任务的需求。

隐私保护模块：隐私保护一直是联邦学习领域备受关注的问题，尤其是在牵涉敏感数据的情境下。FederatedScope 的隐私保护模块集成了多种常用的隐私保护技术，包括同态加密、差分隐私和安全多方计算等。这使得 FederatedScope 在处理隐私敏感的学习任务时更具可靠性。此外，隐私保护模块还集成了目前常见的隐私评估方法，从而让算法工程师能够很方便地评估自己设计的隐私保护方法的性能。这一模块的集成使得 FederatedScope 不仅是一种联邦学习框架，更是一种注重用户数据隐私的可信工具，为不同行业和应用场景的用户提供了更全面的隐私保障。

性能监控模块：性能监控在联邦学习中是确保系统稳定性和及时响应的关键环节。FederatedScope 的性能监控模块以用户友好的界面展示了训练过程中的多种中间信息，其中包括每个用户端的训练结果以及聚合端的评估等。这使得开发者能够随时了解训练进展，及时发现训练异常并采取措施解决问题。性能监控模块的集成不仅提高了系统的可维护性和稳定性，同时也为用户提供了一种直观的性能反馈工具。这有助于开发者更好地管理和优化联邦学习任务，提高系统的整体性能。

端模型个性化模块：在实际应用联邦学习时，各参与方之间存在严重的数据异构性和设备异构性。为了应对这一挑战，FederatedScope 实现了个性化模型设计和训练模块，通过这个模块，算法工程师能够实现在得到全局模型的基础上为每个参与方实现个性化模型的功能。这使得 FederatedScope 能够更好地适应异构参与方之间的差异性，从而实现端云协同。此外，端模型个性化模块提供了丰富的个性化算法，为开发者提供更多选择，以适应不同参与方的差异性需求。这一模块的引入使得 FederatedScope 更具适应性和智能性，为处理复杂的联邦学习任务提供了更多可能性。

为了满足不同开发者和应用场景的需求，FederatedScope 支持使用者简单地利用配置文件去调用框架中的各种集成模块。同时，它允许用户通过注册的方式添加用户设计的新方法并调用这些方法，以提供更灵活的定制选项。这种灵活的设计理念使得 FederatedScope 不仅是一种通用性强大的联邦学习框架，更是一种可以根据具体需求进行高度定制的工具。开发者可以根据自己的需求选择性地启用或替换这些功能模块，从而更好地满足其应用场景的要求。

9.4.3 Flower 开源平台

Flower 是一种轻量化的用于构建联邦学习系统的开源框架。Flower 的设计目标是简化和加速联邦学习应用的开发，使开发者能够轻松构建、部署和管理联邦学习系统。Flower 框架的架构是一种细致而高效的设计，涵盖多个关键部分，以确保在联邦学习环境中顺利执行训练和评估流程。以下将对每个部分进行更详细的介绍，以展示 Flower 通过这些组件实现其全面的功能。

策略层(strategy layer)：Flower 框架的核心组件之一，负责配置和执行训练/评估流程。它允许用户灵活地定义联邦学习的策略，包括模型的选择、优化算法、训练轮数等。通过策略层，用户可以根据具体的需求定制联邦学习任务，使得 Flower 框架具有较高的灵活性和可定制性。

客户端管理器(client manager)：用于管理客户端的组件，其职责包括启动、停止客户端和监控客户端的运行状态。在联邦学习中，每个客户端通常代表一个本地设备或参与方。通过客户端管理器，Flower 框架能够有效地协调和管理分布式环境中的多个客户端，确保它们的协同工作。

虚拟边缘客户端(virtual edge client)：在客户端之间传输数据，并与服务器进行通信。这个组件是 Flower 框架中的通信桥梁，负责处理客户端和服务器之间的信息交换。通过虚拟边缘客户端，Flower 能够实现高效的数据传输和通信，从而确保联邦学习任务在分布式环境中的协同运作。

虚拟代理(virtual proxy)：作为中间件，起到转发请求的作用，将请求准确地转发到正确的服务器上。在 Flower 框架中，虚拟代理扮演着连接客户端和服务器的关键角色，通过透明地处理请求和响应，实现了良好的分离和抽象，提高了整个系统的可维护性和扩展性。

RPC 客户端(RPC client)：用于与服务器进行远程过程调用(remote procedure call, RPC)通信的组件。在分布式环境中，Flower 框架通过 RPC 客户端实现客户端和服务器之间的远程通信，以便有效地协调和同步联邦学习任务。这个组件是保障联邦学习系统顺利运行的重要组件。

训练管道(training pipeline)：负责联邦学习中的数据预处理、模型的训练和评估等任务。它是整个学习过程的核心，通过精心设计的管道，Flower 框架能够在分布式环境中协同完成模型的训练和评估，确保最终的全局模型能够有效地更新。

数据层(data layer)：Flower 框架中用于存储和管理训练数据的组件。在联邦学习中，数据的分布和管理是一个复杂的问题，数据层通过合理的设计和实现，确保数据在训练过程中能够被高效地获取和利用。

虚拟数据层(virtual data layer)：提供虚拟的数据存储空间，用于模拟真实的数据集。这个组件的引入使得 Flower 框架更具通用性，能够适应各种数据分布和数据规模，同时为系统的调试和测试提供了便利。

全局模型层(global model layer)：Flower 框架中负责在整个训练过程中共享模型参数的关键组件。通过全局模型层，不同客户端之间能够同步模型参数，实现联邦学习的核心目标，即在保护数据隐私的前提下，共同训练出一个全局的模型。

Flower 框架通过精心设计的架构和组件，将联邦学习的复杂性进行有效抽象和分层，使得开发者能够更专注于联邦学习任务的实现，同时提供了足够的灵活性，以适应不同场景下的需求。这种全面的架构设计有助于提高系统的稳定性、可扩展性和可维护性，推动联邦学习在实际应用中的广泛应用。

9.4.4　PaddleFL 开源平台

PaddleFL 是百度开发的一种开源联邦学习隐私计算框架，算法工程师可以使用这种框架实现和评估不同的联邦学习算法。同时，PaddleFL 还提供多种适用于不同机器学习场景的联邦学习方法，如推荐、自然语言处理、计算机视觉等。不仅如此，PaddleFL 还结合了传统的机器学习训练策略与联邦学习，如联邦多任务学习、联邦迁移学习等。

PaddleFL 主要由两个组件组成：数据并行和使用安全多方计算的联邦学习(PFM)。通过数据并行参与到联邦学习系统中的数据方可以采用常见的横向联邦学习方法(如 FedAvg、DP-SGD 等)完成机器学习训练任务，其中，在 PaddleFL 中，PFM 采用安全多方计算实现，从而确保了机器学习模型训练和预测过程的隐私安全。作为 PaddleFL 的关键组成部分，PFM 能够很好地支持不同类型的联邦学习技术，包括横向联邦学习、纵向联邦学习和联邦迁移学习等。即使使用者对隐私保护技术了解不多，也能够利用 PaddleFL 实现在模型训练或预测过程中的数据隐私保护。

1. 数据并行

在数据并行中，模型训练的整个过程分为两个阶段：编译时和运行时。

1) 编译时

FL-Strategy(联邦学习策略)：用户可以利用 FL-Strategy 实现不同的联邦学习方法，如 FedAvg 等。

User-Defined-Program(用户定义的程序)：这是基于 PaddlePaddle 的程序，用于决定机器学习模型的模型结构和训练机器学习模型的训练策略，如多任务学习等。

Distributed-Config(分布式配置)：联邦学习系统需要在分布式环境中进行部署。分布式配置定义了分布式节点的信息。

FL-Job-Generator(联邦学习作业生成器)：根据 FL-Strategy、User-Defined-Program 和 Distributed-Config，FL-Job-Generator 将创建用于联邦参数服务器和工作者的 FL-Jobs。这些 FL-Jobs 将在运行时发送给组织和联邦参数服务器以执行。

2) 运行时

FL-Server(联邦参数服务器)：通常在云端或第三方集群中运行的联邦参数服务器。

FL-Worker(联邦工作者)：每个参与联邦学习的参与者都会拥有一个或多个联邦工作者，它们负责与联邦参数服务器进行通信。

FL-Scheduler(联邦学习调度器)：在每个更新周期之前决定哪组训练者可以加入

训练。

通过这些组件,在编译时和运行时的阶段,数据并行能够有效地完成联邦学习任务。

2. 使用安全多方计算的联邦学习

PaddleFL MPC 基于 ABY3 和 PrivC 等底层 MPC 协议实现了安全的训练和推断任务,这些协议是高效的多方计算模型。在 PaddleFL 中,基于 PrivC 的两方联邦学习主要支持线性/逻辑回归和 DNN 模型;基于 ABY3 的三方联邦学习支持线性/逻辑回归、DNN 模型、CNN 模型和 FM。在 PaddleFL MPC 中,参与者可以分为输入方(input party, IP)、计算方(computing party, CP)和结果方(result party, RP)。其中,输入方(如训练数据/模型的拥有者)对数据或模型进行加密并将其分发给计算方(ABY3 协议中有三个计算方,而 PrivC 协议中有两个计算方)。计算方(如云上的虚拟机)基于特定的 MPC 协议执行训练或测试任务,但是,它们只能看到加密后的数据或模型,从而保障了数据的隐私性。当计算完成时,一个或多个结果方(如数据拥有者或指定的第三方)接收来自计算方的加密结果,并重构明文结果。在这个过程当中,角色可以重叠,例如,数据拥有者也可以充当计算方。

PFM 中的完整训练或推断过程主要包括三个阶段:数据准备、训练/推断和结果重构。

1) 数据准备

私有数据对齐:PFM 使数据所有者即 IP 能够在不向对方透露私有数据的情况下找到具有相同键(如 UUID)的记录。这在垂直学习案例中特别有用,因为在训练之前需要以私有方式从所有数据所有者中识别和对齐具有相同键的分段特征。

加密和分发:PFM 提供在线和离线数据加密和分发解决方案。如果用户选择离线数据共享方案,IP 的数据和模型将使用秘密共享进行加密,然后通过直接传输或像 HDFS 这样的分布式存储发送给 CP。如果用户采用在线解决方案,IP 将在训练阶段开始时在线加密和分发数据和模型。每个 CP 只能获取每个数据片的一个份额,因此无法在半诚实模型中恢复原始值。

2) 训练/推断

PFM 程序:实际上是一个 PaddlePaddle 程序,并将像普通的 PaddlePaddle 程序一样执行。在训练/推断之前,用户需要选择一种 MPC 协议,定义一种机器学习模型和它们的训练策略。在运行时,执行者按顺序创建并运行在加密数据上提供的典型机器学习算子。

3) 结果重构

在完成安全训练(或推断)作业后,模型(或预测结果)将以加密形式由计算方输出。然后,结果方收集加密的结果,使用 PFM 中的工具进行解密,将明文结果提供给用户(目前,数据共享和重构可以在离线和在线模式下都得到支持)。

9.4.5 PrimiHub 开源平台

PrimiHub 是由原语科技研发的开源可信隐私计算平台,此平台整合了可信执行环境、安全多方计算、同态加密、联邦学习等多种隐私计算技术,同时提供具有多种安全级别、满足多样性性能要求、适用于多种场景的应用,是国内技术方案较为齐全的隐私计算平台之一。在安全模型方面，PrimiHub 主要集成了安全多方计算协议 ABY3、ABY2.0、Cheetah、Falcon 以及 cryptFlow2。其中，ABY3 能够支持诚实大多数的半诚实安全三方训练协议；ABY2.0 能够支持诚实大多数的半诚实安全两方训练协议；Cheetah 能够支持诚实大多数的半诚实安全两方推理协议；Falcon 能够支持诚实大多数的恶意安全三方训练及预测协议；cryptFlow2 能够支持半诚实的安全两方预测协议。从技术路线角度来看，PrimiHub 支持同态加密、秘密分享以及不经意传输，技术路线完备。从应用层角度来看，PrimiHub 在安全多方学习的应用场景方面复杂多样，支持隐私保护求交、线性回归、逻辑回归、XGBoost 以及神经网络，模型支持数量多且完备。在易用性方面，PrimiHub 代码结构清晰，维护了相对完备的文档，同时在各平台进行讲解推广，进而大大提高了该框架的易用性。在特定优化方面，PrimiHub 针对支持 SSE2 extensions 的处理器提供了一些指令优化以提升计算速度，该优化主要针对移位操作。下面将对 PrimiHub 项目进行详细的介绍。

PrimiHub 作为原语科技研发的开源可信隐私计算平台，其架构设计不仅仅是一系列组件的简单组合，更是对多种隐私计算技术的深刻理解和创新应用。下面将深入解析 PrimiHub 的架构设计，着重探讨其在安全性、性能、可配置性等方面的优势和创新。

1. 安全性的基石

安全多方计算协议：PrimiHub 的核心安全性基石是安全多方计算协议。这一协议使得多个参与方能够在不暴露各自私密输入的前提下进行计算。PrimiHub 采用 MPC 协议，确保用户隐私数据在整个计算过程中都得到了有效的保护。这为 PrimiHub 在隐私计算领域的应用提供了坚实的理论基础。MPC 协议的实现离不开节点(node)和虚拟节点(VMNode)的紧密协作。节点加载安全协议并提供基础服务；虚拟节点充当任务的执行器，分为调度节点(scheduler)和工作节点(worker)，在任务执行中扮演不同的角色。这层分工不仅提高了系统的执行效率，同时保障了计算任务的隐私性。

2. 灵活性与可配置性

虚拟节点的多角色设计是 PrimiHub 架构的一项创新。虚拟节点的角色(VMNode role)包括调度节点和工作节点。调度节点负责协调任务(task)的执行，工作节点实际执行具体的计算任务。这种分工使得 PrimiHub 在应对不同计算需求时更加灵活，同时保持系统的可配置性。

任务的具体执行逻辑由算法(algorithm)定义，根据协议的不同，算法将分配到指定的节点上执行。这种设计使得 PrimiHub 能够适应不同的计算需求，满足用户对于算法选择的自由度。任务需要指定算法、数据集、协议等信息，这些信息可以由节点自动协商，也可以由用户手动指定，这使得 PrimiHub 在多场景下都能够提供优异的计算性能。

3. 数据管理与访问优化

在 PrimiHub 的节点中，数据集元数据服务和数据缓存服务是为上层协议执行提供基础服务的重要组成部分。数据集元数据服务用于管理任务需要计算的数据集信息，有效地进行数据的组织和存储。这不仅有助于任务的高效执行，还为用户提供了对数据集的便捷管理手段。数据缓存服务则提供了数据的快速访问和检索功能，进一步优化了数据的读取速度。通过缓存机制，PrimiHub 能够在任务执行过程中更加高效地利用已经加载的数据，降低计算过程中的 I/O 开销，提高整体性能表现。

4. 开放性与社区参与

PrimiHub 的开源性质使得开发者能够参与平台的改进和扩展。这种开放性促进了技术的共享与交流，也为 PrimiHub 的不断发展提供了更多可能性。通过开源社区的参与，PrimiHub 能够快速响应用户需求、修复漏洞、不断升级优化，保持在隐私计算领域的领先地位。

5. 联邦学习与同态加密的集成

PrimiHub 的独特之处在于它不仅依赖于安全多方计算协议，还集成了联邦学习和同态加密等先进技术。联邦学习使得多个参与方能够在分散的数据集上训练模型，而无须共享原始数据。PrimiHub 通过联邦学习的引入，拓展了平台的应用范围，使得跨多个组织的隐私计算变得更加实用。

同态加密技术是另一个重要的组成部分，它允许在加密状态下进行计算，而无须解密数据。PrimiHub 通过同态加密的应用，为用户提供了更高层次的隐私保护，确保敏感信息在计算过程中保持加密状态。这种多技术的集成使得 PrimiHub 成为一种全方位保护隐私的平台，适用于更广泛的应用场景。

6. 可信执行环境的加强

除了软件层面的隐私保护，PrimiHub 还通过引入可信执行环境技术，在硬件级别提供了额外的安全保障。TEE 创建了一种受保护的执行环境，防止恶意攻击和未授权访问。这种硬件级的安全保障对于处理高度敏感的隐私数据至关重要，为用户提供了更可靠的安全性。TEE 与节点、虚拟节点等组件的协同工作，确保了在整个计算过程中，用户的隐私数据得到了最大程度的保护。PrimiHub 的架构不仅注重在计算过程中对数据的保护，更强调在计算环境中的硬件级安全，为用户提供了全方位的安全解决方案。实时性与性能优化-运行时的灵活配置-PrimiHub 的运行时在任务的加载和运行中扮演着关键的角色。运行时参与角色根据传入的安全协议指定与安全协议相关的角色，使得 PrimiHub 能够根据不同的需求配置运行时，优化实时性和性能。运行时的灵活配置使得 PrimiHub 能够在不同的场景下灵活适应，提供高性能的隐私计算服务。运行时与虚拟节点的协同工作，进一步优化了任务的执行效率，为用户提供了更加流畅和高效的计算体验。

7. 应用场景的多样性

PrimiHub 架构的设计考虑了多种应用场景和安全级别的需求。通过引入不同的隐私计算技术，PrimiHub 提供了具有多种安全级别、多性能要求的应用。这使得 PrimiHub

不仅适用于大规模的企业隐私计算需求，同时也可以满足小规模组织或个体用户的隐私保护需求。不同的任务可以根据具体的需求选择合适的算法、数据集和协议，通过 PrimiHub 平台提供的多样性，用户可以根据实际情况定制最适合的隐私计算方案。这种多样性的设计使得 PrimiHub 在不同行业、不同应用场景中都能够得到广泛应用。

8. 综合性能优势

PrimiHub 不仅是一种隐私计算平台，更是一种完整的可信隐私计算解决方案，其集成了联邦学习、可信执行环境和同态加密等多种隐私计算技术，为用户提供了具有多样的安全级别、满足不同性能需求、适用于多种场景的应用。这种综合性的设计使得 PrimiHub 成为国内技术方案较为齐全的隐私计算平台之一。在性能方面，PrimiHub 通过优化数据访问、任务执行和协议协商等方面，确保了高效的计算性能。同时，可配置的架构设计使得 PrimiHub 能够灵活适应不同的应用场景和需求，为用户提供了个性化的隐私计算服务。

9. 用户隐私权与合规性

PrimiHub 架构设计的一个重要方面是对用户隐私权的充分考虑以及对法律法规的合规性。平台通过联邦学习、安全多方计算、同态加密等隐私计算技术，为用户提供了高度安全的计算环境。这不仅是技术上的考虑，更是对用户隐私权的尊重，确保用户的敏感信息在计算过程中得到了妥善保护。在法律法规方面，PrimiHub 的架构设计充分遵循了当地的隐私保护法规和数据安全标准。通过合规性的设计，PrimiHub 为用户提供了在隐私计算过程中不仅高效、安全，同时符合法规要求的计算平台。

10. 可扩展性与分布式计算

PrimiHub 的架构设计还考虑了大规模数据处理的需求，通过可扩展性和分布式计算来满足不断增长的数据量和计算复杂度。节点和虚拟节点的设计使得 PrimiHub 能够轻松应对大规模计算任务，并通过分布式计算架构，任务可以在多个节点上并行执行，提高整体计算效率。分布式计算的优势在于它能够通过多节点的协同工作，提供更强大的计算能力。PrimiHub 的设计使得它可以无缝集成到现有的分布式计算平台中，为用户提供更加灵活、高效的隐私计算服务。

11. 智能算法与自适应优化

随着人工智能技术的快速发展，PrimiHub 的未来发展方向可能包括智能算法的引入。通过引入具有学习能力的算法，PrimiHub 可以在计算过程中不断优化执行策略，适应不同的数据特征和任务需求。这样的自适应优化将使得 PrimiHub 更好地适应不断变化的计算环境，提供更智能的隐私计算服务。

12. 用户友好性与易用性

除了技术方面的考虑，PrimiHub 架构也致力于提高用户友好性和易用性。未来的发展方向可能包括引入图形化界面，使得用户能够更直观地使用平台的各项功能。此外，对开发者的支持也是一个重要方向，通过提供完善的文档、示例和开发工具，鼓励更多的开发者参与到 PrimiHub 的生态建设中。

13. 生态系统的建设

PrimiHub 的架构设计除了关注内部组件的协同工作，还强调构建一种全面健康的生态系统，这包括与其他隐私计算平台、数据提供商、行业应用方的合作伙伴关系。通过建立广泛的合作网络，PrimiHub 可以更好地满足不同行业的隐私计算需求，促进技术创新和共享。

本 章 小 结

近年来，国内隐私计算领域迎来了一股开源平台的创新浪潮，众多知名企业如蚂蚁集团、原语科技、微众银行等纷纷推出了一系列引人注目的项目，极大地推动了隐私计算技术的普及与进步。例如，OpenMined 的 PySyft、蚂蚁集团的 SecretFlow、原语科技的 PrimiHub 以及微众银行的 FATE，这些平台不仅覆盖了广泛的应用领域，而且提供了多样化的工具，为行业的发展注入了新的活力。此外，还有如 TensorFlow Federated、FederatedScope、Flower 以及 PaddleFL 等联邦学习平台，它们为开发者提供了更广泛的选择和更大的灵活性。本章对国内外数据安全与隐私计算领域的开源平台进行了总结，旨在为读者提供一个全面的视角，以更好地理解这些平台的功能、优势以及它们在推动隐私计算技术发展中的作用。

习 题

1. 解释 SyftTensor 的两个派生类 LocalTensor 和 PointerTensor 的作用以及它们在框架中的角色。
2. SecretFlow 框架的总体架构分为哪五层？每一层的主要职责是什么？
3. PrimiHub 在运行时的角色是什么？运行时的灵活配置如何优化实时性和性能？
4. FATE 框架支持的通信模块有哪些？RabbitMQ 和 Pulsar 在通信方面有何不同？
5. TFF 的架构分为哪几个关键层次？简要描述每个层次的职责。

第 10 章 典型数据安全与隐私保护实践

在前面，已经深入探讨了数据安全与隐私保护的理论基础、技术手段等方面。本章将聚焦于面向特定领域的数据安全与隐私保护典型实践，通过深入探讨边缘计算(edge computing, EC)、元宇宙(Metaverse)、大模型和医疗健康领域的数据安全与隐私保护实践，为读者提供在具体应用场景中的解决方案和指导。

10.1 面向边缘计算的数据安全与隐私保护实践

边缘计算是一种分布式计算模型，其核心思想是将计算、存储和应用处理等功能从传统的集中式云计算数据中心卸载到数据源的边缘，如边缘服务器(edge server, ES)、基站(base station, BS)、接入点(access point, AP)等。边缘计算旨在通过在物理临近数据源的位置进行数据处理，来达到降低数据传输时延、提高系统响应速度以及减轻中心化云计算系统负载的目的。边缘计算通过将计算能力推向数据源头，实现了更为即时和高效的数据处理，为智能交通、智慧城市、智慧工厂等领域的发展提供了坚实基础。

边缘计算基础架构如图 10-1 所示。边缘计算的体现在于引入边缘设备，将云服务延伸至网络的边缘，实现在终端设备和云计算之间的衔接。典型的边缘计算框架通常分为终端层、边缘层和云计算层这三个主要层次，下面将简要阐述各层的组成和职能。

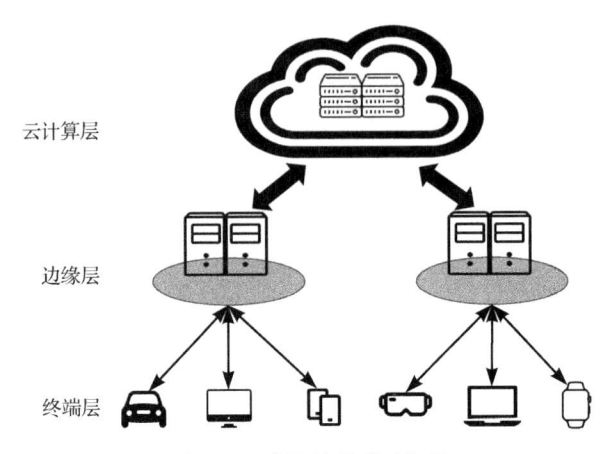

图 10-1 边缘计算基础架构

终端层：包括连接到边缘网络的各类设备，涵盖了移动终端和多种物联网设备，如传感器、智能手机、智能汽车、摄像头等。在终端层中，设备不仅是数据消费者，也是数据提供者。为了减少终端服务延迟，终端设备仅作为数据的收集和展示工具，并不真正对数据进行处理。因此，终端层中数亿台设备收集各种原始数据并将其上传到边缘层，在边缘层进行存储和计算。

边缘层：三层架构的核心，位于网络的边缘，由广泛分布在终端设备和云之间的边缘节点组成。这一层次通常包括基站、接入点、路由器、交换机、网关等设备。边缘层支持向下访问终端设备，存储并处理终端设备上传的数据，然后与云进行连接并将处理后的数据上传到云端。

云计算层：由众多高性能服务器和存储设备构成，具备强大的计算和存储能力，在需要进行大规模数据分析的领域中发挥着关键作用，如对整体系统的定期维护和周期性决策支持等。云计算中心能够永久存储边缘层生成的报告数据，对边缘层难以处理的任务进行分析。此外，云计算层还能整合系统全局信息并根据控制策略灵活地调整边缘层的部署策略和算法。

随着边缘计算等新型计算模型的兴起，人们迈入了一个高度互联和数据驱动的时代。同时，这也给数据安全和个人隐私安全带来了全新的挑战，因为边缘设备通常分布在广泛的区域内，包括公共场所和私人领域，这些设备中可包含大量用户敏感数据，如个人身份信息、财务信息、医疗记录等，如果这些数据被泄露或遭到攻击，将会对个人和组织造成严重的损害。因此，加强数据安全和隐私保护是边缘计算研究中的重点问题。

10.1.1 安全保护方案

虽然与集中式的云计算相比，"就近数据处理"的概念使边缘计算更适合实时数据分析和智能处理，同时为其数据安全和隐私保护提供了一定的优势，但分布式架构也为其引入了新的风险。总体来说，边缘计算面临以下四个新的挑战。

1. 分布式计算环境中多源异构数据

网络边缘设备中信息产生量迅速膨胀，给分布式计算环境中多源异构数据的处理带来了挑战。在这种情境下，实现数据的高效分发、搜索、访问和控制成为了一个至关重要的问题。与此同时，由于数据的外包性质，数据的所有权和控制权相互分离，因此必须设计出有效的审计验证方案，以确保数据的完整性。

2. 资源受限的终端

边缘计算节点在存储和计算资源方面存在限制，相对于云服务器而言，许多复杂的加密算法、访问控制措施、身份认证协议以及隐私保护方法难以在边缘计算环境中得以应用。由于这些限制，边缘计算节点的防御系统相对较为脆弱，与云服务器相比显得更加容易受到攻击。

3. 操作系统与协议异构性

在边缘计算环境中，大多数边缘设备具有不同的操作系统和协议，没有标准化的监管。因此，设计统一的边缘计算保护机制存在难度。

4. 多样化服务和高效隐私保护的新要求

在多样化服务环境下，将传统的隐私保护方案与边缘计算环境的特有数据处理特性相结合，成为未来研究的重要方向。这种整合旨在实现更为灵活、高效的用户隐私保护，适应不同服务场景的需求。

10.1.2 隐私保护方案

当边缘计算环境受到损害时，存在用户数据泄露、被盗用的风险，与此同时，具有数据权威访问权限的好奇对手方(如服务提供商或边缘数据中心)同样存在滥用或利用用户个人数据的可能，这都有可能成为阻止用户加入边缘计算网络的重要因素。此外，由于边缘设备分布广，难以对其进行集中控制。如果其中一个边缘节点受到损害，入侵者可能会将其用作边缘计算网络的入口，来窃取用户的个人信息以及边缘设备之间交换的私有数据。边缘计算中用户的隐私问题可总结为以下两大矛盾：一是外包数据与数据隐私之间的矛盾，用户需要将数据外包到边缘计算节点或云端进行处理，以获取更强大的计算能力和服务，然而，外包数据可能面临未经授权的访问或泄露的风险；二是位置服务与位置隐私之间的矛盾，多边缘计算应用依赖于用户的位置信息，如提供个性化的位置服务，然而，共享位置信息可能导致用户的位置隐私泄露，在提供基于位置的服务的同时，需要平衡用户享受便利服务的需求和保护其位置隐私的要求。

下面将对边缘计算场景中用户数据和位置相关的隐私问题进行分别讨论。

1. 数据隐私泄露

在边缘计算环境中，生成的数据包含了用户各个方面的相关信息，其中一些数据认为是敏感的，如个人活动、偏好以及健康状况等，因此需要进行数据保护从而防止泄露。边缘计算数据隐私泄露可能出现的原因复杂多样，包括数据传输、存储、处理、访问控制等多个环节。在数据传输上，数据在边缘设备和云端之间的传输可能采用不安全的通信协议，未加密的传输通道使得数据容易被截获或篡改；在数据存储上，在边缘设备上存储的数据可能缺乏适当的安全措施，如加密、访问控制不足；在身份验证和访问控制上，边缘计算环境中可能存在身份验证和访问控制方面的缺陷，导致未经授权的用户或设备访问敏感数据。同时，由于数据在边缘计算环境中可能分散存储在多个设备和位置上，缺乏清晰的所有权和归属机制，导致数据可能被第三方服务滥用。由于在边缘计算环境中用户的隐私数据将被不受用户控制的实体存储和处理，因此，目前的研究重点是允许用户对数据执行各种操作(如审计、搜索和更新)的同时确保用户的隐私不会泄露。

2. 位置隐私泄露

在边缘计算环境中，接入点的覆盖范围有限，从而增加了用户位置隐私泄露的可能性。尽管它仅能揭露一个粗粒度的位置信息，但通过泄露的位置信息，可以揭示特定设备所有者的活动区域。此外，如果设备与多个边缘计算节点建立连接以访问其服务，则可以使用定位技术获取更精确的位置信息。随着基于位置的服务的普及，位置隐私问题已经成为研究的重点。

10.1.3 未来趋势和发展

边缘节点面临有限的资源和对安全保护的需求之间的平衡：边缘设备通常具有有限的计算能力和存储空间，但这些节点在执行计算任务的同时，仍需要为用户数据和隐私提供足够的安全保护。因此，未来的研究需要专注于在有限的资源下实现有效的安全和隐私保护。

差异化的安全策略：在边缘计算环境中，不同类型的边缘节点可能面临不同的安全威胁和需求。因此，为了更有效地应对这些差异，需要根据节点的角色和功能设计具体的安全策略。例如，对于一些关键节点，可能需要更严格的安全控制；对于一些辅助节点，可以采用更灵活的安全策略。

边缘智能：边缘智能的运用可以极大地提高边缘计算环境下的安全保护效果。通过在边缘节点上实现智能处理和分析数据，可以实现更加有效的实时安全决策，而无须将所有数据传输到云端进行处理。这样可以减少对网络和云资源的依赖，提高系统的反应速度，增强系统的可靠性。

更细粒度的隐私保护：边缘设备在实际网络中会产生大量的实时动态数据，其中，用户的隐私问题涉及外包数据、基于位置的服务、数据共享与身份隐私保护等多个方面，这就为攻击者提供了数据关联性、整合分析和隐私挖掘的可能性。因此，从用户的身份、行为、兴趣和位置等角度出发，构建动态和细粒度的数据安全与隐私保护方案将是重要研究内容。

尽管边缘计算的应用越来越广泛，但其中针对数据安全和隐私保护还存在诸多问题，这本质上与计算和通信效率相冲突。由于应用场景众多、接入设备繁杂、数据结构不同、安全需求各异，有很多边缘计算的安全问题仍需要深入探索，边缘计算安全方面的质量加固任重道远。

10.2 面向元宇宙的数据安全与隐私保护实践

"元宇宙"一词最初出现在尼尔·斯蒂芬森 1992 年的科幻小说《雪崩》中。斯蒂芬森运用这个术语来描绘一个基于虚拟现实(virtual reality, VR)的互联网络。在该小说中，元宇宙是一种虚拟的城市环境，其土地可供购买和开发建筑。元宇宙的用户能够通过头戴显示设备与彼此互动交流。2021 年 10 月 28 日，美国社交媒体公司脸书(Facebook)重新命名为 Meta，标志着元宇宙的概念开始引起广泛关注。这一年也认为是元宇宙的起始年。如今，元宇宙仍在不断发展和扩展。

元宇宙是一个涵盖虚拟和现实世界的概念，它将数字化和物理空间融为一体，打造一种全面、无缝互动的虚拟生态。元宇宙的目标是构建一个数字副本，它从真实世界中映射而来，并赋予其虚拟的拓展，将数字化和物理空间结合起来。这个概念包括了 VR、AR、AI、物联网等技术，以及社交网络、在线游戏和虚拟社区等应用。具体而言，元宇宙基于区块链技术构建经济系统，采用人机交互技术提供沉浸式体验，利用数字孪生技术生成真实世界的镜像,借助云计算实现数据的计算、存储、处理和共享,并通过叠加 AI 赋能来实现元宇宙的智能互联。

随着元宇宙相关技术的快速发展,新的数字空间塑造将人们的物理世界完全转换到数字领域,可以预见其中越来越多的关于数据安全和隐私保护的问题将会凸显。《元宇宙安全治理上海倡议》针对元宇宙安全治理提出了 8 个目标原则及其基本要求,包括虚实共进、保障秩序、强韧发展、规范建制、尊重隐私、守护未来、理性务实、开放协作。下面将从不同的技术手段角度对元宇宙的数据安全问题进行分析,并结合元宇宙基本特征对其隐私保护问题进行讨论。

10.2.1　安全保护方案

1. 基于区块链的安全问题

区块链技术是一种去中心化的分布式账本,以块链式存储为基础,旨在通过点对点传输、共识机制和加密算法技术为用户提供可靠的数据存储和传输。然而,由于其自身设计上的不足和缺陷,攻击者仍然有可能对系统进行攻击和破坏。

在共识机制的设计上,不同的共识机制各自存在不同的安全问题:工作量证明 (proof of work, PoW)机制下,攻击者可能通过控制超过 50% 的网络算力来进行攻击;权益证明 (proof of stake, PoS)机制下,超过 50% 的货币持有者可能会对网络进行攻击;实用拜占庭容错(practical Byzantine fault tolerance, PBFT)机制下,当超过 1/3 的节点是恶意节点时,可能会导致拜占庭容错无法保证等。针对上述类型问题,可采用包括增加网络算力的难度、随机选择验证者、引入社区治理和投票机制等手段来提高攻击者攻击的成本。其中,解决安全问题的关键在于不断改进共识算法,并结合合适的经济激励机制和治理模型。社区的广泛参与和定期的协议升级也对保持网络的安全性至关重要。

在区块链中,加密算法是确保数据安全性和隐私的关键组成部分。然而,随着计算能力的不断增加和密码学攻击技术的发展,其中的加密算法面临的安全威胁包括量子计算攻击、侧信道攻击等,越来越多的研究人员开始关注抵抗这类针对加密算法的攻击,例如,迁移到抗量子计算攻击的加密算法以及使用抗侧信道攻击技术,如随机延迟、噪声引入和物理层面的保护措施,以减轻侧信道攻击的影响。

2. 基于人工智能技术的安全问题

在元宇宙应用中,人工智能技术发挥着关键作用,可以出色地完成分类、识别等任务。然而,由于大多数算法具有黑盒特性,因此很难检测攻击。例如,隐藏技术 EvilModel 可以将欺诈数据嵌入训练过程中,能够在不显著影响神经网络效果的同时达到传播恶意软件的目的。对于这类攻击,可以采用改变参数值或重新训练模型的方式来直接破坏病毒。然而在大多数情况下,开发人员可能不会主动改变预训练参数。因此,需要探索新的方法来处理这些安全威胁。最近,一些工作致力于构建一种全面的框架,以帮助开发人员在神经网络中发现弱点并修复安全漏洞。此外,越来越多的研究试图提高机器学习模型的可解释性,以便更好地理解其内部结构。这些努力旨在提供更有效的手段,帮助防范和应对嵌入式恶意软件带来的潜在风险。

3. 基于人机交互技术的安全问题

沉浸式交互涉及众多设备，如可穿戴设备、耳机、基站和服务器，其间进行大量数据交换，所有这些设备和远程/云服务之间的通信共同为用户提供沉浸式体验。在这个过程中，数据序列化和反序列化对于数据的交换(发送和接收)至关重要。然而，攻击者可能尝试将恶意序列化数据注入到通信中，并将其作为复杂系统的初始入口点。这种攻击称为不安全的反序列化。以 Android 系统为例，反序列化漏洞允许在许多应用程序和服务的上下文中执行任意代码，提升了恶意应用程序的特权。为避免不安全的反序列化攻击，可采用以下方法提供系统的防御能力：对数据进行序列化并进行监控；始终对数据源进行身份验证；使用防火墙保护计算设备。可通过静态扫描对反序列化漏洞进行分析，并根据分析报告进行改进和增强。除了恶意反序列化攻击之外，还存在中间人攻击对用户与服务器之间的通信进行窃听或更改，并拦截和修改数据包，从而影响系统的机密性、完整性和可用性。对于这种攻击方法，最有效的抵御手段之一是使用强认证和加密协议。认证算法可维护通信信道中的数据完整性，加密协议可确保数据的可用性。同时，攻击检测算法可监视系统，一旦检测到攻击，即可采取措施以阻止进一步的攻击。

4. 基于数字孪生技术的安全问题

数字孪生技术是元宇宙应用中的关键组成部分，它使现实世界的物理实体或过程在数字环境中进行模拟和仿真。具体来说，数字孪生技术是对物理资产、环境或系统的数字表示，通过连续交互实现对复杂信息的自动聚合、分析和可视化。这意味着数字孪生技术不仅是对实体的简单模拟，更是一种与现实世界实时交互的数字化镜像。通过不断地从所代表的环境或对象中查询大量数据，数字孪生技术能够保持与现实世界的同步，并反映实体的状态、性能和变化。而在数字孪生技术为元宇宙提供高度模拟和互动的虚拟环境的同时，它所引入的安全问题也不容忽视，其中，数据毒害攻击是数字孪生技术的一个重要安全问题，它通过篡改训练数据或标签来对基于数字孪生技术所搭建的系统进行攻击，从而达到降低模型效用的目的，如果攻击者主导训练过程，就可以操纵训练结果。

10.2.2 隐私保护方案

1. 基于社交性特征的隐私问题

隐私泄露几乎是社交网络中不可避免的问题。在社交网络上，用户通常需要上传包含敏感信息的个人资料来进行用户创建，以此才能享受平台提供的服务。与此同时，社交网络的平台方收集到用户个人资料和活动信息后可能会进行进一步加工处理，从而增加了隐私泄露的不可预测风险，例如，平台方可以利用公共数据或收集用户的信息用于市场营销或广告。除此之外，恶意攻击方可以通过用户的在线个人资料和公共信息收集用户的敏感或隐私信息，这些携带真实个人信息的消息显著提高了网络钓鱼或诈骗的成功率，严重损害了用户利益。针对这类问题，最佳方法是从用户侧切断数据暴露，保护用户数据。例如，K-anonymity 和 L-diversity 算法将用户的真实数据隐藏在一组虚假数据中，从而防止用户的真实数据泄露；差分隐私通过向输入数据引入一定的噪声，对用户真实数据进行干扰。同时，为了防止基于生成式算法的攻击，同样可以通过引入噪声的方法以防止虚假数据生成。作为平台方还需要注意的是，需要防范从无意的数据发布或不适当的隐私保护配置中泄露用户信息。例如，奈飞(Netflix)在 2007 年发布了一份匿名电影评分的数据集，尽管其已经为了保护客户的隐私而对数据集进行了匿名处理，但德克萨斯大学的两名研究人员通过将数据集与互联网电影数据库中的电影评级进行匹配，识别出了个别用户，从而导致了隐私泄露。为了避免这种风险，平台应该采用具有适当配置的高级安全和隐私保护机制，保证任何数据在发布之前都经过了细致的风险评估。

2. 基于交互性特征的隐私问题

沉浸式交互在元宇宙中的实现通常需要借助用户侧的信息采集设备，如虚拟现实头戴设备、增强现实眼镜等。这些设备可能涉及对用户生理特征的采集，如指纹、面部特征等，从而引发一系列潜在的隐私保护威胁。首先，采集的用户生物特征，如指纹和面部特征，可能用于生物特征识别技术，从而导致用户在现实生活中的身份被识别，引发隐私泄露和滥用的风险。其次，通过沉浸式交互设备采集的生物特征，可能与其他在线或离线数据相结合，导致用户在不同环境中的身份关联，增加了用户个体的隐私曝光风险。

针对基于交互性特征的隐私问题，一些研究提出了一种高效的端到端认证协议，以保护从可穿戴健康监测传感器收集的信息。此外，针对生物识别泄露在认证系统中的可能性和影响，对于系统来说，最佳方式是将所有采集的生物特征保存在本地设备中，不将它们发送到云端。例如，苹果公司在对其旗下产品的触摸 ID 识别方式进行设计时，就采取了本地保存的方法，即将指纹存储在本地芯片中，而不是远程服务器中。设备在进行指纹认证时，只需要将待认证指纹与存储的指纹记录进行比较，由身份验证系统输出的唯一信息是"是"或"否"。因此，即使设备或远程服务提供商遭受黑客攻击，用户的指纹信息仍然是安全的。这些措施有助于降低基于交互性特征的隐私问题的风险。

3. 基于现实性特征的隐私问题

在元宇宙中，基于现实性特征所引发的隐私问题主要涉及用户在虚拟世界中参与多种现实生活活动时的隐私风险。由于元宇宙的设计目标是提供一种无缝融合虚拟与现实的交互环境，用户在进行各类活动时可能不可避免地涉及个人敏感信息的处理。例如，参与虚拟的商务会议、线上购物、社交互动等活动时，个人身份、购买行为、社交关系等隐私信息可能会被记录、分析或共享，从而引发潜在的隐私泄露风险。同时，由于现实性特征要求元宇宙提供真实世界的虚拟空间，这也可能导致用户在虚拟环境中的行为被更加真实地模拟和记录，增加了隐私信息被滥用的可能性。因此，在追求元宇宙的现实性特征的同时，必须密切关注用户隐私的保护，采取有效的隐私保护措施，以确保用户在虚拟世界中的参与不会牺牲其个人隐私的安全性。

4. 基于可拓展性特征的隐私问题

在元宇宙中，可拓展性的特性使得用户可以在虚拟环境中体验现实世界无法提供的丰富功能，但同时也引发了对个人隐私的更为复杂的管理和保护需求。首先，随着用户在元宇宙中的可拓展性增强，他们参与的活动涉及的信息种类和数量也呈指数级增长。这使得用户的隐私信息变得更加庞大、多样，更容易成为潜在的目标，需要更为复杂和精密的隐私保护机制。其次，由于可拓展性的特征允许用户在元宇宙中超越现实界限，参与到各种无法在现实中实现的活动中，用户的虚拟行为往往更为开放、创新，从而增加了隐私泄露的可能性。例如，用户在虚拟世界中可能参与一些不同寻常或个性化的活动，这些行为模式可能用于推断个人习惯、心理特征等隐私信息，而这种推断可能在用户不知情的情况下进行，对个人隐私构成潜在风险。最后，元宇宙中的可拓展性还涉及用户在多个虚拟场景之间切换的灵活性，这可能导致用户信息在不同场景之间的交叉共享。例如，在虚拟社交网络中与朋友互动的同时，用户可能参与到虚拟购物、数字创作等其他场景中，这些场景之间的信息流动可能带来隐私信息交叉和关联，增加了隐私泄露的复杂性。

针对这类问题，首要防止第三方跟踪和交叉应用跟踪。一种有效的方法是借鉴苹果公司和谷歌公司在 iOS 和 Android 移动系统中实施的严格交叉应用跟踪认证。用户在这些系统中必须主动决定哪个应用程序有权跟踪其他应用程序，从而强化用户对个人数据的控制权。然而，需要注意的是，在元宇宙中，由于设备之间的无缝互连，可能存在第三方跟踪和交叉应用跟踪的潜在风险。为了进一步提高解决方案的效果，可以应用第三方跟踪和交叉应用跟踪分析工具以及先进的检测算法。鉴于元宇宙早期阶段设备的计算能力通常有限，尤其是在移动和便携式设备上，轻量级检测机制是一种可行的选择。这包括使用块列表来阻止已知的威胁请求，并结合一些机器学习模型，以检测和阻止潜在的第三方跟踪和交叉应用跟踪。通过综合运用认证、用户控制、分析工具和机器学习，可以建立更强大的防护体系，保障用户在元宇宙中的隐私安全。

10.2.3 未来趋势和发展

强调技术创新与隐私保护平衡：未来元宇宙数据安全与隐私保护的发展将强调技术创新与隐私保护之间的平衡。随着技术的进步，新的可穿戴设备、更先进的分析和存储技术手段都将不断涌现，但必须与先进的隐私保护技术相结合，确保用户信息不受侵犯。隐私保护算法、加密技术和安全多方计算将成为关键领域。

联邦学习的兴起：为了平衡数据共享和隐私保护之间的矛盾，联邦学习将成为一种重要的趋势。这种分散的机器学习方法允许在设备或节点上进行本地模型训练，而不必共享原始数据。这有助于减少对中心化数据存储的需求，降低数据被攻击的风险。

全球合作与跨境数据流的规范：由于元宇宙的本质是全球性的，国际社区需要共同制定规范和标准，以确保数据安全与隐私保护的一致性。跨境数据流的规范将成为国际合作的关键点，帮助各国协同应对全球性的数据安全挑战。

用户教育与参与：未来元宇宙数据安全与隐私保护的发展将更加注重用户教育和参

与。用户需要更全面地了解数据的处理方式，以及有效地管理和控制他们的个人信息。随之而来的是，平台和服务提供商将更加透明地向用户提供数据使用政策，并鼓励用户参与决策。

10.3 面向大模型的数据安全与隐私保护实践

近年来，生成式人工智能在科技领域取得了显著的发展。这一趋势的驱动力主要来自深度学习的进步、大规模数据集的普及以及算力的提升。在生成式人工智能中，最近最受关注的莫过于大语言模型。大语言模型是一类强大的生成式人工智能，它们通过深度学习框架和庞大的语料库进行训练，能够理解和生成高度逼真的语言表达。大语言模型的广泛应用已经改变了用户与人工智能交互的方式，许多用户选择与这些模型进行对话以解决各种问题，这展示了这一技术在提升用户体验和推动创新应用方面的重要作用。

大模型的兴起带来了科技领域的革新，然而，其背后也伴随着一系列引人关注的挑战和争议。这些挑战主要集中在数据偏见和生成内容的不确定性等方面，引发了有关大模型伦理和安全性的广泛担忧。一方面，大模型对输入数据的敏感性可能导致输出结果中存在潜在的偏见，这对于公平性和可信度构成了潜在威胁。另一方面，大语言模型在训练过程中对大量用户生成的文本数据进行利用，引发了对用户隐私的严肃关切。在这个过程中，确保用户隐私得到充分保护变得异常复杂。下面将针对大模型的数据安全和隐私保护问题进行探讨。

10.3.1 安全保护方案

1. 针对大模型的后门攻击

在大模型的语义环境中，后门攻击涉及对深度学习模型的恶意操作，通过植入一些特定的输入样本或修改模型参数，模型在特定条件下产生误导性的输出。这种攻击的目的是在不被察觉的情况下影响模型的性能或输出，通常是为了欺骗、误导或破坏模型的可靠性。对于大模型，后门攻击可以分为以下三种情况：基于数据集、基于预训练模型和基于微调模型。下面将分别对这三种情况进行说明。

1) 基于数据集的后门攻击

基于数据集的大模型后门攻击是一种通过篡改训练数据来操纵模型行为的攻击形式。攻击者试图向模型输入带有恶意注入的数据来影响模型的学习过程，使其在训练和使用阶段表现出意外或有害的行为。攻击者可能会有意地篡改标签、图像、文本或其他训练数据的属性，以引导模型学习错误的规律或产生不准确的输出。这种攻击的目的多种多样，包括但不限于破坏模型的性能、诱导模型在特定情境下产生错误的决策、窃取模型学到的知识或者用于对抗模型的应用，如欺骗性对抗样本的生成。攻击者只允许修改特定下游任务的训练数据集，而不知道攻击模型和训练过程。为了抵御这类基于数据集的后门攻击，模型训练时的数据完整性是关键。使用可靠的、经过验证的数据来源，并采取数据验证和清理措施，以检测和过滤异常或恶意注入的样本。

2) 基于预训练模型的后门攻击

另一种常见的场景是用户下载预训练大模型并根据自己的数据对其进行微调。在这种情况下，攻击者可以通过在通用预训练大模型中植入后门触发器，将漏洞继承给任意的下游任务。在这种情况下，攻击者可以控制受害者预训练大模型和训练过程。

3) 基于微调模型的后门攻击

基于微调模型的后门攻击是一种针对预训练大模型在特定下游任务上进行微调时植入恶意后门的行为。在这种攻击中，用户从网络上下载微调模型，然后将其部署到预训练模型上进行推理。攻击者通过在微调模型上植入的后门程序来实施攻击。微调模型可能存在的风险可以分为三个等级：第一等级使用显式有害数据进行微调，结果表明即使仅有极少数数据带有有害内容，也足以严重影响模型的安全性，甚至引发其他有害指令；第二等级采用隐式有害数据进行微调，通过语言技巧欺骗大模型，其能够输出任意内容；第三等级是良性微调攻击，使用常见的良性数据进行微调，但结果显示即使使用完全良性的数据，仍然会弱化模型的安全性、提高模型有害率。因此，当用户需要微调模型时，需要通过慎重选择训练数据集、导入自我审核系统、演练测试等方式，来避免模型的安全性被弱化。

2. 提示注入攻击

在计算机科学和自然语言处理领域，提示词(prompt)是指向计算机程序或模型提供的输入信息或指令。大模型中，用户的问题或陈述即称为提示词，它的作用是引导模型生成相关的回复或响应。模型接收到一段提示词后，会依据内部训练的知识和算法生成与提示词最相关的回答。因此，在与大模型进行交互时，合理设计的提示词能够帮助模型输出更符合用户要求和理解的结果。但与此同时，恶意攻击者同样有可能滥用这一能力，带来一些安全和隐私问题。

提示注入攻击是一种通过在输入提示时使用恶意指令来操纵语言模型输出的技术。通过注入恶意指令的提示，攻击者能够操纵模型的正常输出过程，导致大语言模型生成不适当、带有偏见或有害的输出。这种漏洞已经成为当前人工智能领域中的新兴威胁之一，引起了对模型安全性和鲁棒性的广泛关注。

提示注入攻击可分为两类：直接提示注入攻击和间接提示注入攻击。直接提示注入攻击是指通过在用户输入的提示词中直接添加恶意指令来操纵模型的输出。间接提示注入攻击则采用更为巧妙的手法，通过文档、网页、图像等载体将恶意指令隐藏其中，绕过大语言模型的安全检测机制，以一种间接的形式触发提示注入攻击。通过采用间接提示注入攻击方法，攻击者能够远程利用大模型集成的应用程序，通过有策略地向可能被检索的数据注入提示，进一步加深了攻击的隐秘性和危害性。这些研究揭示了提示注入攻击的多样性和复杂性。

因此，在对抗大语言模型中的提示注入攻击时，需要综合使用多层次的防御策略。首先，对用户输入的提示词进行严格的校验和净化是至关重要的。通过限制或过滤可能包含有害信息的提示词，可以有效减少潜在的攻击面。这可以通过实施输入验证、过滤敏感词汇和检测异常输入等手段来实现。其次，利用上下文感知过滤器和输出编码可以增强对提示注入攻击的防御。上下文感知过滤器可以考虑先前的对话历史和上下文信息，以便更好地理解用户意图，并从整体上抵御攻击。输出编码的使用可以在生成结果之前对模型的输出进行编码和检查，以确保生成的内容不包含有害或误导性信息。除此之外，定期监视和记录大语言模型的交互同样有助于迅速响应新型攻击。通过对模型的实际使用情况进行监控，可以及时检测和分析潜在的提示词注入尝试。最后，定期更新和微调大语言模型也是保持其对恶意输入和边界用例理解能力的关键。通过持续改进模型的训练数据、算法和结构，可以提高模型的鲁棒性，使其更难以受到提示注入攻击的影响。

10.3.2 隐私保护方案

1. 差分隐私技术

通过引入噪声或微小的扰动，差分隐私在数据集中添加了一定程度的不确定性，在模型中无法准确追踪到特定个体的信息。这样的处理方式有效地保护了个体隐私，防止了模型对训练数据的过度拟合，从而提高了模型在处理敏感信息时的安全性。在大语言模型的背景下，由于这些模型在广泛的语料库中进行了训练，存在潜在的记忆敏感信息的风险。差分隐私的应用可以帮助降低模型对于输入文本中特定个体信息的关联程度，保障了用户的隐私权。

2. 安全多方计算

在大语言模型的应用中，安全多方计算技术可以用来保护模型的隐私，尤其是在处理敏感数据时。例如，安全多方计算可以在不暴露个人数据的情况下，让大语言模型对数据进行分析或训练，从而保护用户隐私和数据安全。目前一些研究工作，如 SecFormer，专注于优化 SMPC 在大语言模型中的应用，通过知识蒸馏技术和高效的安全多方计算协议，提高了隐私保护推理的性能和效率。

3. 对抗性训练和鲁棒性测试

如第 7 章所介绍的，对抗性训练是一种在训练数据中引入对抗样本的方法，旨在提高模型的鲁棒性。与对抗性训练不同，鲁棒性测试是一种评估模型鲁棒性的方法。在鲁棒性测试中，模型接受一系列不寻常或意外的输入，以检验其对于各种挑战性情况的适应能力。这有助于评估模型在真实世界环境中的表现，并确保其面对未知输入时不会发生失败或产生不合理的输出。对抗性训练提供了一种强化模型学习的方法，使其能够更好地处理具有挑战性的输入。鲁棒性测试则为评估模型在实际应用中的性能提供可靠的手段，确保其在各种条件下都能表现出足够的鲁棒性。综合对抗性训练和鲁棒性测试，可以使模型更好地适应复杂多变的输入场景。

4. 匿名化和加密技术

在数据保护和隐私领域，匿名化和加密技术发挥着关键作用，尤其是在人工智能应用如 ChatGPT 和其他大语言模型中。匿名化是一种方法，通过将个人身份信息字段替换为人工标识符或假名，降低在数据中追踪到具体个体的可能性。这有助于防止在模型训练过程中暴露敏感个人信息，为用户提供更高水平的隐私保护。加密技术则通过对数据进行加密处理，确保在数据传输或存储过程中，即使非授权方获取，也无法直接解读其中的内容。在 ChatGPT 等语言模型的应用中，通过加密保护训练数据和用户交互数据，有效地防止了潜在的信息泄露风险。

10.3.3 未来趋势和发展

为应对大模型技术快速发展带来的新型安全挑战，数据安全与隐私保护体系正朝着技术纵深防御与行业生态共建并重的方向演进，主要体现在以下四个关键维度。

模型透明度和可解释性增强：提高大模型的可解释性和透明度有助于发现潜在的安全漏洞和隐私泄露点，同时也有助于监管机构实施合规性检查。未来的模型设计将更加注重算法的内在逻辑解释和输出结果的合理性验证，减少因"黑箱"效应带来的安全隐患。

边缘计算和终端安全增强：随着大模型向边缘设备和终端下沉，针对这些设备的数据安全和隐私保护措施也会同步加强，包括但不限于轻量化模型、硬件级安全模块以及智能合约等技术手段。

可信人工智能与安全防护体系构建：为了应对植入后门攻击、模型窃取等新型安全威胁，企业将会投入更多资源构建完整的可信人工智能框架，包括从模型训练到部署全生命周期的安全审计、防御机制以及安全加固技术。

社区共识与合作共建：行业间将形成更多的联盟和合作，共同制定和推广安全、隐私友好的大模型开发与使用标准，通过跨领域合作来推动技术突破和行业自律。

随着技术进步和社会需求的变化，未来的大模型数据安全与隐私保护将是一种多维度、多层次的综合体系，涵盖了从基础理论研究、技术创新应用到政策法规保障的全方位发展。

10.4 面向医疗健康的数据安全与隐私保护实践

近年来，医疗健康领域经历了众多革新，涌现出许多新技术和治疗方法，极大地改变了患者和医疗专业人员的生活。智慧医疗的理念源自传统医疗与新型信息技术的深度融合，其中包括物联网、边缘计算、云计算、人工智能和大数据等。通过大数据分析和人工智能技术，医疗系统能够挖掘大量医疗数据，发现潜在的疾病趋势、风险因素等，为制定更有效的预防策略提供科学依据，有助于提前干预疾病的发展。

尽管智慧医疗通过加速数据在整个医疗生态中的流动和开放来提高服务质量，但数据流动的速度越快、范围越广，由此带来的数据安全隐患也将更加严重，尤其是涉及个人敏感信息的医疗数据所面临的安全风险更为突出。因此，智慧医疗网络的安全与隐私保护研究是保障智慧医疗快速发展的重要基础。在智慧医疗网络中，为了功能性，设备不得不设计成"小、轻、便于携带"的样式，导致无法配备足够的存储空间和计算能力。数以亿计的智能设备不间断地收集数据，这些数据不可避免地要存储到云端，数据脱离设备意味着用户失去了部分控制权，带来数据泄露、非授权访问、隐私泄露等新的安全隐患。同时，融合了云和边缘计算的解决方案允许应用把用户的数据放在第三方硬件平台或者软件上处理，在帮助智能设备执行数据缓存和本地计算来缓解网络拥塞、减少时延的同时，也会造成非授权访问、数据造假等安全隐患。下面将针对面向智慧医疗的数据安全与隐私保护实践进行分析和阐述。

10.4.1 安全保护方案

1. 密钥协商和认证机制

在智慧医疗中，密钥协商和认证机制是关键的安全措施，用于保护医疗数据的隐私和完整性。这两种机制在建立和维护安全通信渠道方面起着重要的作用。一个简单的医疗物联网模型如图 10-2 所示，其中包括智能设备、边缘节点、用户以及一个可信授权中心。智能设备是指用户自身佩戴或者由医疗机构配置的在医疗环境中收集用户医疗数据的相关设备；用户则包括医生等医护人员以及患者等；边缘节点是指配置在网络边缘的小型医疗中心，用于帮助用户进行本地数据的处理；可信授权中心是指某个国家或地区的权威中心机构，负责初始化系统，并在注册阶段为系统中的所有实体分发身份证书并进行管理。

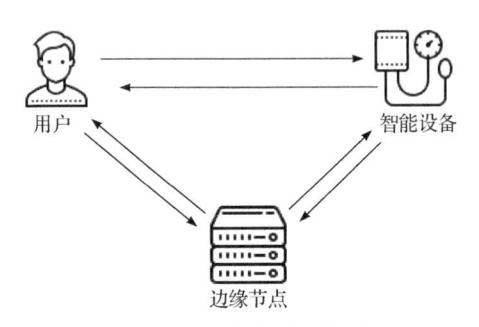

图 10-2 医疗物联网模型

在这个模型中，各个实体之间的通信安全由密钥协商和认证机制来保证。密钥协商是确保通信双方安全地共享密钥的过程。密钥协商机制通过协商生成共享密钥，通信的各方能够使用相同的密钥进行加密和解密，从而保障通信的保密性。一种常见的密钥协商方式是使用基于公钥密码学的协议，如 Diffie-Hellman 密钥交换协议。该协议允许通信双方在不直接传递密钥的情况下协商一个共享密钥，避免了密钥在传输过程中被窃取的风险。认证机制在智慧医疗中是确保通信实体身份合法性的关键环节。由于涉及患者隐私和医疗数据的敏感性，确保通信各方都是合法、授权的是至关重要的。常见的认证机制包括基于证书的公钥基础设施和使用令牌或身份验证凭证的方法。PKI 通过数字证书颁发机构(certificate authority, CA)颁发的证书来验证实体的身份,确保通信双方的真实性。使用令牌的认证机制则涉及在通信实体间传递和验证令牌,通常需要在令牌中包含一些标识信息以供验证。在智慧医疗网络中,密钥协商和认证机制需要适应异构设备、大规模数据流动和远程医疗服务等特点。

随着物联网设备所面临的暴力破解技术和侧信道攻击等威胁不断演变,设备中存储的密钥面临更大的风险。为了防止整个密钥被窃取导致数据泄露,越来越多的研究者关注基于多方计算的密钥协商机制,通过多设备共同参与计算来降低单一设备被攻击的风险。由于系统中智能设备自身的算力、存储等资源限制,现存的复杂加密算法在物联网智能设备上很难加以应用,因此,最近的基于属性的认证研究着重于设计轻量级的协议,以适应物联网智能设备的使用。除了上述讨论的问题外,为应对未来可能出现的量子计算威胁,量子安全的密钥协商和认证机制也需要纳入考虑范围。总体而言,密钥协商和认证机制是构建智慧医疗系统安全通信基础的重要组成部分,其设计应综合考虑系统的特殊需求和安全威胁。

2. 特权升级攻击

特权升级攻击是威胁行为者试图扩大其在组织的系统、应用程序和网络内特权级别的一类网络攻击。在智慧医疗场景下,特权升级攻击作为一种潜在的威胁,可能对医疗系统的安全性造成严重影响。特权升级攻击的核心目标是利用系统中的漏洞或弱点,将攻击者的权限从普通用户提升为具有更高特权级别的用户,以获取对系统更深层次的控制。一种常见的特权升级攻击方式是利用操作系统、应用程序或其他软件的已知漏洞,攻击者可能尝试通过利用这些漏洞,以获取未授权的访问权限。在智慧医疗系统中,这可能包括尝试访问患者的敏感医疗记录、修改治疗方案或者篡改系统中的其他重要信息。此外,特权升级攻击可能利用缺乏适当身份验证和访问控制的系统组件。如果系统没有有效的身份验证措施,攻击者可能会冒充合法用户,从而获取对系统更高级别的访问权限。这可能导致对医疗数据的未经授权访问,破坏数据安全。特权升级攻击可以由可以访问医疗健康系统的恶意用户(如患者或医生)发起,并执行恶意活动。

为了应对特权升级攻击,智慧医疗系统需要采取一系列安全措施。首先,定期更新和维护系统软件,以修补已知漏洞。其次,实施强大的身份验证和访问控制机制,确保只有经过授权的用户能够访问敏感信息。此外,使用先进的网络安全技术来监测和防范潜在的恶意活动,以及加密存储和传输医疗数据,都是保护系统免受特权升级攻击的重要步骤。

3. 重放攻击

重放攻击是一种攻击形式,攻击者通过拦截和记录合法通信中的数据包,并在稍后的时间重新发送这些数据包,以达到欺骗系统的目的。在智慧医疗系统中,重放攻击可能对患者的健康数据和医疗记录等敏感信息构成威胁。攻击者可以截获包含患者生理参数、诊断结果或治疗计划的通信数据,然后在未来的某个时间点重新发送这些数据包,企图欺骗系统,引发误导性的医疗决策或者泄露患者隐私。一种典型的重放攻击场景是通过拦截患者和医疗设备之间的通信流量，获得包含患者生理参数的数据包，攻击者可以在后续时间内重新发送这些数据包，模拟患者的生理状态，导致错误的医疗决策或者对患者进行错误的治疗。

为了应对重放攻击，智慧医疗系统需要采取一系列安全措施。首先，使用加密技术确保在通信过程中的数据传输是安全的，即使攻击者截获了通信数据，也无法理解或篡改其中的内容。其次，实施有效的身份验证机制，确保通信的两端都是合法的，并能够辨别和拒绝来自未经授权的实体的通信请求。最后，采用时序验证和防重放措施是抵御重放攻击的关键。通过在通信中引入时序标记或令牌，系统可以识别和拒绝已经过期或者重复的通信数据包。这样一来，即使攻击者成功截获了数据包，也难以在未经授权的时间点内重新发送有效的数据。总体而言，在智慧医疗领域，应对重放攻击需要系统采取综合的网络安全措施，包括加密通信、身份验证、时序验证等手段，以确保医疗系统的安全性和患者隐私得到充分的保护。

4. 中间人攻击

中间人(man-in-the-middle, MITM)攻击的核心思想在于攻击者截取、修改或窃听医疗设备之间或医疗设备与服务器之间的通信，用户和医疗设备之间的正常通信则被劫持在中间。中间人攻击通常发生在数据传输的通信链路中，攻击者成功地将自己置于通信双方之间，使得它们认为它们在直接通信，而实际上所有的数据流经了攻击者的控制。在智慧医疗中，中间人攻击可能对患者隐私、医疗数据的完整性和医疗设备的正常功能造成威胁。攻击者可以通过多种手段实施中间人攻击，其中包括网络劫持、域名系统(domain name system, DNS)欺骗、Wi-Fi劫持等。一旦攻击者成功插入到通信链路中，他们就可以截取和查看敏感的医疗信息，甚至篡改传输的数据，引发潜在的医疗错误或隐私泄露。在智慧医疗系统中，中间人攻击可能会对远程医疗咨询、患者监测和医疗诊断等关键任务产生严重影响。攻击者有可能窃取患者的个人身份信息、诊断报告、处方药信息等敏感数据，对医疗过程进行干扰或伪造虚假信息。

10.4.2 隐私保护方案

1. 隐私窃取

智慧医疗系统的隐私窃取是指攻击者试图通过多种手段在通信媒体上窃取敏感信息的攻击，它对患者的隐私和医疗数据安全均构成了潜在威胁。隐私窃取可以以多种方式进行，其中一种则通过拦截不安全的通信通道来实施。智慧医疗系统的数据通常通过无线网络或互联网进行传输。攻击者可能会截获这些通信，通过监听和分析未加密或弱加密的数据包来获取患者的敏感信息，如病历、处方、诊断结果等。另一种方式是通过恶意软件或恶意操作员实施。攻击者可以感染医疗设备、传感器或信息管理系统，通过植入恶意软件来获取患者数据。恶意操作员可能趁机篡改、窃取或滥用医疗系统中的数据，对患者隐私构成威胁。社会工程学手段也是一种隐私窃取的途径。攻击者可能试图通过欺骗、钓鱼攻击或伪装成信任的实体来诱导医护人员或患者自愿透露敏感信息，绕过技术防御手段，直接获取关键信息。

为了确保智慧医疗系统的安全性，应采取一系列综合而有效的安全措施。首先，强化通信加密是关键的一步。通过使用高级的加密算法，可以有效防止窃听者在数据传输过程中获取敏感信息。其次，定期更新和维护系统软件是维护智慧医疗系统安全性的另一关键措施。及时的软件更新和漏洞修复可以有效地防范潜在的安全漏洞，确保系统处于最新的安全状态。通过限制对系统和数据的访问权限，可以有效地防止未经授权的人员或设备访问敏感信息。这意味着只有经过授权的用户和设备才能够获取特定的医疗数据，从而降低了潜在的隐私泄露风险。再次，员工培训是保障智慧医疗系统安全的不可或缺的一部分。通过为医护人员提供定期的安全培训，可以提高他们对安全问题的认识，能够更好地理解并应对潜在的风险。最后，使用先进的身份验证技术是智慧医疗系统安全性的关键组成部分。采用双因素身份验证、生物特征识别或智能卡等高级身份验证手段，可以确保只有合法用户才能够访问系统。这提高了系统的安全性，有效地降低了未经授权的访问和隐私窃取的风险。总体而言，这种全面而系统的安全策略是确保智慧医疗系统稳健运行和患者隐私安全的关键。

2. 差分功耗分析攻击

差分功耗分析(differential power analysis, DPA)是侧信道攻击方式的一种，旨在通过监测设备在不同输入上的功耗差异来推断出密钥或其他敏感信息，在智慧医疗场景下，差分功耗分析攻击可能针对医疗设备中的加密算法或密钥进行攻击。首先，攻击者会通过监测目标设备在执行加密操作时的功耗变化来获取信息，这可能涉及物理设备上的功耗测量，如监测电流变化或设备的电磁辐射。通过对不同输入或密钥进行多次测量，攻击者可以分析功耗差异，进而推断出加密算法中的密钥或其他敏感信息。在智慧医疗系统中，这种攻击可能对嵌入式设备、传感器或其他需要加密保护的组件产生影响。例如，某些医疗设备可能使用加密算法来保护传输的患者数据或身份验证过程中的信息。通过成功的差分功耗分析攻击，黑客可能获取足够的信息来破解加密，进而访问敏感的医疗数据或系统。差分功耗分析攻击使用不同的分析技术(统计、纠错等)从功耗数据中推断敏感信息。

此外，选择更加抗侧信道攻击的加密算法是一种有效手段。在软件层面，定期对系统进行安全审计和更新是关键步骤，确保及时发现并修复潜在的漏洞，提升系统的整体安全性。这样的综合防护策略能够有效地提高智能医疗设备对差分功耗分析攻击的抵抗能力，保障患者数据的安全。

3. 联邦学习在智慧医疗领域的应用

下面总结了联邦学习目前在智慧医疗领域典型的应用场景。

1) 疾病诊断与预测

联邦学习可以通过分析来自不同医疗机构的患者数据，帮助医生更准确地诊断和预测疾病。例如，在心脏病、癌症、糖尿病等疾病的诊断中，经过联邦学习协同训练的模型可以识别出更为精细的疾病标志物。这种方法特别适用于稀有病的研究，因为单一医疗机构可能无法收集到足够的病例数据进行有效的模型训练，而联邦学习可以在保护隐私的前提下综合各个医疗机构的信息。

2) 医学影像分析

在医学影像分析中，联邦学习对提高诊断的准确性和效率起到了关键作用。不同医疗机构的影像数据(如 X 射线、CT、MRI)可以用于训练强大的诊断模型。联邦学习使得模型能够学习和适应各个医疗机构多样化的数据，提高模型对疾病的识别能力，这种优势在复杂病例的诊断中最为明显。

3) 药物发现和研发

在药物研发过程中，联邦学习有助于加快新药的发现。通过分析来自不同实验室和研究中心的数据，可以加速识别新的药物靶标和候选化合物。此外，联邦学习还可以用于个性化药物治疗的研究，从而根据患者的基因信息和病史推荐最合适的治疗方案。

4) 慢性病管理

联邦学习在慢性病管理中也显示出巨大潜力。通过分析来自患者穿戴设备和健康应用的数据，可以更好地监控患者的健康状况，并提供个性化的健康建议和治疗调整。这不仅有助于提高患者的生活质量，还能减少医疗资源的消耗，提高医疗体系的效率。

4. 案例总结

电子病历(electronic medical record, EMR)是现代医疗数据收集的一个关键组成部分，对于进行关键的生物医学研究，包括机器学习研究，提供了丰富的资源。在这样的背景下，联邦学习展现出它作为一种连接电子病历数据的有效方法的潜力。目前基于电子病历数据，联邦学习在医疗健康领域的应用可以分为以下几点。

1) 患者相似性学习

基于电子病历，实现跨机构的患者相似性学习，使各个机构的模型可以在不共享患者相关的个人信息的情况下，在多家医院间寻找相似症状的患者。

2) 患者表征学习

通过对文本格式的病历进行特征提取，能够从电子病历中识别关键的健康影响因素(如超重)，而无须直接访问各医疗机构的详细病历数据。

3) 社区特异性模型

针对医疗数据的分布异构问题，将医疗机构聚类到多个社区中，通过捕获相似的诊断信息和地理位置间的关系，为每个社区培训一个模型。

4) 健康风险预测

联邦学习在医疗健康领域更多的应用在于基于电子病历预测健康风险，如预测患者是否会产生抗药性、预测患者是否对药物产生副反应、预测孕妇是否会早产以及预测住院患者是否会死亡等。

10.4.3　未来趋势和发展

为构建安全可信的智慧医疗生态体系，新一代数据安全框架将重点关注如下领域发展。

强化数据加密与密钥管理：未来智慧医疗将采用更先进的加密技术，如同态加密、安全多方计算等，确保患者健康数据在传输和存储过程中的安全性。同时，密钥管理和访问控制机制也将得到强化，以确保只有授权人员和系统能够解密并访问敏感信息。

数据生命周期管理优化：数据从产生、收集、存储、处理到销毁的全生命周期管理将更为严谨，包括但不限于数据最小化原则、数据生命周期策略以及数据清理。

集成式安全防护体系构建：医疗机构将构建多层次、全方位的安全防护体系，包括防火墙、入侵检测、反病毒软件、漏洞扫描等多种手段，并针对智慧医疗特有的攻击场景设计相应的防御策略。

区块链技术的应用扩展：区块链技术可以为医疗数据提供透明、可追溯的安全保障，实现去中心化的数据管理和访问权限控制。未来的智慧医疗系统可能结合区块链技术，建立可信、高效的医疗数据共享平台。

用户参与和知情同意机制：患者对自身数据拥有更高的掌控权，智慧医疗系统将加强患者数据使用的知情同意机制，确保患者的自主决定权得到有效执行。

随着智慧医疗的发展，数据安全与隐私保护不仅依赖于技术创新，还需要政策引导、法律约束和社会共识的共同推动，形成一种兼顾数据利用与隐私保护的良好生态环境。

10.5 面向其他领域的数据安全与隐私保护实践

1. 金融服务领域

金融服务领域的数据安全和隐私保护尤为关键，因为金融机构每天都要处理大量的敏感数据，如交易记录、客户信息和市场数据等。这些数据帮助金融机构实现日常运营、制定决策和创新服务。金融数据的多样性和敏感性决定了其数据处理需要高度安全和高效。

在金融服务领域，联邦学习技术得到了广泛应用。联邦学习通过让不同机构在不共享原始数据的情况下协同训练模型，从而保护各机构的数据隐私。例如，在反金融欺诈中，多个金融机构可以在保持数据隐私的同时，共享欺诈行为特征、联合训练模型，有效提高欺诈检测的准确性。类似地，信用评分也可以通过联邦学习整合多个金融机构的数据，构建更全面的信用评分模型，从而提升评分的准确性和公平性。此外，金融机构还可以利用联邦学习技术为客户提供个性化金融产品推荐，在不泄露个人数据的前提下，依据客户行为和需求推荐合适的金融产品。

2. 智慧城市领域

智慧城市通过物联网、传感器网络和大数据技术，实时收集和分析交通、环境、能源管理等领域的大量数据，优化城市运营和管理。然而，城市中跨区域的大量数据流动对数据隐私与安全保护提出了巨大的挑战，特别是在不同区域或部门之间共享数据时，信息可能存在泄露或被滥用的风险。

区块链技术在智慧城市中的应用越来越广泛。通过其分布式账本和不可篡改性，区块链可以确保城市中的不同系统和部门之间进行安全的数据传输与共享。区块链在智慧交通系统中的应用，可以确保不同交通管理系统之间的数据传递安全可靠。例如，某智慧城市的交通管理部门通过区块链技术共享跨部门的交通流量和车队管理数据，确保数据在传输过程中不会被篡改或泄露。此外，同态加密技术也用于智慧城市的数据分析中，允许城市管理者在不解密数据的情况下直接对加密数据进行计算和分析，从而在保护个人隐私的同时，实现对城市交通流量、能源消耗、公共安全等关键信息的实时监控和优化管理。

3. 智慧教育领域

智慧教育利用大数据技术分析学生的学习行为、成绩和课堂参与度等数据，以优化教育资源的分配和提高教学质量。然而，这些数据通常涉及学生的个人隐私，因此，在保护学生隐私的前提下，最大化数据的使用效率成为关键问题。

在智慧教育领域，同态加密和差分隐私技术广泛应用。同态加密允许教育机构对加密数据进行直接计算，这样可以确保在处理学生数据时，教育部门和研究者不需要访问原始数据，从而保护学生隐私。差分隐私则用于生成统计数据和分析结果，防止个别学生信息被推断出来。通过这两种技术，学校可以共享学生表现数据，以提高教育质量，而不必担心学生的隐私泄露。

4. 智慧零售领域

智慧零售利用大数据分析消费者行为，提供个性化推荐、优化库存管理并改善供应链效率。零售商通过收集用户的购买记录、浏览数据和反馈信息，制定营销策略。然而，随着个人数据的收集量激增，数据隐私问题变得愈发重要，消费者的行为数据需要在安全和合规的基础上进行处理和使用。

在智慧零售中，可信计算和差分隐私是常见的隐私保护技术。可信计算通过硬件加密和安全区域，确保客户数据在处理过程中不被未授权方访问。例如，零售商可以在可信计算环境中处理用户的购物数据，确保数据在处理和分析过程中不会泄露。差分隐私则允许商家在汇总分析中引入噪声，保护个体用户的购买数据，同时仍能生成有效的市场分析结果。

5. 智慧交通领域

随着城市化的加快，交通运输系统面临交通拥堵和事故频发等问题。联邦学习技术在交通运输中的应用可以提高系统的效率和安全性。通过各类交通参与者，如车辆、交通信号系统等在不共享原始数据的情况下进行联合训练，联邦学习能够解决车辆路线优化、交通事故预测以及自动驾驶技术开发等问题。例如，不同车辆可以共享经过训练的模型以优化路线，避免拥堵。交通管理部门还可以通过分析数据预测事故发生的可能性，提前采取措施。此外，自动驾驶车辆利用联邦学习技术在保障隐私的同时提高行驶决策的准确性，促进自动驾驶技术的安全发展。

随着技术的不断发展和应用场景的不断拓展，数据安全与隐私保护技术将来会在更多其他领域发挥重要作用，为社会和经济的发展带来更多的机遇和挑战。

本 章 小 结

本章侧重于探讨在不同领域中的具体应用场景下，有效保护数据的安全性和用户的隐私。首先，深入研究了边缘计算领域的数据安全与隐私保护实践。其次，讨论了在元宇宙中平衡技术创新和隐私保护的关系。再次，关注了大模型领域的数据安全与隐私保护实践。大模型的广泛应用给科技带来了新的活力，但也引发了对数据偏见和用户隐私泄露的担忧。该部分强调了对训练数据的筛选、透明度机制的引入以及用户数据处理技术的创新，以解决大模型带来的伦理和安全问题。最后，关注了医疗健康、金融服务、智慧城市、智慧教育、智慧零售、智慧交通等领域的数据安全与隐私保护，并提供了实际应用实例，展示了安全与隐私技术的广泛适用性。

习　　题

1. 什么是边缘计算？请列举三种边缘计算场景，并说明其数据安全与隐私保护的挑战。

2. 与云计算相比，边缘计算的数据安全与隐私保护的优势和劣势分别是什么？

3. 在元宇宙中，数据安全与隐私保护面临哪些特殊的挑战？并提出至少两种解决方案。

4. 请对大模型的定义进行阐述。在数据安全与隐私保护方面，大模型存在哪些潜在风险？如何应对这些风险？

5. 医疗健康中的医疗数据安全与隐私保护对于医疗行业有何意义？如何确保医疗数据的安全性和隐私性？

参 考 文 献

李凤华, 李晖, 牛犇, 等, 2019. 隐私计算——概念、计算框架及其未来发展趋势[J]. Engineering, 5(6): 1179-1192, 1307-1322.

张佳乐, 赵彦超, 陈兵, 等, 2018. 边缘计算数据安全与隐私保护研究综述[J]. 通信学报, 39(3): 1-21.

ATENIESE G, MANCINI L V, SPOGNARDI A, et al., 2015. Hacking smart machines with smarter ones: how to extract meaningful data from machine learning classifiers[J]. International journal of security and networks, 10(3): 137-150.

BLANCHARD P, EL MHAMDI E M, GUERRAOUI R, et al., 2017. Machine learning with adversaries: Byzantine tolerant gradient descent[J]. Advances in neural information processing systems: 30.

CUI H J, MENG G Z, ZHANG Y, et al., 2022. Tracedroid: a robust network traffic analysis framework for privacy leakage in android Apps[C]//International conference on science of cyber security. Cham: Springer International Publishing: 541-556.

FREDRIKSON M, LANTZ E, JHA S, et al., 2014. Privacy in pharmacogenetics: an end-to-end case study of personalized warfarin dosing[C]//The 23rd USENIX security symposium. San Diego: USENIX Association: 17-32.

GANJU K, WANG Q, YANG W, et al., 2018. Property inference attacks on fully connected neural networks using permutation invariant representations[C]//The ACM SIGSAC conference on computer and communications security(CCS). Toronto: Association for Computer Machinery: 619-633.

GOODFELLOW I J, SHLENS J, SZEGEDY C, 2014. Explaining and harnessing adversarial examples [EB/OL]. (2014-03-20)[2024-07-20]. https://arxiv.org/abs/1412.6572v3.

GUO C, RANA M, CISSE M, et al., 2017. Countering adversarial images using input transformations [EB/OL]. (2018-01-25)[2024-08-20]. https://arxiv.org/abs/1711.00117.

KVELER K, BOCK K, COLOMBO P, et al., 2014. Conceptual framework and architecture for privacy audit[C]//Privacy technologies and policy: first annual privacy forum. Berlin: Springer: 17-40.

LIU Y Q, MA S Q, AAFER Y, et al., 2018. Trojaning attack on neural networks[C]//The 25th annual network and distributed system security symposium(NDSS). Rosten: Internet Soc.

MCSHERRY F D, 2009. Privacy integrated queries: an extensible platform for privacy-preserving data analysis[C]//The ACM SIGMOD international conference on management of data. New York: Association for Computing Machinery: 19-30.

SHOKRI R, STRONATI M, SONG C Z, et al., 2017. Membership inference attacks against machine learning models[C]//IEEE symposium on security and privacy(SP). San Jose: IEEE: 3-18.

SZEGEDY C, ZAREMBA W, SUTSKEVER I, et al., 2013. Intriguing properties of neural networks[EB/OL]. (2014-02-19)[2024-11-20]. https://arxiv.org/abs/1312.6199v4.